安全管理实用丛书 ◉

建筑业安全
管理必读

杨 剑　赵晓东　等编著

U0387935

化学工业出版社

· 北 京 ·

本书是介绍建筑业安全管理的专著，全书共6章，内容包括建筑业的安全教育和安全培训、安全技术、安全防护、安全管理、安全检查、安全救护等，系统地介绍了建筑业有关安全管理的方法和技巧。

本书主要特色是内容系统、全面、实用，实操性强。各章节还配备了大量的图片和管理表格，其流程图和管理表格可以直接运用于具体实际工作中。

本书是建筑企业进行内部安全培训和从业人员自我提升能力的常备读物，也可作为大专院校安全相关专业的教材。

图书在版编目（CIP）数据

建筑业安全管理必读/杨剑等编著 . —北京：化学
工业出版社，2018.3
（安全管理实用丛书）
ISBN 978-7-122-31545-8

Ⅰ.①建⋯　Ⅱ.①杨⋯　Ⅲ.①建筑企业-安全生产-
生产管理　Ⅳ.①TU714

中国版本图书馆CIP数据核字（2018）第034778号

责任编辑：王听讲　　　　　　　　装帧设计：王晓宇
责任校对：边　涛

出版发行：化学工业出版社（北京市东城区青年湖南街13号　邮政编码100011）
印　　刷：北京京华铭诚工贸有限公司
装　　订：三河市艗发装订厂
710mm×1000mm　1/16　印张16½　字数318千字　2018年5月北京第1版第1次印刷

购书咨询：010-64518888(传真：010-64519686)　　售后服务：010-64518899
网　　址：http://www.cip.com.cn
凡购买本书，如有缺损质量问题，本社销售中心负责调换。

定　　价：52.00元　　　　　　　　　　　　　　版权所有　违者必究

前言
FOREWORD

2009年6月27日，上海市闵行区一幢13层在建商品楼倒塌；2013年11月22日，山东青岛市发生震惊全国的"11·22"中石化东黄输油管道泄漏爆炸特别重大事故；2015年天津市滨海新区8·12爆炸事故；2017年6月5日山东临沂液化气罐车爆炸事故……这些事故触目惊心，历历在目！这些事故造成了大量的经济损失和人员伤亡。

由于当前我国安全生产的形势十分严峻，党中央把安全生产摆在与资源、环境同等重要的地位，提出了安全发展、节约发展、清洁发展，实现可持续发展的战略目标，把安全发展作为一个重要理念，纳入到社会主义现代化建设的总体战略中。当前，我国安监工作面临着压力大、难度高、责任重的挑战，已经成为各级政府、安监部门、企业亟待解决的重要问题。

安全生产是一个系统工程，是一项需要长期坚持解决的课题，涉及的范围非常广，涉及的领域也比较多，跨度比较大。为了提升广大员工的安全意识，提高企业安全管理的水平，为了减少安全事故的发生，更为了减少人民生命的伤亡和企业财产的损失，我们结合中国的实际情况，策划编写了"安全管理实用丛书"。

任何行业、任何领域都需要进行安全管理，当前安全问题比较突出的是，建筑业、物业、酒店、商场超市、制造业、采矿业、石油化工业、电力系统、物流运输业等行业、领域。为此，本丛书将首先出版《建筑业安全管理必读》《物业安全管理必读》《酒店安全管理必读》《商场超市经营与安全管理必读》《制造业安全管理必读》《矿山安全管理必读》《石油与化工业安全管理必读》《电力系统安全管理必读》《交通运输业安全管理必读》《电气设备安全管理必读》《企业安全管理体系的建立（标准·方法·流程·案例）》11种图书，以后还将根据情况陆续推出其他图书。

本丛书的主要特色是内容系统、全面、实用，实操性强，不讲大道理，少讲理论，多讲实操性的内容。同时，书中将配备大量的图片和管理表格，许多流程图和管理表格都可以直接运用于实际工作中。

《建筑业安全管理必读》将从实际操作与管理的角度出发，对建筑业安全管理进行详细的论述。该书共分6章，主要包括建筑业的安全教育和安全培训、安全技术、安全防护、安全管理、安全检查、安全救护等内容。

如果想提升建筑业安全管理水平，就需要在预防上下工夫，强化建筑业安全管理的教育培训，提高个人和公司整体的安全专业素质。本书是建筑企业进行内部安全培训和从业人员自我提升能力的常备读物，也可作为大专院校安全相关专业的教材。

本书主要由杨剑、赵晓东编著，在编写过程中，水藏玺、吴平新、刘志坚、王波、黄英、蒋春艳、胡俊睿、邱昌辉、贺小电、张艳旗、金晓岚、戴美亚、杨丽梅、许艳红、布阿吉尔尼沙·艾山等同志也参与了部分编写工作，在此表示衷心的感谢！

衷心希望本书的出版，能真正提升建筑业管理人员的安全意识和管理水平，成为建筑业管理人员职业培训的必读书籍。如果您在阅读中有什么问题或心得体会，欢迎与我们联系，以便本书得以进一步修改、完善，联系邮箱是：hh-hyyy2004888@163.com。

编著者

2018 年 1 月

于深圳

目 录
CONTENTS

第三章 建筑业安全防护

第四章　建筑业安全管理

参考文献

第一章
建筑业安全教育和安全培训

Chapter 01

第一节　建筑业安全教育实务

一、建筑业安全三级教育的具体规定

建筑业安全三级教育是指公司安全教育、项目安全教育和班组教育。

（一）公司安全教育

按政府规定，公司级的安全培训教育时间不得少于15学时，主要内容如下。

（1）国家和地方有关安全生产、劳动保护的方针、政策、法律、法规、规范、标准及规章。

（2）行业及其上级部门（主管局、集团、总公司、办事处等）印发的安全管理规章制度。

（3）安全生产与劳动保护工作的目的、意义等。

（二）项目安全教育

按规定，项目安全培训教育时间不得少于15学时，主要内容如下。

（1）建设工程施工生产的特点，施工现场的一般安全管理规定要求。

（2）施工现场主要事故类别，常见多发性事故的特点、规律及预防措施，事故教训等。

（3）本工程项目施工的基本情况（工程类型、施工阶段、作业特点等），施工中应当注意的安全事项。

（三）班组教育

按规定，班组安全培训教育时间不得少于20学时。班组教育又叫岗位教育，主要内容如下。

（1）本工种作业的安全技术操作要求。

（2）本班组施工生产概况，包括工作性质、职责、范围等。

（3）本人及本班组在施工过程中，所使用、所遇到的各种生产设备、设施、电

气设备、机械、工具的性能、作用、操作要求、安全防护要求。

（4）个人使用和保管的各类劳动防护用品的正确穿戴、使用方法及劳防用品的基本原理与主要功能。

（5）发生伤亡事故或其他事故，如火灾、爆炸、设备及管理事故等，应采取的措施（救助抢险、保护现场、报告事故等）要求。

二、大力组织安全教育

安全教育的目的，是通过给施工人员灌输安全生产知识、安全技术业务知识、安全生产制度和法规等，提高全员安全素质。

建筑企业要经常组织工程项目管理人员脱产或半脱产学习国家、行业及企业有关安全生产、劳动保护的规定和规章制度。在组织施工生产时，要树立"安全第一、预防为主"的指导思想，增强安全意识，把安全工作渗透到生产管理的各个环节中去，实实在在地做好安全工作。

三、加强岗前安全教育

不仅项目经理、施工负责人、安全员要进行安全培训和安全教育，参加施工的所有工人在进入岗位前，均要进行入场安全教育和岗位安全技术教育。特种作业人员（如电工、架子工、起重工和电焊工等）还要经专业培训考核，持证上岗。除了以上这些基础安全教育工作外，还要对全体场内施工人员进行上岗后的经常性安全教育，使员工经常保持较高的安全生产意识。只有全体施工人员高度重视安全工作，才能将工伤事故的发生率降下来。

四、注重特殊岗位专业安全教育

对从事有尘、毒危害作业的工人，要进行专业安全教育。教育内容包括尘、毒的危害，企业采取的防护措施，员工个人需掌握的防治知识和防护技术等，防护技术要反复演练。

特种作业人员教育是安全管理工作中一个极为重要的环节。特种作业危险性大，容易发生伤亡事故，对特种作业人员进行教育意义重大。要严格把关对特种作业人员基本安全技能培训教育与考核工作，要加强对特种作业人员基本安全知识、常识的补充教育，要加强对特种作业人员的安全生产思想的教育。

坚持对特种作业人员进行各种安全教育培训，并做到持证上岗，是提高操作者的安全技能和安全意识，避免和减少伤亡事故的前提和基础；同时也是保证企业安全生产，降低事故频率，实现安全生产目标的重要措施。任何生产经营单位，在任何时候，对特种作业人员的教育都必须抓紧、抓好，这不仅是企业"安全"的需要、"效益"的需要，更是企业"生存发展"的需要。

第二节　建筑业安全培训实务

一、日常工作安全培训

（一）加强日常安全管理工作

1. 关注现场作业环境

环境是在意外事故的发生中不可忽视的因素。通常工作环境脏乱、现场布置不合理、搬运工具不合理、采光与照明差、工作场所危险都易发生事故，所以在安全防范中应提高对作业环境的注意度，整理、整顿生产现场，平时需多关注表 1-1 所列的一些事项。

表 1-1　现场作业环境整理、整顿需关注事项

检查项目	注意事项	备注
作业现场	作业现场的采光与照明情况是否符合标准？	
	通气状况怎样？	
	作业现场是否有许多碎铁屑？会不会影响作业？	
	作业现场是否有许多木块？会不会影响作业？	
	作业现场的通道情况是不是足够宽敞畅通？	
	作业现场的地板上是否有油？会不会影响员工的作业进行？	
	作业现场的地板上是否有水？会不会影响员工的作业进行？	
	作业现场的窗户是否擦拭干净？	
设备设施	防火设备的功能是否可以正常地发挥？	
	防火设备有没有进行定期的检查？	
	载货的手推车在不使用的情况时是不是放在了指定点？	
	作业安全宣传与指导的标语是否贴在最引人注目的地方？	
	经常使用的楼梯、货品放置台是否有摆放不良品？	
	设备装置与机械的是否符合安全手册要求置于最正确的地点？	
	机械的运转状况是否正常？润滑油注油口有没有油漏到作业现场的地板上？	
	下雨天，雨伞与雨具是否放置在规定的地方？	
	作业现场是否置有危险品？其管理是否妥善？是否做了定期检查？	
	作业现场入口的门是否处于最容易开启的状态？	
	放置废物与垃圾的地方通风系统是否良好？	
	日光灯的台座是否牢固？是否清理得很干净？	
	电气装置的开关或插座是否有脱落的地方？	
	机械设备的附属工具是否零乱地放置在各处？	

检查项目	注意事项	备注
人员状况	员工是否都能深入地了解班组长的指示？	
	员工是否都能依序准确执行班组长的指示？	
	共同作业的同事是否能完全与自己配合？	
	是否存在其他问题？	

2. 关注员工工作状态

关注员工的工作状态是指管理人员在工作过程中需关注员工存不存在身心疲劳现象。因为员工身体状况不好或因超时作业而引起身心疲劳，会导致员工在工作上无法集中注意力。

员工在追求高效率作业时，也要适时地根据自己的身体状况做出相应调整，不能在企业安排休养时间内做过于令人刺激兴奋的娱乐活动，这样不但浪费了休息时间，还会降低工作效率。一般来说，管理者要留意以下事项。

（1）员工对作业是否持有轻视的态度？

（2）员工对作业是否持有开玩笑的态度？

（3）员工对上司的命令与指导是否持有反抗的态度？

（4）员工是否有与同事发生不和的现象？

（5）员工是否在作业时有睡眠不足的情形？

（6）员工身心是否有疲劳的现象？

（7）员工手、足的动作是否经常维持正常状况？

（8）员工是否经常有轻微感冒或身体不适的情形？

（9）员工对作业的联系与作业报告是否有怠慢的情形发生？

（10）员工是否有心理不平衡或担心的地方？

（11）员工是否有穿着不整洁的工作制服与违反公司规定的事项？

（12）其他问题。

3. 督导员工严格执行安全操作规程

安全操作规程是前人在生产实践中摸索甚至是用鲜血换来的经验教训，集中反映了生产的客观规律。

（1）精力高度集中。人的操作动作不仅要通过大脑的思考，还要受心理状态的支配。如果心理状态不正常，注意力就不能高度集中，在操作过程中易发生因操作方法不当而引发事故的情况。

（2）文明操作。要确保安全操作就必须做到文明操作，做到清楚任务要求，对所需原料性质十分熟悉，及时检查设备及其防护装置是否存在异常，排除设备周围的阻碍物品，力求做到准备充分，以防注意力在中途分散。

操作中出现异常情况也属正常现象，切记不可过分紧张和急躁，一定要保持冷静并善于及时处理，以免酿成操作差错而产生事故；杜绝麻痹、侥幸、对不安全因素视若无物，从小事做起，从自身做起，把安全放在首位，真正做到开开心心上班来，快快乐乐回家去。

4. 监督员工严格遵守作业标准

经验证明，违章操作是发生绝大多数的安全事故不可忽视的一面。因此，为了避免发生安全事故，就要求员工必须严格认真遵守标准。违章操作很可能导致安全事故的发生，因此，在操作标准的制定过程中，应充分考虑影响安全方面的因素。

对于管理者而言，要现场指导、跟踪确认。该做什么？怎样去做？重点在哪？管理者应该对员工传授到位。不仅要教会，还要跟进确认一段时间，检测员工是否已经真正掌握操作标准，成绩稳定与否。倘若只是口头交代，甚至没有去跟踪，那这种标准也不过是一纸空文，就算执行起来也注定要失败。

5. 监督员工穿戴劳保用品

作为管理者，一定要熟悉本公司、本项目组在何种条件下使用何种劳保用品，同时也要了解、掌握各种劳保用品的用途。倘若员工不遵守规定穿戴劳保用品，可以向其讲解公司的规定章程，亦可向他们解释穿戴劳保用品的好处和不穿戴劳保用品的危害。在佩戴和使用劳保用品时，谨防发生以下情况。

（1）从事高空作业的人员，因没系好安全带而发生坠落。

（2）从事电工作业（或手持电动工具）的人员因不穿绝缘鞋而发生触电。

（3）在工地，工作服不按要求着装，或虽穿工作服但穿着邋遢，敞开前襟，不系袖口等，造成机械缠绕。

（4）长发不盘入工作帽中，发生长发被卷入机械里的情况。

（5）不正确戴手套。有的该戴手套的不戴，造成手的烫伤、刺破等伤害；有的不该戴手套的却戴了，造成机械卷住手套连同手也一齐带进去，甚至连胳膊也带进去的伤害事故。

（6）不及时佩戴护目镜和面罩，或佩戴不适当，面部和眼睛遭受飞溅物伤害或灼伤，或受强光刺激，导致视力受伤。

（7）安全帽佩戴不正确。当发生物体坠落或头部受撞击时，造成伤害事故。

（8）不按规定在工作场所穿用劳保皮鞋，致使脚部受伤。

（9）各类口罩、面具选择使用不正确，因防毒护品使用不熟练造成中毒伤害。

（二）做好交接班工作

做好交接班工作具体就是做好以下工作。

（1）交工艺。当班人员应对管理范围内的工艺现状负责，交班时应保持正确的工艺指标，并向接班人员交代清楚。

（2）交设备。当班人员应严格按工艺操作规程和设备操作规程认真操作，对管辖范围内的设备状况负责，交班时应向接班人员移交完好的设备。

（3）交卫生。当班人员应做好设备工作场所的清洁卫生，交班时交接清楚。

（4）交工具。交接班时，工具应摆放整齐，无油污、无损坏、无遗失。

（5）交记录。交接班时，设备运行记录、工艺操作记录维修记录等应真实、准确、整洁。

凡上述交接事项不合格时，接班人有权拒绝接班，并应向管理层反映。

由岗位负责人填写交接班日记，其内容为：生产任务完成情况，质量情况，安全生产情况，工具、设备情况（包括故障及排除情况）；安全隐患及可能造成的后果、注意事项、遗留问题及处理意见，上级的指示；交接班记录定期存档备查。

（三）认真实施安全检查

岗位操作人员要根据工作现场、岗位，编制符合规定的"安全检查表"，明确检查项目、存在问题及处理措施。

（1）检查设备的安全防护装置是否良好。防护罩、防护栏（网）、保险装置、联锁装置、指示报警装置等是否齐全灵敏有效，接地（接零）是否完好。

（2）检查设备、设施、工具、附件是否有缺陷和损坏；制动装置是否有效，安全间距是否合乎要求，机械强度、电气线路是否老化、破损，超重吊具与绳索是否符合安全规范要求，设备是否带隐患运转和超负荷运转。

（3）检查易燃易爆物品和剧毒物品的储存、运输、发放和使用情况，是否严格执行了易燃、易爆物品和剧毒物品的安全管理制度，通风、照明、防火等是否符合安全要求。

（4）检查生产作业场所和施工现场有哪些不安全因素：安全出口是否通畅，登高扶梯、平台是否符合安全标准，产品的堆放、工具的摆放、设备的安全距离、操作者的安全活动范围、电气线路的走向和距离是否符合安全要求，危险区域是否有护栏和明显标志等。

（5）检查有无忽视安全技术操作规程的现象。比如：操作无依据、没有安全指令、人为地损坏安全装置或弃之不用，冒险进入危险场所，对运转中的机械装置进行注油、检查、修理、焊接和清扫等。

（6）检查有无违反劳动纪律的现象。比如：在作业场所工作时间开玩笑、打闹、精神不集中、酒后上岗、脱岗、睡岗、串岗；滥用机械设备或车辆等。

（7）检查日常生产中有无误操作、误处理的现象。比如：在运输、起重、修理等作业时信号不清、警报不鸣；对重物、高温、高压、易燃、易爆物品等做了错误处理；使用了有缺陷的工具、器具、起重设备、车辆等。

（8）检查个人劳动防护用品的穿戴和使用情况。比如：进入工作现场是否正确穿戴防护服、帽、鞋、面具、眼镜、手套、口罩、安全带等；电工、电焊工等电气操作者是否穿戴超期绝缘防护用品、使用超期防毒面具等。

（9）其他需要检查的内容。

（四）注重安全隐患整改

班组针对日常检查中发现的安全隐患及不安全因素，在上级领导下建立并落实班组事故隐患整改制度。

（1）班组长对本班组安全隐患整改工作全面负责，副班组长、安全员协助班组长做好管理、监督和统计上报工作，班组成员全力配合，确保安全隐患按期整改到位。

（2）班组根据"安全检查表"中发现的潜在危险，不能处理的，填写"隐患整改追踪记录卡"（见表 1-2），按照安全隐患的严重程度、解决难易程度逐级上报，在上级领导下积极整改。

表 1-2　隐患整改追踪记录卡

填报单位		填报时间	年　月　日
填报人姓名			
存在的隐患		确认依据	
收卡领导签字	维修班组长	（签字）	年　月　日
	项目领导	（签字）	年　月　日
	其他领导	（签字）	年　月　日
整改要求			
整改负责人	（签字）		年　月　日
完成情况（完成时间、工时、材料费，上报项目组）			
销卡	（岗位验收或列入安全措施、技术改造、大修等项目）		

（3）安全隐患整改要坚持及时有效、先急后缓、先重点后一般、先安全后生产的原则。

（4）对存在安全隐患的作业场所，要坚持不安全不生产的原则，制定切实可行的防范措施，无措施不准生产。

（5）安全隐患整改要实行逐级销号，对按期整改的安全隐患，班组要逐级进行销号；对未按期整改的安全隐患，要重点监控，确保彻底整改。

（6）因安全隐患整改治理不及时、导致事故发生，在安全隐患责任区内确认事故责任，严肃处理。

"隐患整改追踪记录卡"的内容和使用：

班组根据"安全检查表"中发现的安全隐患或不安全因素，不能处理的，在采取防范措施的同时，认真填写"隐患整改追踪记录卡"，一式三份或三联，一份交包修组负责人签字后退回备查，一份安排检修，一份交车间领导签字后退包修组备查。包修组无法处理的，将余下的两份"隐患整改追踪记录卡"报车间领导，一份由车间安全员备案后安排检修或上报厂部（车间无法处理的）。"隐患整改追踪记录卡"在哪个环节受阻，就由哪个环节承担其事故责任。

（五）危险作业审批

1. 什么是危险作业

所谓危险作业是指对周围环境具有较高危险性的活动。根据《民法通则》的规定，高度危险作业包括高空、高压、易燃、易爆、剧毒、放射性、高速运输工具等，这些作业都对周围环境有高度危险性。

2. 高度危险作业的认定

高度危险作业的认定，必须具备以下几个条件：

（1）必须是对周围环境有危险的作业；

（2）必须是在活动过程中产生危险性的作业；

（3）必须是需要采取一定的安全方法才能进行活动的作业。

3. 危险作业范围界定

（1）高处作业（无固定栏杆、平台且高于基准坠落面2m）；

（2）带电作业；

（3）禁烟火范围内进行的明火或易燃作业；

（4）爆破或有爆炸危险的作业；

（5）有中毒或窒息危险的作业；

（6）危险的起重运输作业；

（7）其他有较大危险可能导致重伤以上事故的作业。

4. 危险作业审批规定

（1）凡属从事危险作业范围内工作的班组，经企业安全办公室审查现场检查后提出方案，填写"危险作业申请单"一式二份，主管领导批准后方可作业。

（2）特殊情况无法履行审批手续时，现场应有专人负责安全工作，并有具体的安全措施，在情况允许后立即通知企业安办并补办审批手续。

（3）企业安全办公室应及时对危险作业点进行现场调查，作业时应派人或布置安全值班人员做重点检查。

（4）班组应认真遵守执行此制度，未执行者按违章作业处理。

（六）实行班组人员安全互保、联保

（1）班组实行安全互保制，互保对象要明确，有图表或文字确认。

（2）工作前，班组长应根据出勤情况和人员变动情况，明确互保对象，不得

遗漏。

（3）在每一项工作中，工作人员形成事实上的互联保，应履行互保、联保职责。

（4）发现对方有不安全行为与不安全因素、可能发生意外情况时，要及时提醒纠正，工作中要呼唤应答。

（5）工作中根据工作任务、操作对象合理分工，互相关心、互创条件。

（6）工作中要互相提醒、监督，严格执行劳动防护用品穿戴标准，严格执行安全规程和有关制度。

（7）保证对方安全作业，不要发生违章作业行为。

（七）进行安全目标考核

为认真贯彻执行"预防为主，安全第一，综合治理"的方针，控制和减少伤亡事故。结合各级安全生产目标管理责任状中的要求和班组实际，在上级的领导下制定班组责任目标考核制度。

（1）班组安全责任明确，针对性强，便于操作，且责任状签订到位。

（2）班组长、安全员及成员经过安全培训考试合格，具备识别危险、控制事故的能力；百分之百地执行国家安全规定以及本厂安全生产规章制度。

（3）班组成员熟练掌握本岗位安全技术规程和作业标准，并经考试合格上岗，百分之百地贯彻执行规程和标准，按规定保管好"工作票"和"操作票"。

（4）开好交接班会、安全评估会，过好安全活动日，做好安全学习记录，积极开展安全标准化作业，做到安全教育经常化。

（5）每日上班加强安全检查，正确使用岗位"安全检查表"和"隐患整改追踪记录卡"，做到工具、设备无缺陷和隐患，安全装置齐会、完好、可靠，正确佩戴和使用劳动防护用品。

（6）作业环境整洁、安全通道畅通、安全警示标志醒目。

（7）班组实现个人无违章、岗位无隐患、全员无事故。

（8）班组无重大伤亡、重大设备毁损、火灾等事故。

（9）班组安全档案管理规范、有序。

（10）实行安全生产"一票否决"制度。凡发生安全事故的班组取消年度评先树优资格。

（八）建立健全班组安全档案管理

根据工作需要和上级文件规定，班组必须建立健全员工安全教育培训、岗位设备、危险点、安全检查、安全隐患整改、目标岗位考核等相应档案、台账。其中教育培训档案实行安全生产记录卡制度，确保"一人一档一卡"，做到内容翔实，分类建档，备案待查。

二、施工生产安全培训

（一）正确使用和保管个人防护用品

（1）根据岗位作业性质、条件、劳动强度和防护器材性能与使用范围，正确选用防护用具种类、型号、经安全部门同意后执行。教导员工识别防护用品。

① 防尘用具：防尘口罩、防尘面罩。

② 防毒用具：防毒口罩、过滤式防毒面具、氧气呼吸器、长管面具。

③ 防噪声用具：硅橡胶耳塞、防噪声耳塞、防噪声耳罩、防噪声面罩。

④ 防电击用具：绝缘手套、绝缘胶靴、绝缘棒、绝缘垫、绝缘台。

⑤ 防坠落用具：安全带、安全网。

⑥ 头部保护用具：安全帽、头盔。

⑦ 面部保护用具：电焊用面罩。

⑧ 眼部保护用具：防酸碱用面罩、眼镜。

⑨ 其他专用防护用具：特种手套、橡胶工作服、潜水衣、帽、靴。

⑩ 防护用具：工作服、工作帽、工作鞋，雨衣、雨鞋、防寒衣、防寒帽、手套、口罩等。

（2）严禁超出防护用品用具的防护范围代替使用。

（3）严禁使用失效或损坏的防护用品用具。

（4）安全带、安全网。

① 由项目组保管；

② 使用前要仔细检查，发现有异常现象，应停止使用；

③ 每年由安全部门统一组织一次强度试验。

（5）防电击用具。

① 在使用和保管过程中要保证绝缘良好；

② 严禁使用绝缘不合格的防电击用具作业；

③ 对防电击用具进行耐压试验。

（二）进行事故预防

要做到安全生产，首先必须了解生产现场中什么是不安全状态，什么是不安全行为，在工作中尽量规避和消除危险因素。要告诉员工现场有哪些不安全状态与不安全行为，具体包括以下方面。

（1）物体本身的缺陷：设计不佳、材料缺陷，以及质量不合格、疲劳使用、使用超限、有故障未修理、维护不良等。

（2）防护措施的缺陷：无防护、防护不周、绝缘不佳、无遮蔽。

（3）物体放置与作业场所的缺陷：未能确保走道的畅通、作业场所的空间不够、机械、办公设备等的配置不当、物体配置失常、物体堆积不当、物体放置失常。

（4）保护器具、服装等的缺陷：未指定鞋类、未指定防护用具、未指定服装、未禁止穿戴手套。

（5）作业环境不佳：空气调节器欠佳、其他作业环境欠佳。

（6）自然的不安全状态：物体本身的欠佳（厂外）、防护措施欠佳（厂外）、物体放置与作业场所欠佳、作业环境欠佳、交通方面的危险、自然的危险。

（7）作业方法的缺陷：机械装置的使用不当、工具的使用不当、作业程序错误、作业前没确认是否安全等。

（8）安全装置与有害物抑制装置的失效：拆卸安全装置、安全装置调整错误、拆除其他防护物。

（9）没有履行安全措施：没实行有关危险性、有害性的对应措施、突然操作机械设备等、在未确认或信号指示之前就驾车、未得到信号指示之前，而移物或放离物。

（10）不安全的置放法：在发动机械装置之后，人离开该地、机械装置的放法，形成不安全状态、放置工具、用具、材料之时形成不安全状态。

（11）造成危险或有害状态：货物装载负荷过大、置各种危险物于一处、以不安全之物代替规定物。

（12）不按规定使用机械装置：使用有缺陷的机械设备、机械设备、工具用具等的选用错误、没按规定方法使用机械设备、以危险的速度操作机械设备。

（13）清扫、加油、修理、检查正在运转中的机械设备：正在运转中的机械与装置、通电中的电器装置、加压中的容器、加热中的物品、内装危险物。

（14）保护器具与服装的缺失：没有使用保护器具、误选保护器具与使用方法、不安全的服装。

（15）接近其他危险有害区域：接近或接触正在运转中的机械装置、接近或接触或走在吊挂货物之下、步入危险有害区、接触或倚在易崩塌之物、立于不安全区域。

（16）其他不安全行为：以手代替工具、从大堆积物中间抽取若干、未经确认而从事的行为；如以投掷的方式传递物品、车辆未停妥就上下车、不必要的奔跃、恶作剧或胡闹。

（三）安全色与对比色

1. 什么是安全色

安全色是表达安全信息的颜色，表示禁止、警告、指令、提示等意义。正确使用安全色，可以使人员能够对威胁安全和健康的物体和环境做出尽快的反应；迅速发现或分辨安全标志，及时得到提醒，以防止事故、危害发生。

2. 安全色使用标准

典型的安全色如图 1-1 所示。

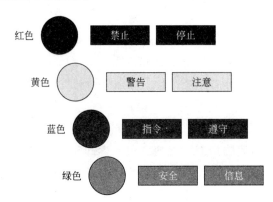

图 1-1 典型的安全色

（1）红色。红色表示禁止、停止、消防和危险的意思。凡是禁止、停止和有危险的器件、设备或环境，应涂以红色的标记。

（2）黄色。黄色表示警示。警示人们注意的器件、设备或环境，应涂以黄色的标志。

（3）蓝色。蓝色表示指令，必须遵守的规定。

（4）绿色。绿色表示通行、安全和提供信息的意思。凡是在可以通行或安全的情况下，应涂以绿色的标志。

（5）红色和白色相间隔的条纹。红色与白色相间隔的条纹，比单独使用红色更为醒目，表示禁止通行、禁止跨越的意思，用于公路、交通等方面的防护栏杆及隔离墩。

（6）黄色与黑色相间隔的条纹。黄色与黑色相间隔的条纹，比单独使用黄色更为醒目，表示特别注意的意思，用于起重吊钩、平板拖车排障器、低管道等方面。相间隔的条纹，两色宽度相等，一般为 10mm。在较小的面积上，其宽度可适当缩小，每种颜色不应少于两条，斜度一般与水平成 45°。在设备上的黄色、黑色条纹，其倾斜方向应以设备的中心线为轴，呈对称形。

（7）蓝色与白色相间隔的条纹。蓝色与白色相间隔的条纹，比单独使用蓝色更为醒目，表示指示方向，用于交通上的指示性导向标。

（8）白色。标志中的文字、图形、符号和背景色以及安全通道、交通上的标线用白色。标志线、安全线的宽度不小于 60mm。

（9）黑色。禁止、警告和公共信息标志中的文字、图形都应该用黑色。

3. 对比色及其安全上的使用规定

在色相环（图 1-2）中每一个颜色对面（180°对角）的颜色，称为互补色，也是对比最强的色组。把对比色放在一起，会给人强烈的排斥感；若混合在一起，会

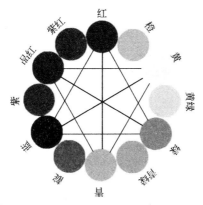

图 1-2　色相环

调出浑浊的颜色。如：红与绿、蓝与橙、黄与紫互为对比色。

使用对比色是通过反衬使安全色更加醒目。如安全色需要使用对比色时，应按相关的规定执行。安全方面的对比色为黑白两种，见表1-3。

表 1-3　对比色表

安全色	相应的对比色
红色	白色
蓝色	白色
黄色	黑色
绿色	白色

（四）如何进行工伤急救

在生产现场作业中，经常会发生意外的人员伤害情况，作为班组长必须培训教导员工了解基本的工伤紧急救，把损失降到最低点。

1. 火伤急救

轻者用酒精涂抹灼伤处，重者必须用油类，如蓖麻油、橄榄油与苏打水混合，敷于其上外加软布包扎，如水泡过大，不要切开；已破水的皮肤也不可剥去。

2. 皮肤创伤急救

（1）止血。

（2）清洁伤口，周围用温水或凉开水清洗，轻伤只要涂2％的红药水即可。

（3）重伤用干净纱布盖上，用绷带绑起来。

3. 触电急救

救护前应以非导体（如木棒），将触电的人推离电线，切不可用手去拉，以免导电；然后解开衣纽，进行人工呼吸，并请医生诊治。局部触电，伤处应先用硼酸水洗净，用纱布包扎。

4. 摔倒、中暑急救

将摔倒者平卧，胸衣解开，用冷水刺激面部。中暑者可先松解衣服，移至阴凉通风处平躺，垫高头部，用冷湿布敷额头，服用凉开水，呼吸微弱的可进行人工呼吸，醒后多饮清凉饮料，并送医院诊治。

5. 手足骨折急救

（1）为避免受伤部分移动，可先用自制夹板夹住，最好用软质布棉作夹，托住伤处下部，长度足够及于两端关节所在，然后两边卷住手或脚，用布条或绷带绑紧。

（2）如为骨碎破皮，可用消毒纱布盖住骨部伤处，用软质棉枕夹住，立即送医院。

（3）如是怀疑手或脚折断，便不让他（她）用手着力或用脚走路，夹板或绷带不可绑得太紧，使伤处有肿胀余地。

（五）如何进行生产用电安全操作

生产用电安全是基层管理的一个重要内容，班组长应该认真落实生产用电安全管理规范，认真培训教导员工安全用电知识和应急处理方法。

1. 用电制度须知

（1）严禁随意拉设电线，严禁超负荷用电。

（2）电气线路、设备安装应由持证电工负责。

（3）下班后，该关闭的电源应予以关闭。

（4）禁止私用电热棒、电炉等大功率电器。

2. 规范操作培训内容

（1）检查应拉合的开关和刀闸。

（2）检查开关和刀闸位置。

（3）检查接地线是否拆除，检查负荷分配。

（4）装拆接地线。

（5）安装或拆除控制回路或电压互感器回路的熔断器，切换保护回路和检验是否确无电压。

（6）清洁、维护发电机及其附属设备时，必须切断发电机的"功能选择"开关，工作完毕后恢复正常。

（7）在高压室内进行检修工作，至少有两人在一起工作，检测或检修电容和电缆前后应充分放电。

3. 事故处理方法

（1）变压器预告信号动作时，应及时查明原因，并马上报告上司。

（2）低压总开关跳闸时，应先把分开关拉开，检查无异常，试合总开关，再试合各分开关。

（3）油开关严重漏油时，应切断低压侧负荷，才可进行掉闸。

（4）重瓦斯保护动作时，变压器应退出运行。

（5）开关自动跳闸时，应退出运行，检查后，确认无异常情况方可试运行。

（六）如何进行消防安全管理

防火宣传教育

（1）用各种形式进行防火宣传和防火知识的教育，如创办消防知识宣传栏、开展知识竞赛，提高员工的消防意识和业务水平。

（2）定期组织员工学习消防法规和各项规章制度，做到依法治火。

（3）对新工人和变换工种的工人，进行岗前消防培训，进行消防安全三级教育，经考试合格方能上岗位工作。

（4）针对岗位特点进行消防安全教育培训。对火灾危险性大的重点工种的工人要进行专业性消防训练，一年进行一次考核。

（5）对发生火灾事故的单位与个人，按"三不放过"的原则，进行认真教育。

（6）对违章用火用电的单位和个人当场进行针对性的教育和处罚。

（7）各单位在周五安全活动中，要组织员工认真学习消防法规和消防知识。

（8）对消防设施维护保养和使用人员应进行实地演示和培训。

（9）对电工、木工、焊工、油漆工、锅炉工、仓库管理员等工种，除平时加强教育培训外，每年在班组进行一次消防安全教育。

（10）要对员工进行定期的消防宣传教育和轮训，使员工普遍掌握必要的消防知识，达到"三懂""三会"要求。

员工消防知识的"三懂"、"三会"具体如下：

"三懂"就是懂得本单位的火灾危险性，懂得基本的防火、灭火知识，懂得预防火灾事故的措施；

"三会"就是会报警、会使用灭火器材、会扑灭初起火灾。

（七）发生紧急事故如何处理

班组紧急事故处理程序是企业应急救援预案的重要内容之一，其首要任务是采取有效措施控制和遏制事故，防止事故扩大到附近的其他设施，以减少伤害。

（1）由企业制定现场紧急事故处理程序，班组抓好落实。

（2）根据班组实际，定期进行修订完善，加强演练。

（3）发生事故后，班组长、安全员应立即将事故发生的时间、地点、原因、经过等情况向上级进行报告，视事故情况进行救援或组织撤离。

（4）撤离时，沿具有清晰标志的撤离路线到达预先指定的集合点。

（5）班组长应指定专人记录所有到达集合点的工人，并将信息向上级进行报告并保存。

（6）因节日、生病和当时现场人员的变化，需根据不在现场人的情况，随时更新上报所掌握的人员名单。

（7）紧急状态结束后，控制受影响地点的恢复。

三、特种作业人员培训

特种作业是指在劳动过程中容易发生伤亡事故，对操作者和他人以及周围设施的安全有重大危害因素的作业。包括电工作业、金属焊接切割作业、起重机械（含电梯）作业、企业内机动车辆驾驶、登高架设作业、锅炉作业（含水质化验）、压力容器操作，制冷作业、爆破作业、矿山通风作业（含瓦斯检验）、矿山排水作业（含尾矿坝作业），以及由省、自治区、直辖市安全生产综合管理部门或国务院行业主管部门提出，并经原国家经济贸易委员会批准的其他作业。如垂直运输机械作业人员、安装拆卸工、起重信号工等，都应当列为特种作业人员。

1. 特种作业人员的要求

特种作业人员必须具备以下基本条件。

（1）年龄满 18 周岁。

（2）身体健康，无妨碍从事相应工种作业的疾病和生理缺陷。

（3）初中（含初中）以上文化程度，具备相应工种的安全技术知识，参加国家规定的安全技术理论和实际操作考核并成绩合格。

（4）符合相应工种作业特点需要的其他条件。

2. 特种作业人员的教育培训

特种作业人员必须接受与本工种相适应的、专门的安全技术培训，经过安全技术理论考核和实际操作技能考核合格，取得特种作业操作证后，方可上岗作业。

3. 特种作业人员的培训

特种作业人员必须按照国家有关规定经过专门的安全作业培训，并取得特种作业操作资格证书后，方可上岗作业。

专门的安全作业培训是指由有关主管部门组织的专门针对特种作业人员的培训，也就是特种作业人员在独立上岗作业前，必须进行与本工种相适应的、专门的安全技术理论学习和实际操作训练，经培训考核后格后，取得特种作业操作资格证书后，才能上岗作业。

特种作业操作资格证书在全国范围内均有效，离开特种作业岗位一定时间后，应当按照规定重新进行实际操作考核，经确认合格后方可上岗作业。

四、转岗安全培训

（1）转岗安全培训。员工在车间内或厂内换工种，或调换到与原工作岗位操作方法有差异的岗位，以及短期参加劳动的管理人员等，这些人员应由接收部门进行相应工种的安全生产教育。

（2）教育内容。可参照"三级安全教育"的要求确定，一般只需进行车间、班组级安全教育。但调为特种作业人员，要经过特种作业人员的安全教育和安全技术培训，经考核合格取得操作许可证后方准上岗作业。

五、复工安全培训

复工安全教育的对象包括因工伤痊愈后的人员及各种休假超过 3 个月以上的人员。

（一）工伤后的复工安全教育培训要点

（1）对已发生的事故做全面分析，找出发生事故的主要原因，并指出预防对策。

（2）对复工者进行安全意识教育，岗位安全操作技能教育及预防措施和安全对策教育等，引导其端正思想认识，正确吸取教训，提高操作技能，克服操作上的失误，增强预防事故的信心。

（二）休假后的复工安全教育

员工常因休假而造成情绪波动、身体疲乏、精神分散、思想麻痹，复工后容易因意志失控或者心境不定而产生不安全行为导致事故发生。因此，要针对休假的类别，进行复工"收心"教育，也就是针对不同的心理特点，结合复工者的具体情况消除其思想上的余波，有的放矢地进行教育，如重温本工种安全操作规程，熟悉机器设备的性能，进行实际操作练习等。表 1-4 是某工厂的节后复工安全作业教育，仅供参考。

表 1-4 节后复工安全作业教育

工段名称		时间	
施工班组		工种	
春节已过，班组施工人员及新增员工正投入工作现场。此阶段有些人思想比较松散，易发生作业人员违章事故，因此必须加强教育培训和管理，增强施工人员安全意识和技能，增强自我保护意识和能力。 （1）所有进场施工人员必须持证上岗。 （2）所有进场施工人员必须戴好安全帽，系好帽扣；每天上岗前各施工班组负责人需进行必要的安全交接。 （3）施工班组在现场严禁动用明火，在易燃部位放置消防器材；消防器材不准任意使用，不准任意移位；在现场严禁吸烟，禁止酒后作业。 （4）在登高作业时使用的推车、撑梯（必须使用木梯子）必须平稳、牢固；在临边、洞口操作要进行必要围护，同时上下要兼顾，严禁上下抛物。 （5）穿线时必须戴防护眼镜，以防眼睛受伤。 （6）在施工过程中如不能正确判断有无安全性应立即停工汇报，待安全排除确认后方可施工。 （7）班组长不准违章指挥，施工人员不准违章作业。 （8）注意文明施工，随做随清，每天的操作垃圾集中到指定地点堆放。 （9）宿舍区域禁止煮饭菜，并有专人负责宿舍内外卫生清洁工作。			
受教育人签名			

注：本表一式三份，一份个人留存，一份班组保存，一份交公司保管。

对于因工伤和休假等超过 3 个月的复工安全教育，应由企业各级分别进行。经过教育后，由劳动人事部门出具复工通知单，班组接到复工通知单后，方允许其上岗操作。对休假不足 3 个月的复工者，一般由班组长或班组安全员对其进行复工教育。

案例：绝壁观光栈道的修建

为了吸引游客，某旅游景点在绝壁上修建了长约 2km 的栈道，它是中国最长的绝壁观光栈道之一。游客行走在该栈道上面，脚下是无尽的深谷，令人心惊胆战的同时，也感叹大自然的鬼斧神工、使景点增添巧夺天工之美。

然而，该栈道在修建过程中，工人在几百米高的悬崖上作业却没有安全保障，工人没有系安全绳，只有木板、手推车和生锈的脚手架等简陋工具（图 1-3）。

这是管理者和生产者严重缺乏安全意识的表现，说明建筑安全教育刻不容缓。

图 1-3　某旅游景点绝壁上修建栈道现场

第二章
建筑业安全技术

Chapter 02

第一节　基础工程安全技术

任何建筑物或构筑物，都是从土石方开始施工的。土石方工程一般包括场地平整、基坑（槽）、路基及一些特殊土工构筑物等的开挖、回填、压实等。

一、边坡稳定及支护安全技术规定

建筑业有两个重要的力学概念：一个是剪应力，即单位面积上所承受的剪力，其力的方向与受力面的法线方向正交；另一个是抗剪强度，指外力与材料轴线垂直，并对材料呈剪切作用时的强度极限。

基坑挖好后，其边坡失稳坍塌的实质是边坡土体中的剪应力大于土的抗剪强度。而土体中的抗剪强度是来源于土体内摩阻力和内聚力。因此，凡是能影响土体中剪应力、内摩阻力和内聚力的，都能影响边坡的稳定。其主要因素有四个。

一是土的类别。不同类别的土，其土体的内摩阻力和内聚力不同。

二是土的湿化程度。土内含水愈多，湿化程度愈高，使土壤颗粒之间产生润滑作用，内摩阻力和内聚力均降低。其土的抗剪强度降低，边坡容易失去稳定。同时含水量增加，使土的自重增加，裂缝中产生静水压力，增加了土体内剪应力。

三是气候的影响使土质松软。

四是基坑边坡上面附加荷载或外力松动影响，能使土体中剪应力大大增加，甚至超过土体的抗剪强度，使边坡失去稳定而塌方。

（一）基坑（槽）边坡的稳定性

为了防止塌方，保证施工安全，开挖土方深度超过一定限度时，边坡均应做成一定坡度。

土方边坡的坡度以其高度 H 与底宽度 B 之比表示，如图 2-1、图 2-2 所示，即土方边坡坡度 $= H/B = 1/(B/H) = 1：m$。

土方边坡的大小与土质、开挖深度、开挖方法、边坡留置时间的长短、排水情况、附近堆积荷载等有关。开挖的深度愈深，留置时间越长，边坡应设计得平缓一些，反之则可陡一些，用井点降水时边坡可陡一些。边坡可做成斜坡式，如图 2-1 所示；根据施工需要也可做成踏步式，如图 2-2 所示。

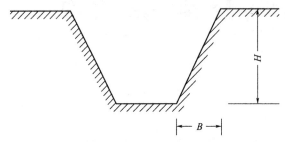

图 2-1 斜坡式土方边坡

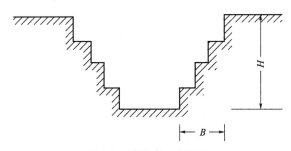

图 2-2 踏步式土方边坡

1. 基坑（槽）边坡的规定

当地质情况良好、土质均匀、地下水位低于基坑（槽）底面标高时，不加支撑的边坡最陡坡应符合表 2-1 的规定。

表 2-1 深度 5m 内的基坑（槽）边坡的最陡坡规定

土的类别	边坡坡度（高：宽）		
	坡顶无荷载	坡顶有静载	坡顶有动载
中密沙土	1：1.00	1：1.25	1：1.50
中密碎石土(填物为砂石)	1：0.75	1：1.00	1：1.25
硬塑粉土	1：0.67	1：0.75	1：1.00
中密碎石土(黏土填物)	1：0.50	1：0.67	1：0.75
硬塑粉质黏土、黏土	1：0.33	1：0.50	1：0.67
老黄土	1：0.10	1：0.25	1：0.33
软土	1：1.00	—	—

注：1. 静载指堆土或材料等，动载指机械挖土或汽车运输作业等。静载或动载距挖土边缘的距离应在 0.8m 以外，堆土或材料高度不应超过 1.5m。

2. 若有成熟的经验或科学理论计算并经试验证明者可不受本表限制。

2. 基坑（槽）无边坡垂直挖深高度规定

（1）无地下水或地下水低于基坑（槽）底面且土质均匀时，立壁不加支撑的垂直挖深不宜超过表 2-2 的规定尺寸。

表 2-2　基坑（槽）立壁垂直挖深规定尺寸

土的类别	深度/m
密实、中密砂土和碎石土(填物为砂石)	1.00
硬塑、可塑粉土及粉质黏土	1.25
硬塑、可塑黏土和碎石土(填物为黏土)	1.50
坚硬的黏土	2.00

（2）天然冻结的速度和深度，能确保施工挖方的安全，在深度为 4m 以内的基坑（槽）开挖时，允许采用天然冻结法垂直开挖而不设支撑。但在干燥的砂土中应严禁采用冻结法施工。

（二）滑坡与边坡塌方的分析处理

1. 滑坡的产生和防止

（1）滑坡的产生

① 震动的影响，如工程中采用大爆破而触发滑坡。

② 水的作用，多数滑坡的发生都是与水的参数有关，水的作用能增大土体重量，降低土的抗剪强度和内聚力，产生静水和动水压力，因此，滑坡多发生在雨季。

③ 土体（或岩体）本身层理发达，破碎严重，或内部夹有软泥或软弱层受水浸或震动滑坡。

④ 土层下岩层或夹层倾斜度较大，上表面堆土或堆材料较多，增加了土体重量，致使土体与夹层间，土体与岩石之间的抗剪强度降低而引起滑坡。

⑤ 不合理的开挖或加载荷，如在开挖坡脚或在山坡上加载荷过大，破坏原有的平衡而产生滑坡。

⑥ 如路堤、土坝筑于尚未稳定的滑坡体上，或是易滑动的土层上，使重心改变产生滑坡。

（2）滑坡的防止

① 使边坡有足够的坡度，并应尽量将土坡削成较平缓的坡度或做成台阶形，使中间具有数个平台以增加稳定。土质不同时，可按不同土质削成不同坡度，一般可使坡度角小于土的内摩擦角。

② 排水：

a. 将滑坡范围以外的地表水设置多道环形截水沟，使水不流入滑坡区域以内。

b. 为迅速排出在滑坡范围以内的地表水和减少下渗，应修设排水系统缩短地表水流经的距离，主沟与滑坡方向一致，并铺砌防渗层，支沟一般与滑坡方向成；30°～45°角。

c. 妥善处理生产、生活、施工用水，严防水的浸入。

d. 对于滑坡体内的地下水，则应采取疏干和引出的原则，可在坡体内修筑地下渗沟，沟底应在滑动面以下，主沟应与滑坡方向一致。

③ 对于施工地段或危及建筑安全的地段设置抗滑结构，如抗滑柱、抗滑挡墙、锚杆挡墙等。这些结构物的基础底必须设置在滑动面以下的稳定土层或基岩中。

④ 将不稳定的陡坡部分削去，以减轻滑坡体重量，减少滑坡体的下滑力，达到滑体的静力平衡。

⑤ 严禁随意切割滑坡体的坡脚，同时也切忌在坡体被动区挖土。

2. 边坡塌方的发生和防止

（1）边坡塌方的发生

① 由于边坡太陡，土体本身的稳定性不够而发生塌方。

② 气候干燥，基坑暴露时间长，使土质松软或黏土中的夹层因浸水而产生润滑作用，以及饱和的细砂、粉砂因受震动而液化等原因引起土体内抗剪强度降低而发生塌方。

③ 边坡顶面附近有动荷载，或下雨使土体的含水量增加，导致土体的自重增加和水在土中渗流产生一定的动水压力，以及土体裂缝中的水产生静水压力等原因，引起土体剪应力的增加而产生塌方。

（2）边坡塌方的防止

① 开挖基坑（槽）时，若因场地限制不能放坡或放坡后所增加的土方量太大，为防止边坡塌方，可采用设置挡土支撑的方法。

② 严格控制坡顶护道内的静荷载或较大的动荷载。

③ 防止地表水流入坑槽内和渗入土坡体。

④ 对开挖深度大、施工时间长、坑边要停放机械等，应按规定的允许坡度适当的放平缓些，当基坑（槽）附近有主要建筑物时，基坑边坡的最大坡度为（1：1）～（1：1.5）。

（三）基坑及管沟常用支护方法

在基坑或沟槽开挖时，常因受场地的限制不能放坡，或放坡后增加土方量很大，可设支撑，既可保证施工需要，又可保证安全。选择支撑结构见表2-3。

表2-3　支撑结构表

土质情况	基坑(槽)或管沟深度	支撑方法
天然含水量的黏性土,地下水很少	3m 以内	不连续支撑
	3～5m	连续支撑

土质情况	基坑(槽)或管沟深度	支撑方法
松散的和含水量较高的黏性土	不论深度如何	连续支撑
松散的和含水量较高的黏性土,地下水很多且有带走土粒的危险	不论深度如何	用板桩支撑

注：1. 深度大于5m者，应根据设计而定。

2. 基坑宽度较大，横撑自由度过大而稳定性不定时，可采用锚定式支撑。

下面介绍常用的一些基坑与管沟的支撑方法。为了标注简便，将标注名称在图中全部以数字替代，其含意如下：

1——水平挡土板；

2——垂直挡土板；

3——竖枋木；

4——横枋木；

5——撑木；

6——工具式横撑；

7——木楔；

8——柱桩；

9——锚桩；

10——拉杆；

11——斜撑；

12——撑桩；

13——回填土；

14——装土草袋；

15——地下室梁板；

16——土层锚杆；

17——混凝土护壁；

18——钻孔灌注钢筋混凝土桩；

19——钢板桩；

20——钢横撑；

21——钢撑；

22——钢筋混凝土地下连续墙。

1．间断式水平支撑

间断式水平支撑能保持直立壁的干土或天然湿度的黏土类土，深度在2m以内时使用这种方法。其支撑方法是两侧挡土板水平放置，用撑木将木楔顶紧，挖一层土支顶一层（图 2-3）。

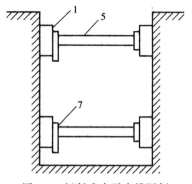

图 2-3　间断式水平支撑图例

2. 断续式水平支撑

挖掘湿度小的黏性土及挖土深度小于 3m 时使用这种方法。其支撑方法是：挡土板水平放置，中间留出间隔，然后两侧同时对称竖立枋木，再用工具式横撑上下顶紧（图 2-4）。

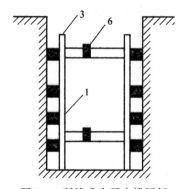

图 2-4　断续式水平支撑图例

3. 连续式水平支撑

挖掘较潮湿的或散粒的土及挖土深度小于 5m 时使用这种方法。其支撑方法是：挡土板水平放置，相互靠紧，不留间隔，然后两侧同时对称立上竖枋木，上下各顶一根撑木，端头加木楔顶紧（图 2-5）。

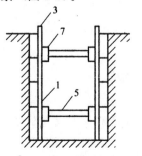

图 2-5　连续式水平支撑图例

4. 连续式垂直支撑

挖掘松散的或湿度很高的土（挖土深度不限）使用这种方法。支撑方法是：挡土板垂直放置，然后每侧上下各水平放置枋木一根，用撑木顶紧，再用木楔顶紧（图2-6）。

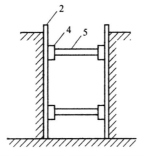

图 2-6　连续式垂直支撑图例

5. 锚拉支撑

开挖较大基坑或使用较大型的机械挖土，而不能安装横撑时使用这种方法。其支撑方法是：挡土板水平顶在柱桩的内侧，柱桩一端打入土中，另一端用拉杆与远处锚桩拉紧，挡土板内侧回填土（图2-7）。

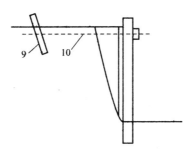

图 2-7　锚拉支撑图例

6. 斜柱支撑

开挖较大基坑或使用较大型的机械挖土，而不能采用锚拉支撑时使用这种方法。其支撑方法是：挡土板水平顶在柱桩的内侧，柱桩外侧由斜撑支牢，斜撑的底端只顶在撑桩上，然后在挡土板内侧回填土（图2-8）。

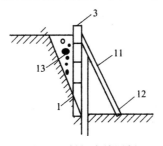

图 2-8　斜柱支撑图例

7. 短柱横隔支撑

开挖宽度大的基坑，当部分地段下部放坡不足时使用这种方法。其支撑方法是：打入小短木桩，一半露出地面，一半打入地下，地上部分背面钉上横板，在背面填土（图 2-9）。

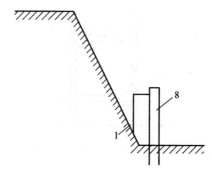

图 2-9　短柱横隔支撑图例

8. 临时挡土墙支撑

开挖宽度大的基坑，当部分地段下部放坡不足时使用这种方法。其支撑方法是：沿坡脚用砖、石叠砌成或用草袋装土叠砌，使坡脚保持稳定（图 2-10）。

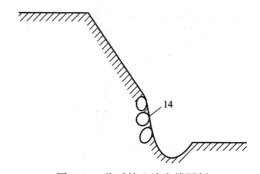

图 2-10　临时挡土墙支撑图例

9. 混凝土或钢筋混凝土支护

天然湿度的黏土类土中，地下水较少，地面荷载较大，深度 6～30m 的圆形结构护壁或人工挖孔桩护壁用这种方法。其支撑方法是：每挖深 1m，支模板，绑钢筋，浇一节混凝土护壁，再挖深 1m，拆上节模板，支下节，再浇下节混凝土，循环作业直至设计深度，浇灌口用砂浆堵塞（图 2-11）。

10. 钢构架支护

在软弱土层开挖较大、较深基坑，而不能用一般支护方法时使用这种方法。其支撑方法是：在开挖的基槽周围打板桩，在桩位置上打入暂设的钢柱，在基坑中挖土，每下挖 3～4m，装上一层幅度很宽的构架式横撑，挖土在钢构架网格中进行（图 2-12）。

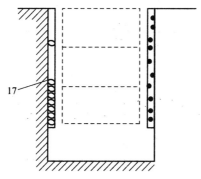

图 2-11　混凝土或钢筋混凝土支护图例

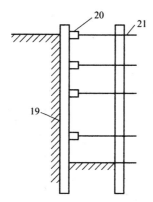

图 2-12　钢构架支护图例

11. 地下连续墙支护

开挖较大、较深基坑，周围有建筑物、公路的基坑，作为复合结构的一部分，或用于高层建筑的逆做法施工，作为结构的地下室外墙时使用这种方法。其支撑方法是：在开挖的基槽周围，先建造地下连续墙，待混凝土达到强度后，在连续墙中间用机械或人工挖土，直到要求深度。对跨度、深度不大时，连续墙刚度能满足要求，可不设内撑。用于高层建筑地下室逆做法施工，挖一层，把下一层梁板、柱浇筑完成，以此作为连续墙的水平框架支撑，如此循环作业，直到地下室的底层全部挖完土，浇灌完成（图 2-13）。

12. 地下连续墙锚杆支护

开挖较大、较深的大型基坑（＞10m），周围有高层建筑，不允许支护有较大变形，采用机械挖土，不允许内部设支撑时使用这种方法。其支撑方法是：在开挖基坑的周围，先建造地下连续墙，在墙中间用机械开挖土方，至锚杆部位，用锚杆钻机在要求位置锚孔，放入锚杆，进行灌浆，待达到设计强度，装上锚具，然后继续下挖至设计深度，如设有 2～3 层锚杆，每挖一层装一次锚杆，采用快凝砂浆灌浆（图 2-14）。

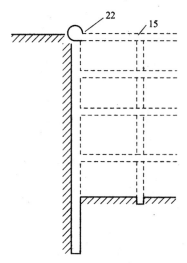

图 2-13　地下连续墙支护图例

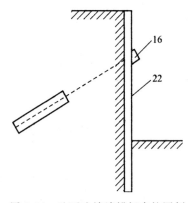

图 2-14　地下连续墙锚杆支护图例

13. 挡土护坡桩支撑

开挖较大、较深基坑（＞6m），邻近有建筑物，不允许支撑有较大变形时使用这种方法。其支撑方法是：在开挖基坑的周围钻孔，现场灌注钢筋混凝土桩，待达到强度，在中间用机械或人工挖土，下挖 1m 左右，装上横撑，在桩背面已挖沟槽内拉上锚杆，并将其固定，已预先灌注的锚桩上拉紧，然后继续挖土至设计深度。在桩中间土方挖成向外拱形，使其起土拱作用。如邻近有建筑物，不能设置拉杆，则采取加密桩距或加大桩径处理（图 2-15）。

14. 挡土护坡桩与锚杆结合支撑

大型较深基坑开挖，邻近有高层建筑，不允许支护有较大变形时采用这种方法。支撑方法是：在开挖基坑的周围钻孔，浇灌钢筋混凝土灌注桩，达到强度后，在桩中间沿桩垂直挖土，挖到一点深度，安上横撑，每隔一定距离向桩背面斜下方

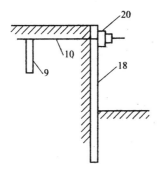

图 2-15　挡土护坡桩支撑图例

用锚杆钻机打孔，在孔内放钢筋锚杆，用混凝土压力灌浆，达到强度后，拉紧固定，在桩中间进行挖土直至设计深度，如设二层锚杆，可挖一层土，装设一次锚杆（图 2-16）。

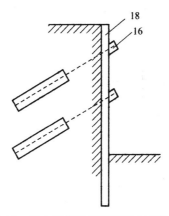

图 2-16　挡土护坡桩与锚杆结合支撑图例

（四）基槽（坑）壁支护工程施工安全要点

（1）一般坑壁支护都应进行设计计算，并绘制施工详图，比较浅的基坑（槽），若确有成熟可靠的经验，可根据经验绘制简明的施工图，在运用已有经验时，一定要考虑土壁土的类别、深度、干湿程度、槽边荷载以及支撑材料和做法是否和经验做法相同或近似，不能生搬硬套已有的经验。

（2）挡土桩预埋深的拉锚，应用挖沟方式埋设，沟宽尽可能小，不能采取全部开挖回填方式，扰动土体固结状态。拉锚安装后应按设计要求预拉应力进行预拉紧。

（3）施工中经常检查支撑和观测邻近建筑物稳定与变形情况。如发现支撑有松动、变形、位移等现象，应及时采取加固措施。

（4）坑壁支护选用木材时，要选坚实、无枯节、无穿心裂折的松木或杉木，不宜用杂木。木支撑要随挖随撑，并严密顶紧牢固，不能整个挖好后再支撑。

（5）锚杆的锚固段应埋在稳定性较好的土层中，并用水泥砂浆灌注密实，锚固段长度由计算或试验确定，不得锚固在松软土中。

（6）支撑的拆除应按回填顺序依次进行，多层支撑应自下而上逐层拆除，拆除一层，经回填夯实后，再拆除上层。拆除支撑时应注意防止附近建筑物或构筑物产生下沉或裂缝，必要时采取加固措施。

（7）护坡桩施工的安全技术。

① 打桩前，对邻近施工范围内的已有建筑物、驳岸、地下管线等，必须认真检查，针对具体情况采取有效加固或隔震措施。对危险而又无法加固的建筑，在征得有关方面同意后拆除，以确保施工安全和邻近建筑物及人身的安全。

机器进场要注意危桥、陡坡、陷地和防止碰撞电杆、房屋等。打桩场地必须平整夯实，必要时宜铺设道砟，经压路机碾压密实，场地周围应挖排水沟以利排水。在打桩过程中，遇有地坪隆起或下陷时，应随时对机器及路轨进行调平和整平。

② 钻孔灌注桩施工，成孔钻机操作时，应注意将钻机固定平整，防止钻架突然倾倒或钻具突然下落而造成事故。已钻成的孔在尚未灌混凝土前，必须用盖板封严。

二、防排水工程安全技术规定

（一）降低地下水位

降低地下水位是基坑工程施工技术中一项非常重要的技术措施。降低地下水位的目的：一是为了疏干坑内土体，改善土方施工条件；二是可固结基坑底土体，有利于提高支护结构的安全度。根据施工及测试结果表明，降水效果好的基坑，其土的黏聚力和内摩擦角值可提高 25%～30%。

1. 基坑降水的一般原则

（1）黏性土地基中，基坑开挖深度小于 3m 时，可采用重力排水，开挖深度超过 3m 时，宜采用点井降水。

（2）砂性土地基中，基坑开挖深度超过 2.5m 时，宜采用点井降水。

（3）降水深度超过 6m 时，宜采用多级真空点井或喷射点井降水，也可采用深井点井降水，或在深井点井中加设真空泵的综合降水方法。

（4）放坡开挖或无隔水帷幕围护的基坑，降水点井宜设置在基坑外；有隔水帷幕围护的基坑，降水点井宜设置在基坑内。降水深度应不大于隔水帷幕的设置深度。

（5）基坑内降水，其降水深度应在基坑底以下 0.5～1.0m 之间，且宜设置在透水性较好的土层中。

（6）井点降水应确保砂滤层施工质量，以保证抽水效果，且做到出水常清。

（7）坑外降水，为减少点井降水对周围环境的影响，可在降水管与受保护对象之间设置回灌井点或回灌砂井、砂沟。

2. 主要降水方法

（1）真空点井降水。真空点井是将直径较细的点井管沉入坑底的蓄水层内，井点管上部与总管连接，通过总管利用抽水设备的工作所产生的真空作用，将地下水从井点管内不断抽水，使原有的地下水位降低到坑底以下。真空点井降水深度一般可达 7m。

常用真空点井的成孔孔径应根据土质条件和成孔深度确定，孔径常用 $\phi 250 \sim$ 300mm，间距 1.2～2.0m。冲孔深度应超过滤管管底 0.5m。

（2）喷射点井降水。喷射点井由喷射井管、高压水泵和管线系统组成，其降水深度一般为 8～20m。

（3）深井点井降水。深井点井若利用真空原理，综合形成真空深井点井，则其降水效果更佳。自控真空深井点井就是当深井打设安装完毕后，由改造后的真空泵对全封闭的管井点井施加真空，以加快孔内透水速度。当水位达到设定的水位控制电极处时，水泵自停，如此反复，以达到降水的目的。

深井点井的降水深度大于 10m。深井点井的间距为 14～18m，深井泵吸水口宜高于井底 1.0m 以上。

3. 降水过程中应注意的问题

（1）土方开挖前，必须保证一定的预抽水时间，一般真空点井不少于 7～10d，喷射点井或真空深井点井不少于 20d。

（2）点井降水设备的排水口应与坑边保持一定距离，防止排出的水回渗入坑内。

（3）降水过程必须与坑外水位观测密切配合，注意，在降水时可能由于隔水帷幕渗漏影响周围环境。

（4）坑外降水，为减少点井降水对周围环境的影响，应采取在降水管与受保护对象之间设置回灌井点或回灌砂井、砂沟等措施。

（5）拔除井点管后的孔洞，应立即用砂土（或其他代用材料）填实。对于穿过不透水层进入承压含水层的井管，拔除后应用黏土球填衬封死，杜绝井管位置发生管涌。

（二）基坑工程土方开挖

基坑土方开挖是基础工程中的重要分项工程，也是基坑工程设计的主要内容之一。当有支护结构时，一般情况下，支护结构设计先行完成，而对土方开挖方案提出一些限制条件。也有些情况，土方开挖方案会影响支护结构设计的工况，是支护结构设计应考虑的条件。但无论何种情况，一旦支护结构设计确定并已施工，土方开挖必须符合支护结构设计的工况要求。

1. 放坡开挖

（1）开挖深度不超过 4.0m 的基坑，当场地条件允许，并经验算能保证土坡稳定性时，可采用放坡开挖。

（2）开挖深度超过 4.0m 的基坑，有条件采用放坡开挖时，宜设置多级平台分层开挖，每级平台的宽度不宜小于 1.5m。

（3）放坡开挖的基坑，还应符合下列要求。

① 坡顶或坑边不宜堆土或堆载，遇有不可避免的附加荷载时，稳定性验算应计入附加荷载的影响。

② 基坑边坡必须经过验算，保证边坡稳定。

③ 土方开挖应在降水达到要求后，采用分层开挖的方法施工，分层厚度不宜超过 2.5m。

④ 土质较差且施工期较长的基坑，边坡宜采用钢丝网水泥或其他材料进行护坡。

⑤ 放坡开挖应采取有效措施降低坑内水位和排除地表水，严禁地表水或基坑排出的水倒流或渗入基坑。

2. 有支护结构的基坑开挖

（1）土方开挖的顺序、方法必须与设计工况相一致，并遵循"开槽支撑、先撑后挖、分层开挖、严禁超挖"的原则。

（2）除设计允许外，挖土机械和车辆不得直接在支撑上行走操作。

（3）采用机械挖土方式时，严禁挖土机械碰撞支撑、立柱、井点管、围护墙和工程桩。

（4）应尽量缩短基坑无支撑暴露时间。对一、二级基坑，每一工况下挖至设计标高后，钢支撑的安装周期不宜超过一昼夜，钢筋混凝土支撑的完成时间不宜超过两昼夜。

（5）采用机械挖土，坑底应保留 200～300mm 厚基土，用人工挖除整平，并防止坑底土体扰动。

（6）对面积较大的一级基坑，土方宜采用分块、分区对称开挖和分区安装支撑的施工方法，土方挖至设计标高后，立即浇筑垫层。

（7）基坑中有局部加深的电梯井、水池等，土方开挖前应对其边坡做必要的加固处理。

3. 基坑开挖的安全措施

（1）在施工组织设计中，要有单项土方工程施工方案，对施工准备、开挖方法、放坡、排水、边坡支护应根据有关规范要求进行设计，边坡支护要有设计计算书。

（2）人工挖基坑时，操作人员之间要保持安全距离，一般大于 2.5m；多台机械开挖时，挖土机的间距应大于10m，挖土要自上而下，逐层进行，严禁先挖坡脚的危险作业。

（3）挖土方前对周围环境要认真检查，不能在危险岩石或建筑物下面进行作业。

（4）深基坑四周设防护栏杆，人员上下要有专用爬梯。

（5）运土道路的坡度、转弯半径要符合有关安全规定。

（6）施工机械进场前必须经过验收，合格后方能使用。

（7）机械挖土，应严格控制开挖面坡度和分层厚度，防止边坡和挖土机下的土体滑动。挖土机作业半径内不得有人进入。司机必须持证作业。

（8）弃土应及时运出，如需要临时堆土，或留作回填土，堆土坡脚至坑边距离应按挖坑深度、边坡坡度和土的类别确定，在边坡支护设计时应考虑堆土附加的侧压力。

（9）为防止基坑底的土被扰动，基坑挖好后要尽量减少暴露时间，及时进行下一道工序的施工。如不能立即进行下一道工序，要预留15～30cm厚覆盖土层，待基础施工时再挖去。

（三）基础施工的其他安全问题

1. 基坑周边的安全

基坑周边安全除支护结构设计时应充分考虑外，施工中也要特别注意。尤其是工程处于闹市中心的较多，且房地产开发商追求较高的效益，尽量利用建设基地开发地下空间，使基坑周边留给施工用的空地较少，建筑材料（如钢筋等）的进场堆放非常困难，这时更要特别注意基坑周边的堆载，千万不能超过基坑工程设计时所考虑的允许附加荷载，大型机械设备若要行至坑边或停放在坑边，必须征得基坑工程设计者的同意，否则是不允许的。

深度超过2m的基坑周边还应设置不低于1.2m高的固定防护栏杆（图2-17）。

2. 行人支撑上的护栏

由于工程建设规模越来越大，基坑面积也越来越大。为图方便，不少操作者或行人往往在支撑上行走。若支撑上无任何措施，容易发生事故。因此，应合理选择部分支撑，采取一定的防护措施，作为坑内架空便道。其他支撑上一律不得行人，并采取措施将其封堵。

3. 基坑内扶梯的合理设置

为方便施工，保证施工人员的安全，有利于特殊情况下采取应急措施，基坑内必须合理设置上、下行人扶梯或其他形式的通道，其平面应考虑不同位置的作业人员上下方便。扶梯结构应尽可能是平稳的踏步式，这种形式有利于作业人员随身携带工具或少量材料。

图 2-17　固定防护栏杆

4. 大体积混凝土施工措施中的防火安全

由于高层或超高层建筑基础底板厚度多数大于 1.0m，使基础底板多属于大体积混凝土施工。为避免大体积混凝土产生温差裂缝，在所采取的技术措施中，有一项措施就是用蓄热法来使混凝土表面与中心的温差控制在 25℃ 范围内，也就是通常采用的混凝土表面先铺盖一层塑料薄膜，再覆盖 2～3 层干草包。因此，要特别注意对大面积干草包的防火工作，不得用碘钨灯烘烤混凝土表面，同时周围严禁烟火，并配备一定数量的灭火器材。

5. 钢筋混凝土支撑爆破时的安全措施

在基坑工程支护结构设计中，不少设计采用钢筋混凝土支撑。钢筋混凝土支撑固然有它的不少优越性，但它的最大缺点是形成有效受力体系速度较慢及拆除时费时费工。因而在不少工程中，钢筋混凝土支撑采用爆破的方法拆除。钢筋混凝土支撑的爆破施工必须由取得消防主管部门批准资质的企业承担，其爆破拆除方案必须经消防主管部门的审批。爆破施工除按有关规范执行外，施工现场必须采取一定的防护措施，这些措施主要有以下几种。

（1）支撑量大时，要合理分块分批施爆，以减少一次爆破时使用的药量，减小噪声和振动。

（2）在所要爆破的支撑范围内搭设防护棚。

（3）在所要爆破的支撑三面覆盖几层湿草包或湿麻袋。

（4）必要时在基坑周边搭设防护挡板。

（5）选择适当的爆破时间，减轻其噪声对周围居民或过往行人的影响。

三、基桩工程安全技术规定

各种大直径灌注桩工程的施工，为了确保安全，首先应考虑机械成孔。如果受客观条件限制，无法采用机械钻孔，必须用人工挖孔或机械钻孔后人工扩孔时，应由建设单位、施工单位和钻孔单位共同向上级主管领导办理申请人工挖孔施工手段，或者按地方政府主管部门对此所做有关规定执行。并编制人工挖孔桩的单项工程施工方案及安全技术措施，报经主管部门批准后方可施工。

大直径人工挖孔桩，一般用作桥墩下的桩基，高层建筑的地基，施工周围遇有建筑物时，作挡土支撑等。人工大直径挖孔桩适用于地下水较少的黏土、亚黏土、含少量砂卵石和姜固石的黏土层中，特别适用于黄土层中使用。对流沙、软土、地下水位较高、涌水量大的土层不宜采用。

（一）一般构造

桩的一般构造形式如图 2-18 所示。桩直径由 $\phi 800 \sim 2000mm$，最大直径可达 $\phi 3500mm$。底部采取不扩底和扩底两种方式，扩底直径为 $1.3 \sim 3.0d$，最大扩底直径可达 4500mm，扩底变径尺寸按 $(d_1 - d)/2$，$h = 1:4$，$h_1 \geqslant (d_1 - d)/4$ 进行控制，桩底应支撑在可靠的持力层上，配筋由计算确定，桩间净距按各地主管部门规定实行，一般桩净距不宜小于 3 倍桩直径。

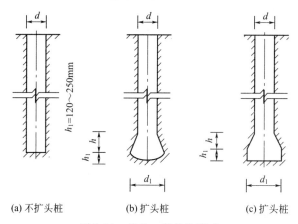

(a) 不扩头桩　　(b) 扩头桩　　(c) 扩头桩

图 2-18　桩的一般构造形式

（二）施工程序

（1）场地平整后放线，地面设十字控制网、基准点，以控制桩位和水平标高。

（2）依据控制网定桩位开挖线，挖第一节桩孔土方。

（3）第一节桩土方挖好后绑护壁钢筋，支安护壁模板，浇筑第一节混凝土护壁，然后在护壁上二次投设标高及桩位的十字轴线。

（4）安装活动井盖，设置垂直运输架，安装电动葫芦（卷扬机）、吊土桶、潜水泵、鼓风机、照明设施等。

（5）开挖第二节桩身土方，清理桩孔四壁，校核桩孔垂直度、直径和中心轴线，拆上节模板支第二节模板，浇筑第二节混凝土护壁。如此重复第二节挖土、绑护壁钢筋、支模、浇筑混凝土工序循环作业直至桩设计深度。

（6）检查持力层后进行扩底，对桩孔直径、深度、持力层进行全面检查验收，清理虚土，排除孔底积水，吊放桩身钢筋笼就位，浇筑桩身混凝土。

（三）孔壁支护

为了确保孔内挖土操作安全，防止土壁坍塌，一般挖孔每挖1m深要对孔壁支护一次，支护常采用现浇混凝土护壁，抹钢筋网水泥砂浆或用工具式钢筋护笼。由于现浇钢筋混凝土护壁整体性好，能与土壁结合，受力均匀，安全可靠，因此广泛采用。对于桩径小，深度不大，土质较好且无地下滞水的桩孔可用抹钢筋网水泥砂浆或工具式钢筋防护笼。

混凝土护壁分段高度由土质情况确定一次挖土深度，一般为0.9～1m，但土质不好也可一次挖0.5m。护壁混凝土厚度可参见表2-4。

表2-4　现浇混凝土护壁厚度选用

桩直径 d/mm	护壁混凝土厚度/mm
≤1000～<1200	100
≤1200～<1800	150
≤1800～<2400	200

护壁混凝土强度等级采用C25或C30，为了避免在挖土时护壁向下位移，特别是孔底扩孔时更可能发生位移，宜在每节护壁接头处加4根ϕ12短钢筋（在接头处上下各埋250mm长），在扩孔处拉筋加倍。根据土质情况和挖孔深度护壁内可适当配筋，特别是当孔壁四周土质不同，且一侧有滞水时，护壁混凝土可能承受拉力，更应适当配筋。

第一护壁在地面处，做一个宽400mm的井壁圈，以保护井口。抹钢筋网水泥砂浆护壁，一般用ϕ6钢筋，做成圆圈，每隔100～200mm放一个，并配构造竖筋连接，然后抹30mm厚1∶3的水泥砂浆。

（四）挖孔方法

（1）采用人工从上到下逐层用镐、锹进行挖土，挖土顺序是：先挖中间后挖周边，并按设计桩径加2倍护壁厚度控制截面，尺寸的允许误差不超过30mm。

（2）扩底部分应先挖桩身圆柱体，再按扩底尺寸从上到下削土修成扩底形。

（3）弃土装入活底吊桶内，垂直运输，由孔上口安装的支架、工字轨道、电葫芦或搭三脚架，用10～20kN慢速卷扬机提升解决。若桩孔较浅时，也可用木吊架或木辘轳用粗麻绳提升。土吊到地面上后用机动翻斗车或手推车运出。同时应在孔口设水平移动式活动安全盖板，当土吊桶提升到离地面约1.8m时，推动活动盖板关闭孔口，将手推车推至盖板上使吊桶中的土卸于车中推走，再开盖板放下吊桶装土。严防土块、操作人员掉入孔内伤人。采用电动葫芦提升吊桶时，桩孔四周应设安全栏杆。

（4）直径大于 1.2m 以上的桩孔开挖时，应设护壁，挖一节浇一节混凝土护壁，以保证孔壁稳定和操作安全。对直径较小不设护壁的桩孔，应采用钢筋护笼壁，随挖随设，并用 φ6mm 钢筋按桩孔直径作圆形钢筋圈，随挖桩孔随将钢筋圈以间距 100mm 一道固定在孔壁上，并用 1∶2 快硬早强水泥砂浆抹孔壁，厚度约 30mm，形成钢筋网护壁，以确保人身安全。

（5）孔内严禁放炮，以防震动土壁造成事故，或震裂护壁造成事故。

（6）人员上下可利用吊桶，但要配滑车、粗绳或绳梯，以供停电时应急使用。

（7）挖孔时要随时加强对土壁涌水情况的观察，发现异常情况，应及时采取处理措施。对于地下水要采取随挖随用吊桶（用土堵缝隙）将泥水吊出。若有大量渗水，可在一侧挖集水坑用高扬程潜水泵排出桩孔外。

（8）挖土时的中心线控制，应在安装提升设备时，使吊桶和钢丝绳中心与桩中心一致，以作挖土时粗略控制中心线用。

（9）多桩孔开挖时，应采用间隔挖孔方法，以减少水的渗透和防止土体滑移。

（10）对桩的垂直度和直径，应每段检查，发现偏差，应随时纠正，支护壁模板。前应做好记录。桩底持力层应符合设计要求，清除底部浮土后，应逐根进行隐蔽验收并做好检查记录。

（11）已扩底的桩，要尽快浇筑桩身混凝土，不能很快浇灌的，应暂不扩底，以防引起塌方。

（五）安全技术与管理

1. 人工挖孔桩开工前的准备工作

（1）平整场地，做到场地平整不积水，并做到水通、电通、道路通。调查了解施工现场的地上、地下障碍物，如地下电缆、上下水管道、旧墙基、旧人防工程等的分布情况，并针对情况提出预防事故的方案。

（2）必须有完整的桩设计图纸、说明及施工要求资料，以及完整的地质勘察报告书，掌握施工区域各层土的物理力学性质，桩持力层的岩性特征及埋深、地下水埋深和分布情况。

（3）熟悉了解现场情况、设计图纸及承包合同的要求之后，编制人工挖孔桩施工方案，其施工方案首先要保证安全施工，要有全面的安全技术措施。要办好施工开工证书。

（4）施工现场的周围设围布或栏杆与外界隔开，不允许非工作人员入内。

（5）按施工方案要求配备齐挖孔施工机具、模板、通风机、水泵、照明和动力电器以及土建钢筋混凝土工程的施工机具等。

2. 施工组织与管理

（1）成立专门的施工指挥组，由土建工程负责人与挖孔专业技术人员共同负责指挥施工，管理生产与安全技术工作。

（2）施工方案中制定的安全技术措施，以及有关的安全技术规范、规程的要求，开工前由施工指挥组向全体操作人员、管理人员进行安全技术交底。现场设专职安全员负责现场安全检查与监督工作。

（3）挖孔桩工程现场负责人，必须熟练掌握人工挖孔的施工方法、法规、操作规程、安全生产技术知识，指导和监督工人进行安全生产。

（4）人工挖孔桩施工宜建立专业施工队伍。参加挖孔作业的工人，事先必须检查身体，凡患精神病、高血压、心脏病、癫痫病及聋哑人等不能参加作业。

（5）现场设专人做好挖桩施工记录。

3. 施工注意事项

（1）非机电人员不允许操作机电设备。如翻斗车、搅拌机、电焊机和电葫芦等应由专人负责操作。

（2）每天上班前及施工过程中，应随时注意检查辘轳轴、支腿、绳、挂钩、保险装置和吊桶等设备的完好程度，发现有破损现象时，应及时修复或更换。

（3）现场施工人员必须戴安全帽，井下人员工作时，井上配合人员不能擅离职守。孔口 1m 范围内不得有任何杂物，堆土应离孔口 1.5m 以外。

（4）井孔上、下应设可靠的通话联系，如对讲机等。

（5）挖孔作业进行中，当人员下班休息时，必须盖好孔口，或设 800mm 高以上的护身栏。

（6）正在开孔的井孔，每天上班工作前，应对井壁、混凝土支护以及井孔中的气孔等进行检查，发现异常情况，应采取安全措施后，方可继续施工。

（7）井底需抽水时，应在挖孔作业人员上地面以后再进行。

（8）夜间一般禁止挖孔作业，如遇特殊情况需要夜班作业时，必须经现场负责人员同意，并必须有领导和安全人员在现场指挥和进行安全检查与监督。

（9）井下作业人员连续工作时间不宜超过 4h，应勤轮换井下作业人员。

（10）井孔保护有以下要求。

① 雨季施工，应设砖砌井口保护圈，高出地面 150mm，以防地面水流入。

② 最上一节混凝土护壁，在井口处混凝土应出 400mm 宽的沿，厚度同护壁，以便保护井口。

（11）照明、通风要求如下。

① 井孔内一律采用 12V 低压，100W 防水带罩灯泡照明，并用防水电缆目引下。井上现场用 24V 低压照明，现场用电均应安装漏电保护装置。

② 挖井 4m 以下时，需用可燃气体测定仪检查孔内作业面是否有沼气，若发现有沼气应妥善处理后方可作业。

③ 下井之前，应对井孔内气体进行抽样检查，发现有毒气体含量超过允许值，应将毒气清除后，并不致再产生毒气时，方可下井工作。

④ 上班前，先用鼓风机向孔底送风，必要时应送氧气，然后再下井作业。在其他有毒物质存放区施工时，应先检查有毒物质对人体的伤害程度，再确定是否采用人工挖孔方法。

第二节　主体工程安全技术

一、脚手架工程安全技术规定

（一）脚手架的作用与基本要求

脚手架是建筑施工中不可缺少的临时设施。无论是工业建筑还是民用建筑，都是由各种建筑材料组合而成的。砖墙的砌筑、墙面的抹灰、装饰和粉刷，结构构件的安装等，都需要搭设脚手架，以便在其上进行施工操作；必须把建筑材料从地面向高处提升和建筑材料在高处施工面上短距离运输；必须在高处施工面堆放各种建筑材料；必须搭设确保施工现场员工人身安全的高处防护设施。

脚手架虽然随着工程进度而搭设，工程完毕就拆除，但它对建筑施工速度、工作效率、工程质量以及工人的人身安全有着直接的影响。如果脚手架搭设不及时，就会拖延工程进度；脚手架搭设不符合施工需要，工人操作就不方便，工程质量得不到保证，工效也提不高；脚手架搭设不牢固，不稳定，就会造成施工中的重大伤亡事故。因此，对脚手架的选型、构造、搭设质量等决不可疏忽大意。

1. 脚手架的作用

脚手架既要满足施工需要，而且又要为保证工程质量和提高工效创造条件，同时还应为组织快速施工提供工作面，所以，它应起以下的一些作用。

（1）能满足施工操作所需要的运料和堆料，且方便操作。

（2）使操作不致影响工效和产品的质量。

（3）要保证作业能连续施工。

（4）对高处作业人员能起防护作用，以确保施工人员的人身安全。

（5）可多层作用，交叉流水作业和多工种作业。

2. 脚手架的基本要求

（1）使用要求

① 要有足够的操作面，满足材料堆放、运输和工人操作的要求。

② 施工作业期间在各种荷载和气候条件的作用下，保证坚固、不变形、不摇晃、不倾斜、稳定。

③ 搭拆简单，搬移方便，能多次周转使用。

④ 因地制宜，就地取材，节约材料。

（2）安全要求

① 使用荷载：脚手架具有荷载安全系数的规定。脚手架的使用荷载是以脚手板上实际作用的荷载为准。一般规定，结构用的里、外承重脚手架，均布荷载不超过 2700N/m²，即在脚手架上，堆砖只准单行侧放三层；用于装修工程，均布荷载不超过 2000N/m²，桥式、吊挂和挑式等架子，使用荷载必须经过计算和试验来确定。

② 安全系数：脚手架搭拆比较频繁，施工荷载变动较大，因此安全系数一般均采用允许应力计算，考虑总的安全系数 K，一般取 $K = 3$。

多立杆式脚手架大、小横杆的允许挠度，一般定为杆件长度的 1/150，桥式架的允许挠度定为 1/200。

（3）作业安全要求

负责从事脚手架作业的工人称为架子工，现在规定为建筑登高架设作业人员。

由于架子搭设的技术要求较高，架子的搭设质量对施工人员的人身安全和施工效率有直接影响，架子搭得不符合要求，容易发生坍塌、坠落等事故。架子工在为他人创造安全的劳动条件，进行架子搭设的过程中，自己本身也可能出现不安全、无防护的高处作业环节，极易发生高处坠落事故。架子工作业不仅对自己，而且对他人或周围的设施和人员的人身安全有重大影响，按国家有关规定，施工企业一直把架子工按特殊工种管理。

（二）脚手架的构造与搭设

1. 多立杆式脚手架

（1）多立杆式脚手架基础构造。钢管脚手架不直接埋入土中，而是在整平分层夯实的地表面，垫以厚度不小于 50mm 的垫木或垫板，然后在垫木（或垫板）上架设钢管底座再立立杆。不论是哪种做法，都应根据地基的允许承载能力而对脚手架基础进行具体设计。地基允许应力为：坚硬土时采用 100～120kN/m²，普通老土（包括三年以上的填土）时采用 80～100kN/m²，夯实的回填土则采用 50～80kN/m²。

钢管脚手架基础，根据搭设高度的不同，其具体做法也有所不同，一般区别如下。

① 一般做法：高度在 30m 以下的，垫木宜采用长 2.0～2.5m，宽大于 200mm，厚 50～60mm 的木板，并垂直于墙面放置；若用长 4m 左右的垫板，可平行于墙面放置。

② 特殊做法：高度超过 30m 时，若地基为回填土，除应分层夯实达到所要求的密实度外，还应采用枕木支垫，或在地基上加铺 200mm 厚的道砟，而后在其上面铺设混凝土预制板，然后再沿纵向仰铺 12～16 号槽钢，再将脚手架立杆架坐于槽钢上。

若所搭设的脚手架高于 50m 时，应在地面下 1m 深处改用灰土地基，然后再铺枕木。当内立杆处在墙基回填土之上时，除墙基边回填土应分层夯实达到所要求的密实度外，还应在地面上沿垂直于墙面的方向浇筑 0.5m 厚的混凝土基础，达到所要求的强度后，再在灰土上面或混凝土上面铺设枕木，架设立杆。

（2）多立杆式脚手架的主要杆件。多立杆式脚手架的立面图如图 2-19 所示。

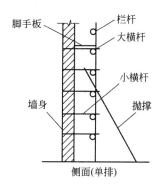

图 2-19　多立杆式脚手架立面图

立杆（也称立柱、站杆、冲天杆、竖杆等）与地面垂直，是脚手架主要受力杆件。它的作用是将脚手架上所堆放的物料和操作人员的全部重量，通过底座（或垫板）传到地基上。

大横杆（也称顺水杆、纵向水平杆、牵杆等）与墙面平行，作用是与立杆连成整体，将脚手板上的堆放物料和操作人员的重量传到立杆上。

小横杆（也称横楞、横担、横向水平杆、立尺杠排木等）与墙面垂直，作用是直接承受脚手板上的重量，并将其传到大横杆上。

斜撑是紧贴脚手架外排立杆，与立杆斜交并与地面成 45°～60°，上下连续设置，形成"之"字形，主要是在脚手架拐角处设置。其作用是防止架子沿纵长方向倾斜。

剪刀撑（也称十字撑、十字盖）是在脚手架外侧交叉十字形的双支斜杆，双杆互相交叉，并都与地面成 45°～60°。其作用是把脚手架连成整体，增加脚手架的整体稳定性。

抛撑（也称支撑、压栏子等）是设置在脚手架周围的支撑架子的斜杆。一般与地面成 60°夹角，其作用是增加脚手架横向稳定，防止脚手架向外倾斜或倾倒。

连墙杆是沿立杆的竖向不大于 4m、水平方向不大于 7m 设置的能承受拉和压而与主体结构相连的水平杆件。其作用主要是承受脚手架的全部风荷载和脚手架里、外排立杆产生的不均匀下沉时所产生的荷载。

（3）单排脚手架有关规定

① 单排脚手架的搭设

a. 单排脚手架高度不宜超过 20m。

b. 单排扣件式或螺栓连接的钢管脚手架搭设高度不宜超过 25m。

c. 承插式钢管脚手架不能搭设单排。

d. 单排脚手架不能用于半砖墙、180mm 墙、土坯墙等墙体的砌筑，在空斗墙上留置架眼时，小横杆下应实砌两皮砖。

② 搭设单排脚手架的操作要求

a. 小横杆在墙上搁置长度不宜小于 240mm。

b. 不应在砌体的下列部位中留置架眼：

- 砖过梁上与梁成 60°角的三角范围内；
- 设计图纸上规定不允许留架眼的部位；
- 砖柱或宽度小于 740mm 的窗间墙；
- 梁和梁垫下及其左右各 370mm 的范围内；
- 门窗洞口两侧 240mm 和转角处 420mm 的范围内。

如果架眼不大于 60mm×120mm 时，可不受上述后三条的限制。

（4）扣件式钢管脚手架

扣件式钢管脚手架由钢管和扣件组成。其特点是装拆方便，搭设灵活，能适应建筑物平面的变化，强度高，坚固耐用。

扣件式钢管脚手架是由许多钢管杆件用扣件连接而成，其主要杆件有底座、立杆、大横杆、小横杆、十字撑等，基本构造形式与木脚手架相同，有单排架和双排架两种。

立杆间距、大横杆步距和小横杆间距见表 2-5。

表 2-5　扣件式钢管脚手架构造参数　　　　　　　　　　　　　　　m

用途	构造形式	水平运输条件	立杆间距		操作层小横杆间距	大横杆步距	小横杆到墙面的悬臂长
			横向	纵向			
砌筑	单排	不推车	1.2～1.5	≤2.0	≤1.0	1.2～1.4	0.45
	双排	推车	1.5	≤1.5	≤0.75	1.2～1.4	
装修	单排	不推车	1.2～1.5	≤2.0	≤1.5	1.5～1.8	0.4
	双排	推车	1.5	≤1.5	≤1.0	1.6～1.8	

注：最下面的步距可放大到 1.8m。

扣件和底座的基本形式有：直角扣件（十字扣），用于两根呈垂直交叉钢管的连接；旋转扣件（回转扣），用于两根呈任意角度交叉钢管的连接；对接扣件（筒扣、一字扣），用于两根钢管对接连接。

底座：用于承受脚手架立柱传递下来的荷载，用可锻铸铁制成，或用厚 8mm，边长 150mm 的钢板作底板，上焊外径 60mm，壁厚 3.5mm，长 150mm 的钢管作套筒而成。

立杆的接头，相邻杆要错开，布置在不同步距内，其接头距大横杆的距离不要大于步距的 1/3；立杆的垂直偏差，当架高在 30m 以下时，不大于架高的 1/200；架高在 30m 以上时，不大于架高的 1/400～1/600，同时全高垂直偏差不大于 100mm。

上部单立杆与下部双立杆中的一根对接，该杆承受全部上部（单立杆部分）荷载的 70% 以上和下部荷载的一半；上部单立杆与下部两根双立杆的底部要支于小横杆上，然后立于立杆与大横杆的连接扣件之下加设两道扣件（扣在立杆上），且三道扣件紧接，以加强对大横杆的支持力。这种连接方式下的两根立杆荷载相同。

立杆与大横杆要用直扣件扣紧，不能隔步设置或遗漏，若用双立杆，应都用扣件与同一根大横杆扣紧；当架高超过 30m 时，要从底部开始，将相邻两步架的大横杆错开布置在立杆的内、外侧，以减少立杆偏心受载情况；且同一排大横杆的水平偏差不得大于该片架总长的 1/300，并不能大于 50mm。

小横杆应贴近立杆布置（对于双立杆，则设置在双立杆之间），用直角扣件与大横杆扣紧；当是单立杆时，上下层小横杆应沿立杆左右侧布置，并在两立杆之间根据需要加设 1～2 根小横杆；随着架子的搭设高度不宜拆除贴近立杆的小横杆。

剪刀撑：当架高度在 30m 以上时，要在两端设置，中间每隔 12～15m 设一道，且剪刀撑应连接 3～4 根立杆，并与地面夹角为 45°～60°。30m 以上的架子，需沿脚手架两端和转角处设置剪刀撑外，每隔 7～9 根立杆要设一道，且每片架子应不少于 3 道，上述所有剪刀撑应沿架高连续设置。在相邻两道剪刀撑之间，沿竖向每隔 10～15m 高加设一组长剪刀撑，要将各道剪刀撑连接成整体。剪刀撑的两端除用旋转扣件与脚手架的立杆或大横杆扣紧外，中间还要增加 2～4 个扣结点，与之相交的立杆或大横杆扣紧。

连墙杆要设置在框架梁或楼板附近等具有较好抗水平力作用的结构部位，其垂直距离不大于 4m，不大于 3 个大横杆步距；水平距离为 4.5～6.0m，不大于立杆的 4 个纵距。

水平斜拉杆应布置在连墙杆的步架平面内，以便加强横向刚度。

2. 工具式脚手架

通常把从地面搭起的多立式脚手架以外的架子称为工具式脚手架。其种类很多，主要有桥式脚手架，挂、吊、挑脚手架等。

（1）桥式脚手架。桥式脚手架由基础、立杆和桥体组成。桥架最大的跨度不超过 12m，起拱高度为跨度的 3/1000，桥体结构截面积和宽度不小于 650mm×800mm，桁架采用等节间距的空间抗扭杆体系，做成多段组合体。桥体工作台外侧应设超过作业面 1.5m 以上的护身栏和 180mm 高的挡脚板，护身栏应与桥体有牢固的连接。

桥架立柱应与建筑物刚性拉结，拉结的最大垂直间距不大于 4m，转角处两立柱间也要互相拉结。

桥架必须设两套防坠落的安全装置，其中一套为自动保护应急装置，具有防断绳、脱钩的功能。

(2)挂脚手架。挂置在建筑物的柱子或墙上的脚手架称为挂脚手架，简称挂架。挂脚手架主要用于外装饰施工。

① 构造形式：附墙挂脚手架有三角形挂架和矩形挂架两种，其主要组成部分是挂钩在砖墙或柱上的挂架，在各挂架之间铺设脚手板。三角形挂架每使用一步架高要移挂一次。矩形挂架由于在上下水平杆上都可以铺设脚手板，所以每使用二步高要移挂一次。挂架可用钢管、钢筋或角钢焊成，上下水平杆端头焊有挂钩，下水平杆（或斜杆）端头焊有支撑钢板。挂架宽度约 1m，矩形挂架高约 1.8m，三角形挂架高约 1.0m。

② 附墙方法及技术要求：挂脚手架附墙方法，一般是将钢销片埋入墙体内，挂架的挂钩插于销片上的圆孔中，并在墙的里侧插上 T 形插销。

在砌筑墙时，根据挂架附墙位置埋好钢销片，挂架间距在水平方向一般不大于 2m，垂直方向，三角形挂架为 1.8m 左右，矩形挂架为 3.6m 左右。在门窗口两侧 180mm 以内不能作附墙位置。

挂架在安装时先由室内将挂环插入预留孔口（挂环横挡杆在里面）。用右手持挂架从窗口处伸出，使挂钩对准挂环圆孔并挂住，推动挂架使之与墙面垂直，支撑钢板（或支撑人字筋）紧贴于墙面，在无窗口的墙面可由顶层楼层面上用绳索安装。

当挂架挂好后，先由窗口处（或屋面上）将跳板铺好后，才能让人到脚手板上插防护杆，绑防身栏，并用小围网上下封严。为了保证挂架整体性的稳定，在挂架的外侧水平杆上，要通长地绑一道水平连杆（可用杉木杆）。杆的转角处挑出并互相绑牢，然后将跳板铺在挂架和杉木杆上，形成马连垛形。

在杉木杆与扶手栏杆相交处，要加绑短立杆作为栏杆支柱，一般是由上向下翻架子，需要另备一套挂架，要两套倒着用。按上步挑架搭设方法，挂好挂架子，然后再拆上步挑架子，由两人同时操作将脚手板传到下一步架子上。脚手板铺好后，绑上护身栏、安全围网、水平连接杆，以此类推。

③ 安全要求：挂架在每次使用前或移动挂架时，要认真检查焊缝质量。在架子上不得堆放材料，如堆放材料，应经技术人员进行计算及荷载试验后方可堆放。

操作人员上下架子要轻，不得从高处往下跳。挑环挡杆需用砌体压住，要注意经常检查，发现有裂纹、变形或损坏的挡杆，要及时挑出，不准使用。装三角挂架时，一定要使挂钩插到底，底端支撑板一定要与墙面紧贴。在提升工作进行时，周围不得有闲人进入，以确保安全。每提升一步后，要经仔细检查方能继续使用。

(3)吊脚手架。吊脚手架是通过特设的支撑点，利用吊索悬挂吊架或吊兰（因形状似植物吊兰而得名），进行砌筑或装修工程操作的一种脚手架，它包括吊兰和吊架。

① 吊兰

a. 构造及技术要求：提升式吊兰主要适用于高层建筑及需要上下交叉作业的外装饰工程施工。它是由悬挂部件（挑梁、固定螺栓、钢丝绳）、手扳葫芦和吊兰等组成，通过手扳葫芦可任意升降。

吊兰可根据工程需要来设计，分单层和双层两种，单层吊兰高 2m 左右，双层吊兰高 4m 左右，吊兰宽约 1m，长为房间开间大小。矩形架立管间距要控制在 2m 之内，单层吊兰至少设 4 道横管，双层至少设 6 道横管。吊兰一般长度不得超过 6m，如工作条件特殊，需要增加长度时，必须经技术部门批准。长度在 6m 以下的吊兰，要设 3 个吊点；如特殊需要搭设 6m 以上的吊兰，每增加 2m 要增设一个吊点，吊点要分布均匀；长度在 3m 以下的可设两个吊点，但吊兰作业人员要挂安全带。

b. 安全要求：单双层吊兰跳板必须满铺，小横管间距不得超过 0.75m，两端要用扣件固定，吊兰外皮要绑防护管，挂上围网后，里面要绑一道防身栏。吊兰顶部要设防护层，防护层距作业脚手板的距离不得小于 2m，防护层要用小眼尼龙网。

采用手扳葫芦为吊具的吊兰，穿好钢丝绳后，必须将保险搬把拆掉，系牢保险绳，用保险卡子代替保险绳时，保险卡子的拉把不准与主绳捆绑在一起，并将吊兰与建筑物拉牢。

② 吊架

a. 构造与技术要求：吊架由角钢焊成，分上下两孔，下孔支撑操作台，上孔作为通行。在吊架底部装有滚轮，可沿墙面滚动。在吊架顶部焊有套管，用来穿吊架绳及安全绳。吊架子外侧焊有两个栏杆支钩，用来支撑扶手。吊架子的套拉筋可用圆钢制作，但必须与吊架框焊牢。吊环用来钩挂手扳葫芦，如图 2-20 所示。

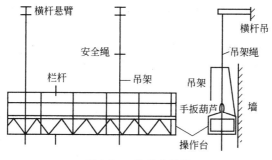

图 2-20 提升式吊架

操作台是由两榀桁架横向同角钢焊接而成，桁架一般用 40mm×4mm 或

50mm×5mm 的角钢作上弦，直径 16mm 的钢筋作腹杆，横向连接角钢一般用 70mm×7mm。操作台的两端面留有栓孔，转角处的操作台侧面也留有栓孔，以便两个操作台之间用螺栓连接，组合成长条形及 L 形，以满足不同楼型需要。在操作台外侧的上、下弦焊有套管，以便装插栏杆立柱。操作台的外包尺寸要比吊架下孔的净尺寸略小一些，这样可将操作台穿入吊架孔内。

栏杆立柱用钢管制成，下节略细，可插入操作台外侧的套管中。上节较粗，焊有钢筋支钩。扶手一般采用钢管或钢筋，搁入支钩内。

升降设备用手扳葫芦。通过手扳葫芦的吊架绳其上端系牢于横杆悬臂上，另一端系牢于吊架的吊环上，以保证吊装的使用安全。

脚手扳一般做成 100cm×50cm 的定型板，满铺于操作台上面。

b. 安全要求：提升式吊架先在地面上组装好，挂上手扳葫芦，系好吊架绳及安全绳，而后同步摇升吊架到使用高度，把安全绳拉紧卡牢，即可使用。

下降时，先将安全绳放长到要求长度并卡牢后，再同步摇降吊架到使用高度。

其他使用要求与提升式吊兰基本相同。

提升式吊架要求两面同时使用，不可单面使用，否则会由于重量不平衡而使吊架摔落。提升或下降时，要力求同步，摇动手扳葫芦的速度要一致，使各吊架同时平稳地上升或下降。下降时，各安全绳放长的长度要相等，这样才能保证操作台水平和使用安全。

（4）挑脚手架。挑脚手架主要适用于屋面檐口部位装饰施工，俗称挑架子。它可从窗口向外挑出搭设，由立杆、大横杆、小横杆、斜杆及栏墙杆等组成。

挑架子中的斜杆与墙面夹角应不大于 30°。护墙栏杆距檐口外缘应不大小 50cm。横杆步距约 1.2m。斜杆可撑在窗洞墙上，也可伸进房内着地。

如墙上无窗口，则应预先在墙上留洞或预埋钢筋环，使斜杆底端能支撑住。

挑架子的立杆、大横杆、斜杆等可用杉杆或竹竿，小横杆可采用钢管。

搭设挑架子时要先立好室内的 2 根立杆，绑上室内栏墙杆。下层由一人将斜杆从窗口伸出向上送，上层一人将小横杆一头与斜杆顶端绑牢，推出窗口，并使斜杆底端支在窗台上，再把小横杆另一头与室内栏墙杆绑牢，同时把斜杆底端的两根栏墙杆与斜杆互相绑牢，然后把墙外侧的大横杆与小横杆绑牢，铺上几块脚手板，即可绑架子外侧的大横杆及护身栏杆。窗口部分的架子绑稳固后，再补铺窗间墙外面的脚手板。

（5）扣件式钢管插口架。扣件式钢管插口架简称插口架子，适用于内浇外挂、内浇外砌和框架结构施工，又可作为结构施工的外防护或人行通道使用。

① 构造与技术要求：插口架子的基本部分是由立管、小横管、别管、穿墙钩（或预埋吊环）、木方、木板等组成。

组合插口架子应使用外径为 48mm，壁厚为 3～3.5mm 的钢管为宜。采用焊接的定型边框为立杆时，其立杆间距不得大于 2.5m，因特殊情况长度超过 3m 时，大面要打斜戗。采用钢管组合时，其立管间距不得大于 2m，大小面均需打斜戗，架子两端头必须有边框或立管。

插口架子的宽度以 0.8～1.0m 为宜，高度不能低于 1.8m，最少要设三道大横管。

架子铺设的跳板应用 25～50mm 厚的木板，上下两步脚手板要铺平、铺严、固定牢。下步要挂满安全网，两步都要绑护身栏，小横杆应用 48mm 的钢管为准，别杆至少长出窗口 48cm，架子所挂的立式安全网，宜用网眼小于 4cm 的小眼网。沿插口架外皮高度至少高出施工面 1.0m。横管间距不得大于 1.5m，并加绑十字横管。安全网要从上至下挂满封严，并且每步脚手板的下脚应封死绑牢。

② 安全要求：

a. 就位。插口架子安装就位后，架子之间的间隙不得大于 100mm，间隙处应用连接板，立管外侧用安全网封严；施工中因建筑物的形式或施工分段造成插口架子高低错开时，应及时将错开的小面封死。

b. 提升。插口架子的提升，应采用塔式起重机吊送，提升中不准使用吊钩，必须用卡环吊运。插口架子的插口（插入室内的横管立管），用扣件连接的要用双扣件，焊接的应用钢筋兜焊加固。别管要别于窗口的上下口，每边长于所别实墙 200mm，并与插口管绑牢。别管长以 2m 为宜。凡内浇外砌工程，必须严禁外墙受力，遇此情况应使用钢丝绳和花兰螺栓将插口架和室内钢筋混凝土墙连接牢固。

c. 特殊部位的处理。

• 建筑物山墙无窗口时，可采用预埋环或穿墙钩，要加垫木板，用螺钉与墙体拧牢。穿墙钩与吊环的各自间距不大于 2m，并应有防脱钩的措施，里排立杆上端受力处要加一个保险扣件，防止受力脱落。

• 阳台栏板能随结构一起安装的工程，在阳台正面设插口架子时，应在室内用斜别管固定插口架，别管向墙高倾斜 70°～75°。如果阳台无法使用插口架子时，应用单排架子做好防护。单排架子高度要与插口架子保持一致，每层阳台与插口架子之间要用盖板或安全网封严。凡建筑物转角处的插口架子，应将两面相邻的架子用安全网交圈封严。插口架子的负荷量（包括活荷载），一般不得超过 12MPa。

3. 里脚手架

里脚手架又称内墙脚手架，是沿室内墙面搭设的脚手架，它包括以下几种形式。

（1）多立杆式满堂脚手架。一般在单层厂房、礼堂、剧院、大餐厅平顶施工中采用。平顶施工满堂脚手架构造参数见表 2-6，满堂抹灰脚手架构造参数见表 2-7。

表 2-6　平顶施工满堂脚手架构造参数　　　　　　　　　　　　m

用途	立杆纵横间距	横杆竖向步距	纵向水平拉杆设置	操作层小横杆间距	靠墙立杆离开墙面的距离	脚手板铺设	
						架高 4m 内	架高大于 4m
一般装修用	≤2	≤1.7	两侧每一道中间每两步一道	≤1.0	0.5~0.6	板间空隙不小于 0.2	满铺
承重较大时用	≤1.5	≤1.4	两侧每一道中间每两步一道	≤0.75	根据需要定	满铺	满铺

表 2-7　满堂抹灰脚手架构造参数　　　　　　　　　　　　m

立杆纵横间距	横杆竖向步距	纵向水平拉杆设置	操作层小横杆间距	靠墙立杆离开墙面的距离	脚手板铺设	
					架高 4m 内	架高大于 4m
≤2.0	≤1.6	两侧每一道中间每两步一道	≤1.0	0.5~0.6	板间空隙不小于 0.2	满铺

（2）马凳式里脚手架。马凳式里脚手架是沿墙面摆设若干马凳，在马凳上铺脚手板所组成的。架设间距为砌筑时不超过 2m，粉刷时不超过 2.5m。可搭设两步，第一步为 1m，第二步为 1.65m。

马凳支在底层地面上时，应先将土层夯实，并铺设厚 40mm 的垫板。马凳支在楼板上时，也应在凳脚下垫上垫板。如为预制楼板，垫板应与预制板的搁置方向垂直。

马凳靠墙的一端要使凳脚靠紧墙面，马凳要与墙面垂直，脚手板要与马凳相垂直。在支设第二步马凳时，应在第一步上留通常两块脚手板用作支马凳，两步马凳上下要对齐。为了保持稳固，马凳之间必须用斜撑绑在凳脚上，互相拉住。

（3）钢管三脚架升降式里脚手架。钢管三脚架升降式里脚手架的基本构造和搭设方法如下。

套管式支柱：插管插入立柱中，以销孔间距调节高度，插管顶部的 U 形支托搁置横杆以铺设脚手板，架设高度为 1.57~2.17m。

承插式钢管支柱：架设高度为 1.2m、1.6m、1.9m，支架设在第三步时要加销钉以保安全。

伞脚折叠式支柱：是由主管（伞形支柱）、套管、横梁或桁架组成。

主管下端有如伞骨支脚，可以撑开或收拢，主管上有销孔，套管可在立管上升降，以调节架设高度，这种里脚手架可以根据需要架设单排支柱或双排支柱。架设单排支柱时使横梁的一端（加焊角钢的一端）搁在砖墙上。另一端插在套管上的承插管内，这样的搭设方法主要使用于砌墙，架设双排支柱时应用桁架作横梁，既可砌墙又可进行粉刷、装饰作业。

伞形支柱的架设间距，砌墙时为 2m，粉刷时为 2.5m。

4. 特殊部位脚手架及高层脚手架卸荷措施

（1）斜道。斜道一般有推车搬运斜道和人员上下的行人斜道。

推车搬运运料斜道宽度不小于 2m，坡度为 1：7（高：长）。

人行斜道分人行之字斜道和元宝斜道两种。其宽度不得小于 1.5m，坡度 1：3（高：长）。

绑斜道时应先立里排立杆（一般里排架子利用原有的外排架子），绑到需要的标高后，再立外排架子。外排架子要绑到和里排架子相同标高，里排架子在绑扎时要预留上架子或上楼层的通道口。两排架子步距的大横杆必须在同一水平面上，为了保持斜道的整体稳定，两排架子纵向均须设置十字撑，横向两排架子两端要设剪刀撑（剪子股），行人"之"字斜道铺两块跳板，中间设置扶手，并用围网封严。

浇混凝土及走水泥车的单坡度斜道，每隔 5 根立杆（立管）应设一道剪刀撑（剪子股），斜道两侧也要绑扶手、栏杆，并用围网封严。对于搬运重量大或有特殊要求的斜道，要经技术部门计算后绑扎，斜道跳板应满铺对头板，接头处应用铁锔子钉牢。任何斜道都必须钉防滑条，间隔应小于 300mm，防滑条厚为 20mm。回头跳板的宽度应大于 500mm，但不小于两块跳板的宽度。回头跳板挑空超过 2m时，应设支撑，并以同样高度设扶手、栏杆，周围用围网封严。

浇混凝土及走水泥车的单坡斜道缓步平台，其宽度为 2m，长为 4m，搭设时要先绑好铺跳板的大横杆（管），大横杆长以 4.2m 为准。绑好后，再绑中间不出头立杆，然后再绑铺板的小横杆。小横杆不准露头，以免妨碍工作。平台板子的铺设不准横铺，一律顺铺，以减少单块跳板的受力面积，增加缓步平台的荷载。

（2）特殊部位脚手架的处理

① 过门洞的处理：过门洞时，不论单、双排脚手架均可挑空 1～2 根立杆，即在第一步大横杆处断开。将立杆从第二步大横杆绑起，此处大横杆若用钢管时，宜用双根；用木条或竹竿时，小头直径不宜小于 20mm。

在悬空的立杆处用斜杆撑顶，逐根连接三步以上的大横杆，以使荷载分布在两侧立杆上，斜杆下端与地面夹角要成 60°左右。凡斜杆与立杆、大横杆相交处均应扣接或绑扎。

② 过窗洞的处理：单排脚手架遇窗洞时，可增设立杆或设一短大横杆，将荷载传递到两侧的小横杆上。

若窗洞宽度超过 1.5m 时，应在室内加设立杆（底部加铺垫木）和大横杆来承担小横杆传来的荷载。

③ 建筑物凸出部位脚手架的处理：对于较大的挑檐和其他凸出部分用杆件搭

设挑脚手架进行施工，挑出部分宽度及斜立杆间距均不大于1.5m，斜立杆底端应与墙面顶牢，且挑出架与原架的过渡段至少应设三道大横杆。在外侧面和两端要设置剪刀撑或八字撑，并在临空面设置栏杆及挡脚板。在使用这种脚手架时，要严格控制每平方米不应超过1000N，如需要承受较大荷载时，应利用门窗洞或墙内预埋吊环对斜杆顶端进行拉结，其间距按计算规定。

（3）高层脚手架的卸荷措施

① 挑脚手架的卸荷

a. 部分卸荷：将卸载装置以上的脚手架的自重或施工荷载，部分卸给建筑结构承担，其卸荷作用可按总荷载的1/3计。这种卸荷是脚手架的立杆贯通，悬挑梁支托大横杆（贴近立杆），上部荷载通过大横杆与立杆的连接件部分传给悬挑梁。每只扣件拧紧后的杆连接扣件部分传给悬挑梁。每只扣件拧紧后的传载能力按3000N计，并可视需要增加扣件的数量，设在大横杆与立杆的连接扣件上。

b. 斜挑架全部卸载：将需卸载部分的自重和施工荷载，全部（一般为6层左右）荷载用斜挑梁架卸给建筑结构物上。

c. 挑梁全部卸载：将卸载的悬挑梁固定在建筑结构物（钢筋混凝土楼板）上，另一端悬挂挑出楼板边。然后按立杆横距焊接底座，将立杆用扣件与底座连接，并于底座扣件顶设置大横杆，其余仍按扣件式脚手架要求搭设，但挑梁的形式和节点构造具体做法见挑梁式脚手架，达到分段搭设、分段卸荷的目的。

② 吊拉脚手架卸荷：用钢丝绳将要卸荷处的大横杆与立杆的交接点处吊于上部梁板结构上，达到分段卸荷的目的，但应注意大横杆与立杆交接点的顶部，应根据卸荷的要求连续紧扣2～3个扣件。

用钢丝绳将挑出端的端点，吊拉于上部结构的梁板边梁上，其余仍按挑梁卸荷搭设，挑梁和吊拉的节点构造见悬挂式挑梁与结构的连接做法，最后仍达到分段搭设和分段卸荷的目的。

（三）脚手架的使用与防雷防电措施

1. 脚手架的使用

（1）设置供操作人员使用的安全扶梯、爬梯或斜道。

（2）搭设完毕后进行检查验收，经检查合格后才准使用，特别是高层脚手架和特种工程脚手架更应该进行严格的检查后才准使用。

（3）严格控制各式脚手架的施工使用荷载，特别是对于吊、挂、挑、桥式脚手架更应该严格控制施工使用荷载。

（4）在脚手架上同时进行多层作业的情况下，各作业层之间应设置可靠的防护棚（在作业层下挂棚布、竹笆或小孔绳网等），以防止上层坠物伤及下层作业人员。任何人不准私自拆改脚手架。

（5）遇有立杆沉陷或悬空、节点松动、架子歪斜、件杆变形、脚手板上结冰等问题未解决以前停止使用脚手架。

（6）遇有 6 级以上大风、大雾、大雨和大雪天气暂停脚手架作业，雨雪后进行操作要有防滑措施，且复工前必须检查无问题后方可继续作业。

2. 钢脚手架防电、避雷措施

（1）防电。钢独杆提升架、钢龙门架、钢井架、钢脚手架等，不应搭设在外电架空线路的安全距离以内，其安全距离见表 2-8。

表 2-8　脚手架等外侧边缘距外电架空线路最小水平安全距离

外电线路电压/kV	1 以下	1～10	35～100	154～220	330～550
最小安全水平距离/m	4	6	8	10	15

搭设和使用期间，要严防与带电体接触，当需要穿过靠近 380V 以内的电力线路，距离线路在 2m 以内，搭设和使用期间应断电或拆除电源。如不能拆除，应采取下列可靠措施。

① 对脚手架要采取可靠的安全接地处理。

② 对电线和钢脚手架分别采取有效的绝缘措施。

③ 夜间或深基础施工时，应使用不超过 12V 电压的低压电源。

（2）避雷。在旷野、山坡和其他地方搭设钢脚手架、钢井架、钢龙门架、钢独杆提升架、运拉的塔吊等，应设避雷装置，包括避雷针、避雷器、避雷线。

（四）脚手架的维修、验收和拆除

1. 脚手架的维修加固

脚手架大部分时间在露天使用，施工周期比较长，并且长时间受日晒、风吹、雨淋，再加上碰撞、超载及变形等多种原因，导致脚手架出现杆件断裂，扣件和绳结松动，脚手架下沉或歪斜等情况，不能满足施工的正常要求。为此，需要及时进行维修加固，从而达到坚固、稳定，确保施工安全要求。故凡是有杆件、扣件和绑扎材料损坏严重者，要及时更换、加固，以保证架子在整个使用过程中的每个阶段都能满足其结构、构造的使用要求。

维修加固的材料应与原架子的材料及规格相同，禁止钢木、钢竹混用；禁止扣件、绳索、铁丝和生竹篾混用。维修加固要与搭设一样，严格遵守安全技术操作规程。

2. 脚手架的验收

架子搭设和组装完毕，在投入使用前应逐层、逐流水段由主管工长、架子工班组长和专职技术安全员一起组织验收，并填写验收单，内容如下。

（1）架子的布置：立杆、大小横杆间距。

（2）架子的搭设和装组，包括工具架和起重点的选择。

（3）连墙点或与结构固定部分是否安全可靠；剪刀撑、斜撑是否符合要求。

（4）架子的安全防护：安全保险装置是否有效；扣件和绑扎拧紧程度是否符合规定。

（5）脚手架的基础处理、做法、埋置深度必须正确可靠。

（6）脚手架的起重机具、钢丝绳、吊杆的安装等是否安全可靠，脚手板的铺设是否符合规定。

3. 脚手架的拆除

（1）脚手架拆除时应划分作业区，周围设绳绑围栏或竖立警戒标志；地面应设专人指挥，禁止非作业人员入内。

（2）拆脚手架的高处作业人员应戴安全帽、系安全带、扎裹脚、穿软底鞋才允许上架作业。

（3）拆除顺序应遵守由上而下、先搭后拆、后搭先拆的原则。先拆栏杆、脚手板、剪刀撑、斜撑，再拆小横杆、大横杆、立杆等，并按一步一清原则依次进行，严禁上下同时进行拆除作业。

（4）拆立杆时，要先抱住立杆再拆开后两个扣，拆除大横杆、斜撑、剪刀撑时，应先拆中间扣，然后托住中间，再解端头扣。

（5）连墙杆应随拆除进度逐层拆除，拆抛撑前，应用临时支撑柱，然后才能拆抛撑。

（6）拆除时要统一指挥、上下呼应、动作协调，当解开与另一人有关的结扣时，应先通知对方，以防坠落。

（7）大片架子拆除后所预留的斜道、上料平台、通道、小飞跳等，应在大片架子拆除前先进行加固，以便拆除后确保其完整、安全和稳定。

（8）拆除时严禁撞碰脚手架附近电源线，以防止事故发生。

（9）拆除时不能撞碰门窗、玻璃、水落管、房檐瓦片、地下明沟等。

（10）拆下的材料应用绳索拴住，利用滑轮徐徐放下，严禁抛掷。运至地面的材料应按指定地点，随拆随运，分类堆放，当天拆当天清，拆下的扣件或铁丝要集中回收处理。

（11）在拆架过程中，不能中途换人，如必须换人时，应将拆除情况交代清楚后方可离开。

（12）拆除烟囱、水塔外架时，禁止架料碰断缆风绳，同时拆至缆风绳处方可解除该处缆风绳，不能提前解除。

二、模板工程安全技术规定

（一）模板施工的安全技术

（1）模板施工前的安全技术准备工作：模板施工前现场负责人要认真审查施工

组织设计中关于模板的设计资料，主要审查以下项目：

① 模板结构设计计算书的荷载取值，是否符合工程实际，计算方法是否正确，审核手续是否齐全。

② 模板设计图包括结构构件大样图及支撑体系，连接件等的设计是否安全合理，图纸是否齐全。

③ 模板设计中安全措施是否齐全。

模板运到现场后，要认真检查构件和材料是否符合设计要求，例如钢模板构件是否有严重锈蚀或变形，结构焊缝或螺栓是否符合要求。木料的材质以及木构件拼接节头是否牢固等。如果是自己加工的模板构件，特别是承重钢构件，其检查验收手续必须齐全。同时要考虑模板工程施工中现场的不安全因素，要保证运输安全，做到现场防护设施齐全。在土地面的支模场地必须平整夯实。要做好夜间施工照明的准备工作，电动工具的电源线绝缘、漏电保护装置要齐全，做好模板垂直运输的安全施工准备工作。

现场施工负责人在模板施工前要认真向有关人员进行安全技术交底，特别是新的模板工艺必须经过试验，并培训操作人员。

(2) 保证模板工程施工安全的基本要求：模板工程作业在 2m 和 2m 以上时，要根据高空处作业安全技术规范的要求进行操作和防护，要有安全可靠的操作架子，在 4m 以上或 2 层及 2 层以上操作时周围应设安全网、防护栏杆。在临街及交通要道地区施工应设警示牌，避免伤及行人。操作人员上下通行，必须通过马道、乘人施工电梯或上人扶梯等，不许攀登模板或脚手架上下，不许在墙顶、独立梁及其他狭窄而又无防护栏的模板面上行走。在高处作业架子上、平台上一般不宜堆放模板料，必须短时间堆放时，一定要码平稳，不准堆得过高，必须控制在架子或平台的允许荷载范围内。高处支模工人所用工具不用时要放在工具袋内，不能随意将工具、模板零件放在脚手架上，以免坠落伤人。

雨季施工时，高耸结构的模板作业要装避雷设施，其接地电阻不得大于 4Ω，沿海地区要考虑抗风和加固措施。

冬季施工时，对操作地点和人行道的冰雪要事先清除掉，避免人员滑倒摔伤。五级以上大风天气，不宜进行大模板拼装和吊装作业。

注意防火，木料及易燃保温材料要远离火源堆放，采用电热养护的模板要有可靠的绝缘、防漏电和接地保护装置，应按电气安全操作规范要求做。

在架空输电线路下进行模板施工，如果不能停电作业，应采取隔离防护措施，其安全操作距离应符合表 2-9 的要求。

吊运模板的起重机任何部位和被吊物件边缘与 10kV 以下架空线路边缘最小水平距离不得小于 2m。如果达不到这个要求，或者施工操作距离达不到表 2-9 的要求，必须采取防护措施，增设屏障、遮栏、围护或保护网，并悬挂醒目的警示牌。

表 2-9　架空输电线路下作业的安全操作距离

外电线路电压/kV	1 以下	1~20	35~110	111~154	155~220
最小安全水平距离/m	4	6	8	10	15

在架设防护设施时,应有电气工程技术人员或专业人员负责监护。如果防护设施无法实现时,必须与有关部门协商,采取停电、迁移外电线路,否则不得施工。

夜间施工,必须有足够的照明,照明电源电压不得超过 35V,在潮湿地点或易触及带电体场所,照明电源不得超过 24V。各种电源线应用绝缘线,并不允许直接固定在钢模板上。

模板支撑不能固定在脚手架或门窗上,避免发生倒塌或模板位移。

液压模板及其他特殊模板应按相应的专门安全技术规程进行施工准备和作业。

(二)模板安装的安全技术

1. 普通模板安装的安全技术

(1)基础及地下工程模板。基础及地下工程模板的安装,应先检查基坑土壁边坡的稳定情况,发现有塌方的危险时,必须采取加固安全措施后,才能开始作业。操作人员上下基坑时要设扶梯。基坑(槽)上口边缘 1m 以内不允许堆放模板构件和材料。向坑边运送模板如果不采用吊车,应使用溜槽或绳索,运送时要有专人指挥,上下呼应。模板支撑支在土壁上,应在支点加垫板,以免支撑不牢或造成土壁坍塌。地基上支立柱应垫通长板。采用起重机运模板材料时,要有专人指挥,被吊的材料模板要捆牢,避免散落伤人,重物下方的操作人员要避开起吊臂下方。分层分阶的柱基支模,要待下层模板校正并支撑牢固后,再支上一层的模板。

(2)混凝土柱模板工程。柱模板支模时,四周必须设牢固支撑或用钢筋、钢丝绳拉结牢固,避免柱模整体歪斜甚至倾倒。柱箍的间距及拉结螺栓的设置必须依模板设计要求做。模板在 6m 以上不宜单独支模,应将几个柱子模板拉结成整体。

(3)混凝土墙模板工程。安装墙模板时,应从内、外墙角开始,向相互垂直的两个方向拼装,连接模板的 U 形卡要正反交替安装,同一道墙(梁)的两侧模板应同时组合,以便确保模板安装时的稳定。当墙模板采用分层支模时,第一层模板拼装后,应立即将内外钢楞、穿墙螺栓、斜撑等全部安装紧固稳定。当下层模板不能独立安设支撑件时,必须采取可靠的临时固定措施,否则严禁进行上一层模板安装。

有大型起重设备的工地,墙模板常采用预拼装成大模板,整片安装,整片拆除,可以节省劳动力,加快施工速度。对于这种拼装成大块模板的墙模墙,一般没有支腿,在停放时必须有稳固的插放架。大块模板一般由定型模板拼而成,要拼装牢固,吊环要进行计算设计。整片大块墙模板安装就位之后,除了用穿墙螺栓将两片模板拉牢之外,还必须设置支撑或相邻墙模板连成整体。如果小块模板就地散支散拆，必须从下而上，逐层用龙骨固定牢固，上层拼装要搭设牢固的操作平台或脚手架。

（4）单梁与整体混凝土楼盖支模。单梁或整体楼盖支模，应搭设牢固的操作平台，设防身栏。避免上下作业，楼层较高，主柱超过4m时，不宜用工具式钢支柱，宜采用钢管式脚手架立柱或门式脚手架。若采用多层支架支模时，各层支架本身必须成为整体空间结构，支架的层间垫块要平整，各层支架的立柱应垂直，上下层立柱应在同一条垂直线上。

现浇多层房屋和构筑物，应采用分层分段支模方法。在已拆模板的楼盖上，支模要验算楼盖的承载力能否承受上部支模的荷载，如果承载力不够，则必须附加临时支柱支顶加固，或者事先保留该楼盖模板支柱。上下层楼盖模板的支柱应在同一条垂直线上。底层房心土上支模地面应夯实平整，立柱下面要垫通长垫板。冬季不能在冻土或潮湿地面上支立柱，否则土受冻膨胀可能将楼盖顶裂或化冻时柱下沉引起结构变形。

（5）圈梁与阳台模板。支圈梁模板需有操作平台，不允许在墙上操作。阳台支撑的立柱可采用两种方法：一种是从下而上逐层在同一条垂直线上支立柱，拆除时从上而下拆除；另一种是阳台留洞，让立柱直通顶层。阳台是悬挑结构，附加支模立柱传来的集中荷载难以支撑，弄得不当有可能塌下来。底层阳台支模立柱支撑在散水回填土上，一定要夯实并垫垫板，否则雨季下沉、冬季冻胀都可能造成事故。支阳台模板的操作地点要设护身栏、安全网。

（6）高大特殊的构筑物模板工程。烟囱、水塔及其他高大特殊的构筑物模板工程，要进行专门设计，制定专项安全技术措施，并经主管安全技术部门审批。

2. 液压滑动模板工程

（1）液压滑模的安装要求

① 提升前应检查模板是否全部脱离墙面，内外模板的拉杆螺栓是否全部抽掉。

② 滑杆螺栓是否全部达到要求。

③ 在液压千斤顶或倒链提升过程中，应保持模板平稳上升，模板顶的高低差不超过100mm。并在提升过程中，应经常检查模板与脚手架之间是否有钩挂现象，油泵是否工作正常。

④ 模板提升好后，应立即校正并与内模板固定，待有可靠的保证方可使油泵回油松去千斤顶或倒链。

⑤ 经常检查撑头是否有变形，如有变形应立即处理，以防滑架护墙螺栓超负荷发生事故。

⑥ 提升滑架时，应先把模板中的油泵滑杆换到滑架油泵中（拆除撑头防止下落伤人），拧紧滑杆螺栓，这时才允许拆去护墙螺栓。然后开始提升，提升过程中应注意爬架的高低差不超过50mm和有无障碍物。

（2）滑模安装注意事项

① 滑模操作人员必须遵守工地的一般安全规定，并配带规定的所有劳动保护用品。

② 滑架的提升必须在混凝土达到所规定的强度后才能提升，提升时应有专人指挥，且必须满足以下要求：

a. 大模板的穿墙螺栓均没松动；

b. 每个滑架必须挂两个倒链（或两个千斤顶），严禁只用一个倒链（或一个千斤顶）提升；

c. 保险钢丝绳必须拴牢，并设专人检查无误；

d. 拆除滑架地脚螺栓前，倒链全部调整到工作状态，然后才能拆除附墙螺栓。

以上条件全部具备才准提升。

③ 提升到位后，安装附墙螺栓，并按规定垫好垫圈拧紧螺帽，用测力扳手测定达到要求后，方可松倒链（或千斤顶）。严禁用塔吊提升滑架。

④ 提升大模板时，其相对模板只能单块提升，严禁两块大模板同时提升，并且注意以下事项。

a. 大模板必须在悬空的情况下，穿墙螺栓全部拆除；

b. 保险钢丝绳必须拴牢，并有专人检查；

c. 用多个倒链提升时，应先将各倒链调整到工作状态，方可拆除穿墙螺栓。

⑤ 大模板提升必须设专人指挥，各个倒链或千斤顶必须同步进行。

滑模施工的动力及照明用电应设有备用电源。如没有备用电源，应考虑停电时的安全和人员上下措施。

现场的场地和操作平台上应分别设置配电装置。附着在操作平台上的垂直运输设备应有上下两套紧急断电装置。总开关和集中控制的开关必须有明显的标志。

滑模施工现场供电线路的架设应符合下列规定：当线路与道路交叉时，其架设高度不低于 6m；当线路与铁路交叉时，其架设高度不低于 7m，若电缆从铁道钢轨下通过时，应加保护套管；当线路与架空管道交叉时，若线路在上面，线路与管道的垂直距离不小于 3m，若线路在下面，线路与管道的垂直距离不小于 1.5m；当线路与通信线路交叉时，两者的垂直距离不小于 1.25m；线路距地面的高度不低于 3.0m，并不得使用裸导线。从地面向滑模操作平台供电的电缆，应从上端固定有操作平台上的拉索为依托，电缆和拉索的长度应大于操作平台最大滑升高度 10m，电缆在拉索上相互固定点的间距不应大于 2m，其下端应理顺并加防护措施。

现场照明应保证工作面亮度要求，滑模操作平台上的便携式照明灯电压不高于 36V。操作平台上采用 380V 电压供电设备，应安装触电保护器。经常移动的用电设备和机具的电源线应使用橡胶软线。

操作平台上的总配电装置应安装在便于操作、调整和维修的地方。开关及插座应安装在配电箱内，并做好防雨措施。必须用铁壳或胶壳开关，铁壳开关应有良好接地，不能使用单级和裸露开关。平台上的用电设备接地线或接零线应与操作平台的接地干线有良好的电气通路。

3. 台模的安装要求

（1）支模前，先在楼、地面按布置图弹出各飞模边线，以控制飞模位置，然后将组装好的柱筒子模套上，这时再将飞模吊装就位。

（2）飞模校正。标高用千斤顶配合调整，并在每根立柱下用砖墩和木楔垫起或用可调钢套管。

（3）当有柱帽时，应制作整体斗模，斗模下口支撑在柱子筒模上，上口用U形卡与飞模相连接。

飞模安装时的注意事项如下。

① 飞模必须经过设计计算，保证能承受全部施工荷载，并在反复周转使用时能满足强度、刚度和稳定性的要求。

② 堆放场地应平整坚实，严防下沉引起飞模架扭曲变形。

③ 高而窄的飞模架宜加设连杆互相牵牢，防止失稳倾倒。

④ 装车运输过程中，应将飞模与车辆系牢，严防运输中飞模互相碰撞和倾倒。

⑤ 组装后及每次安装前，应安排专人检查和修整，不符合标准要求者，不得投入使用。

⑥ 拆下和移至下一施工段使用时，模架上不准浮放板块、零配件及其他用具，以防坠落伤人。待就位后，其后端与建筑物做可靠的拉结后，才能上人。

⑦ 起飞模用的临时平台，结构必须可靠，支搭坚固，平台上应设车轮的制动装置，平台外沿应设护栏，必要时还应设安全网。

⑧ 在运行时，严禁有人搭乘。

4. 大模板工程

（1）大模板的堆放和安装

① 平模存放时，必须满足地区条件要求的自稳角。大模板存放在施工楼层上，应有可靠的防倾倒措施。在地面上存放模板时，两块大模板应采取板面对板面的存放方法，长期存放应将模板连成整体。对没有支撑或自稳角不足的大模板应存放在专用的堆放架上，或者平卧堆放，严禁放到其他模板或构件上，以防滑移倾翻伤人。

② 大模板起吊前，应将吊车位置调整适当，并检查吊装用绳索、卡具及每块模板上的吊环是否牢固可靠，再将吊钩挂好，拆除一切临时支撑，稳起稳吊，禁止用人力搬动模板。吊安过程中，严禁模板大幅度摆动或碰撞其他物件或模板。

③ 组装平模时，应及时用卡具或花兰螺栓将相邻模板连接好，防止倾倒，安装外墙外模板时，必须待悬挑扁担固定，位置调整好后，方能摘钩。外墙外模安

好后，要立即穿好销杆，紧固螺栓。

④ 大模板安装时，先内后外，单面模板就位后，用钢筋三角支架插入面板螺栓眼上支撑牢固。双面板就位后，用拉杆和螺栓固定，未就位和未固定前不得摘钩。

⑤ 有平台的大模板起吊时，平台上禁止存放任何物料。禁止隔着墙同时吊运模板。

⑥ 里外角模和临时摘挂的面板与大模板必须连接牢固，防止脱开和断裂坠落。

（2）大模板安装使用注意事项

① 大模板放置时，下面不得有电线和气焊管线。

② 平模叠放运输时，垫木必须上下对齐，绑扎牢固，模板上严禁坐人。

③ 大模板组装或拆除时，指挥、拆除和挂钩人员，必须站在安全可靠的地方才可操作，严禁任何人员随大模板起吊，安装外模板的操作人员应系安全带。

④ 大模板必须设有操作平台、上下梯道、防护栏杆等附属设施。如有损坏，应及时修好。大模板安装就位后，为方便浇捣混凝土，两道墙模板平台间应搭设临时走道，严禁在外模板上行走。

⑤ 模板安装就位后，要采取防止触电的保护措施，应设专人将大模板串联起来，并同避雷网接通，防止漏电伤人。

⑥ 当风力5级时，仅允许吊装1～2层模板和构件。风力超过5级，应停止吊装。

（三）模板拆除的安全技术

1. 模板拆除的一般要求

（1）拆除时应严格遵守拆模作业要点的规定。

（2）高处、复杂结构模板的拆除，应有专人指挥和切实的安全措施，并在下面标出工作区，严禁非操作人员进入作业区。

（3）工作前事先检查所使用的工具是否牢固，扳手等工具必须用绳链系挂在身上，工作时思想要集中，防止钉子扎脚或从空中滑落。

（4）遇6级以上大风时，应暂停室外高空作业。有雨、雪、霜时应先清扫施工现场，不滑时再进行工作。

（5）拆除模板一般应采用长撬杠，严禁操作人员站在正拆除的模板上。

（6）已拆除的模板、拉杆、支撑等应及时运走或是妥善堆放，严防操作人员因扶空、踏空而坠落造成伤亡事故。

（7）在混凝土墙体、平板上有预留洞时，应在模板拆除后，随时在墙洞上做好安全护栏，或将洞盖严。

（8）拆模间隙时，应将已活动的模板、拉杆、支撑等固定牢固，严防突然掉落、倒塌伤人。

2. 普通模板的拆除

（1）拆除基础及地下工程模板时，应先检查基槽（坑）土壁的状况，发现有松软、龟裂不安全因素时，必须在采取防范措施后，方可下人作业，拆除的模板及时运到离基槽（坑）口较远的地方进行清理。

（2）现浇楼盖及框结构拆模顺序如下。

拆柱模斜撑与柱箍→拆柱侧模→拆楼板底模→拆梁侧模→拆梁底模

楼板小钢模拆除时，应设置供拆模人站立的平台或架子，还必须将洞口和临边进行封闭后，才能开始工作。拆除时先拆除钩头螺栓和内外钢楞子，然后拆下U形卡、L形插销，再用钢钎轻轻撬动钢模板，用木槌或带胶皮垫锤轻击钢模板，把第一块钢模板拆下，然后将钢模逐块拆除。拆下的钢模不准随意向下抛掷，要向下传递至地面。

已经活动的模板，必须一次连续拆除才能停歇，以免落下伤人。

模板立柱有多道水平拉杆时，下面究竟应保留几层楼板的支柱，应根据施工速度、混凝土强度增长的情况、结构设计荷载与支模施工荷载的差距通过计算确定。

（3）现浇柱模板拆除顺序如下。先拆除斜撑或拉杆（或钢拉条）→自上而下拆除柱箍或横楞→拆除竖楞并由上向下拆模板连接件、模板面。

3. 滑动模板的拆除

（1）滑动模板拆除必须编制详细的施工方案，明确拆除的内容、方法、程序、使用的机械设备、安全措施及指挥人员的职责等，报上级主管部门审批后方可实施。

（2）滑模装置拆除必须组织拆除专业队，指定熟悉该项专业技术的专人负责统一指挥。参加拆除的作业人员，必须经过技术培训，考核合格方能上岗。不能中途随意更换作业人员。

（3）拆除中使用的垂直运输设备和机具，必须经检查合格后才准使用。

（4）滑模装置拆除前应检查各支撑点埋设件牢固情况，以及作业人员上下走道是否安全可靠。当拆除工作利用施工的结构作为支撑点时，对结构混凝土强度的要求应经结构验算确定，且不低于 $15N/mm^2$。

（5）拆除作业必须在白天进行，宜采用分段整体拆除，在地面解体。拆除的部件及操作平台上的一切物品，均不准从高空抛下。

（6）当遇雷、雨、雾、雪或风力达到 5 级或 5 级以上的天气时，不准进行滑模拆除作业。

（7）对烟囱类构筑物宜在顶端设置安全行走平台。

4. 大模板拆除

大模板拆除顺序与模板组装顺序相反，大模板拆除后停放的位置，无论是短期停放还是较长期停放，一定要支撑牢固，采取防止倾倒的措施。拆除大模板过程要做到不碰墙体或混凝土，这关系到施工结构的质量和安全问题。

5．飞模（台模）的拆除

（1）拆飞模必须有专人统一指挥，升降飞模同步进行。

（2）当不采用专用的悬挑起飞平台时，结构边缘的地滚轮一定要比里边高出1～2cm，以免飞模自动滑出。将飞模的重心位置用红油漆标在飞模侧面明显位置，飞模挂钩前，严格控制其重心不能到达外沿第一滚轮，以免飞模外倾。

（3）飞模尾部要绑安全绳，安全绳的一端套在施工结构坚固的物体上，慢慢放松。

（4）信号工与挂钩工作人员必须经过培训，上下两个信号工责任要分清，一个在下层负责指挥飞模的推出、打掩、挂安全绳、挂钩起吊工作；另一人在上层负责电动倒链的吊绳调整，以保证飞模在推出过程中一直处于平衡状态，而且吊绳要逐步调整到使飞模保持与水平面基本平行，并负责指挥飞模的就位与摘钩。信号工及挂钩人员要挂好安全带，不能穿塑料底及其他硬底鞋，以防滑倒出事故，挂钩人员挂好钩立即离开飞模，信号工必须待操作人员全部撤离出飞模方能指挥起吊。

（5）飞模推出后，模层外边缘立即绑扎好护身栏杆，飞模每使用一次，必须逐个检查螺栓，发现有松动现象，立即拧紧。

三、钢筋工程安全技术规定

（一）原材料要求

钢筋的强度标准值应具有不小于95%的保证率。各强度标准的意义如下。

（1）热轧钢筋和冷拉钢筋的强度标准值系指钢筋的屈服强度。

（2）碳素钢丝、刻痕钢丝、钢绞线、冷拔低碳钢丝和热处理钢筋的强度标准值系指抗拉强度。

（二）使用要求

（1）钢筋在运输和储存时，必须保留标牌，并按批分别堆放整齐，避免锈蚀和污染。

（2）钢筋的级别、钢号和直径应按设计要求采用。需要代换时，应征得设计单位的同意。

（3）非预应力钢筋宜采用Ⅱ、Ⅲ级钢筋，以及Ⅰ级钢筋的乙级冷拔低碳钢丝。

（4）预应力钢筋

① 大、中型构件中的预应力钢筋宜采用碳素钢丝、刻痕钢丝、钢绞线和热处理钢筋，以及冷拉Ⅱ、Ⅲ、Ⅳ级钢筋。

② 中、小型构件中的预应力钢筋可采用甲级冷拔低碳钢丝。

（5）钢筋的交叉点应采用铁丝绑扎，并应按规定垫好保护层。

（6）展开圆盘钢筋时，两端要卡牢，以防回弹伤人。

（7）拉直钢筋时，地锚要牢固，卡头要卡紧，并在周围 2m 区域内严禁行人通行。

（8）人工断料时，工具必须牢固，并注意打锤区域内不得站人。切断小于 300mm 长的短钢筋，应用钳子夹牢，严禁手扶。

（9）制作成型钢筋时，场地应平整，工作台要稳牢，照明灯具必须加网罩。各机械设备的动力线应用钢管从地平下引入，机壳应有保护零线。

（10）多人运送钢筋时，起、落、转、停动作要一致，人工上下传递时不得在同一垂直线上，在建筑物内的钢筋要分散堆放。

（11）在高空、深坑绑扎钢筋和安装骨架，必须搭设脚架和马道，无操作平台应拴好安全带。

（12）绑扎立柱、墙体钢筋，严禁沿骨架攀登上下。当柱筋高在 4m 以上时，应搭设工作台；4m 以下时，可用马凳或在楼地面上绑好再整体竖立，已绑好的柱骨架应用临时支撑拉牢，以防倾倒。

（13）梁、挑檐、外墙、边柱钢筋时，应搭设外挂架或悬挑架，并按规定挂好安全网。

（14）骨架，下方禁止站人，待骨架降落至距安装标高 1m 以内方准靠近，并等就位支撑好后，方可摘钩。

（15）卷扬机前应设置防护挡板或将卷扬机与冷拉方向成 90°，且应用封闭式的导向滑轮，冷拉场地应禁止人员通行或停留。

（16）缓慢均匀，发现锚卡具有异常，要先停车、放松钢筋后，才能重新操作。

四、混凝土工程安全技术规定

混凝土是以胶凝材料水泥、水、细骨料、粗骨料经合理混合，均匀拌和、捣实后凝结而成的一种人造石材，是建筑工程中应用最广泛的材料。因此，混凝土的施工对整个工程的质量和安全有极大的影响。

（一）混凝土施工

混凝土的施工工艺是由施工准备、搅拌、运输、灌筑、养护、拆模和构件表面缺陷修整等工序组成。

1. 施工准备

混凝土的施工准备工作，主要是模板、钢筋检查、材料、机具、运输道路准备与流通。

安全生产准备工作主要是对各种安全设施认真检查，是否安全可靠及有无隐患，尤其是对模板支撑、脚手架、操作台、架设运输道路及指挥、信号联络等。对于重要的施工部件其安全要求应详细交底。

2. 搅拌

（1）机械搅拌。混凝土的拌制多使用混凝土搅拌机，一般施工现场多使用自落式或强制式搅拌机，搅拌机的容量通常有 250L、375L、400L、800L、1500L 等几种。

较大型施工现场或混凝土生产厂，常采用现场混凝土搅拌站搅拌混凝土，现场混凝土搅拌站一般设计为自动上料、自动称量、机动出料和集中操作控制，安全生产要点如下。

① 机械操作人员，必须经过安全技术培训，经考试合格，获得"安全作业证"才准独立操作。

② 工作前，必须对机械的电气部分、防护装置、离合器、操作台等进行检查，并经试车，确定机械运转正常后，方能正式作业。

③ 起吊爬斗前，必须发出信号示警，通知各方作业人员，爬斗提升后，严禁有人在斗下方站立和通行。

④ 爬斗进入料仓前，应发出信号通知仓内作业人员立即闪开；进仓检查时，应先停机再进入，操作人员必须踏木板作业。

⑤ 使用推土机推料时，司机要听从指挥，密切配合，防止积料超荷，造成安全事故。

⑥ 搅拌站内必须按规定设置良好的通风与防尘设备，空气中的粉尘含量不超过国家规定的标准。

⑦ 操纵皮带运输机时，必须正确使用防护用品，禁止一切人员在输送机上行走和跨越；机械发生事故时，应立即停车检修，不得带病运转。

⑧ 用手推车运料时，不得超过其容量的 3/4，推车时不得用力过猛和撒把。

⑨ 清理爬斗坑时，必须停机，固定好爬斗，锁好开关箱，再进行清理。

⑩ 动力电线，必须使用橡胶绝缘电缆软线，不准有接头或漏电。

（2）搅拌机注意事项。

① 搅拌机应设置在平坦的位置，用方木垫起前后轮轴，将轮胎架空，以免开机时发生移动。

② 停后，敲筒清洗洁净，筒内不得有积水。

③ 电动机应设有开关箱，并应设漏电保护器。停机不用或下班后应拉闸断电，并锁好开关箱。

（3）人工搅拌。少量混凝土采用人工搅拌时，要采取两人对面翻拌作业，防止铁锹等手工工具碰伤。由高处向下推拨混凝土时，要注意不要用力过猛，以免惯性作用发生人员摔伤事故。

（二）运输

成品混凝土运输，水平运输一般采用人工手推车、机动翻斗车、混凝土搅拌运输车等;垂直运输一般采用井架运输、塔式起重机、混凝土泵(也包括水平运输)等。

1. 机械水平运输

(1) 司机应遵守交通规则和有关规定,严禁无驾驶证或酒后开车。

(2) 车辆发动前,应将变速杆放在零挡位置,并拉紧手制动。

(3) 车辆发动后,应先检查各仪表、方向机构、制动器、灯光等,必须保证灵敏可靠后,方可鸣笛起步。

(4) 搅拌车装料时,料口必须对准搅拌机下料口,车应站稳,并要拉紧手制动。

(5) 在进出料口,把进出料操作杆推到进料挡位时,驾驶员不得擅离车辆。

(6) 料装满后,应把进出料操纵杆推入搅拌挡位,方准起重行驶。

(7) 车辆倒车时,要有人指挥;倒车和停车不准靠近建筑物基坑(槽)边沼,以防土质松软车辆倾翻。

(8) 在坡道停车卸料时,要拉紧制动,驾驶员必须离开驾驶室,应开至安全地段,将车轮掩好,方准离开。

(9) 在雨、雪、雾天气,车的最高时速不得超过25km/h,转弯时,要防止车辆横滑。

2. 混凝土泵送设备

(1) 混凝土泵送设备的放置,距离机坑不得小于2m,悬臂动作范围内,禁止有任何障碍物和输电线路。

(2) 管道敷设沿线路应接近直线,少弯曲;管道的支撑与固定,必须紧固可靠;管道的接头应密封,"Y"管道应装接锥形管。

(3) 禁止垂直管道直接接在泵的输出口上,应在架设之前安装不小于10m的水平管,在水平管近泵处应装逆止阀,敷设向下倾斜的管道,下端应接一段水平管,否则,应采用弯管等。如倾斜大于7°时,应在坡度上端装置排气活塞。

(4) 风力大于6级时,不得使用混凝土输送悬臂。

(5) 混凝土泵送设备的停车制动和锁紧制动应同时使用,水箱应储满水,料斗内不得有杂物,各润滑点应润滑正常。

(6) 操作时,操纵开关、调整手柄、手轮、控制杆、旋塞等均应放在正确位置,液压系统应无泄漏。

(7) 作业前必须按要求配制水泥砂浆润滑管道,无关人员应离开管道。

(8) 支腿未支牢前,不得启动悬臂,悬臂伸出时,应按顺序进行,严禁用悬臂起吊和拖拉物件。

(9) 悬臂在全伸出状态时,严禁移动车身。作业中需要移动时,应将上段悬臂折叠固定,前段的软管应用安全绳系牢。

（10）泵送系统工作时，不得打开任何输送管道和液压管道，液压系统的安全阀不得任意调整。

（11）用压缩空气冲洗管道时，管道出口 10m 内不准站人，应用金属网拦截冲出物，禁止用压缩空气冲洗悬臂配管。

3. 手推车运输

（1）用手推车运输混凝土时，用力不能过猛，不准撒把；向坑、槽内倒混凝土时，必须沿坑、槽边设不低于 10cm 高的车轮挡装置；推车人员倒料时，要站稳，保持身体平衡，要通知下方人员躲开。

（2）在架子上推车运送混凝土时，两车之间必须保持一定距离，并右侧通行，混凝土装车容量不得超过车斗容量的 3/4。

（3）垂直运输采用井架运输时，手推车车把不准伸出笼外，车轮前后应挡牢，并要做到稳起稳落。

（三）混凝土浇筑

混凝土浇筑是混凝土拌制后，将其浇筑入模，经振动使其内部密实。浇筑混凝土的方法要根据工程的具体情况确定。

1. 混凝土的振捣

混凝土浇筑振捣有人工振捣和机械振捣两种。机械振捣又分为内部振动器、外部振动器和振动台等。

（1）电动内部或外部振动器在使用前应先对电动机、导线、开关等进行检查，如导线破损绝缘老化、开关不灵、无漏电保护装置等，要禁止使用。

（2）电动振动器的使用者在操作时，必须戴绝缘手套，穿绝缘鞋，停机后，要切断电源，锁好开关箱。

（3）电动振动器必用按钮开关，不得使用插头开关；电动振动器的扶手，必须套上绝缘胶皮管。

（4）雨天进行作业时，必须将振捣器加以遮盖，避免雨水浸入电动机造成漏电伤人。

（5）电气设备的安装、拆修必须由电工负责，其他人员一律不准随意乱动。

（6）振动器不准在初凝混凝土、地板、脚手架、道路和干硬的地方试振。

（7）搬移振动器时，应切断电源后进行，否则不准搬、抬或移动。

（8）平板振动器与平板应保持紧固，电源线必须固定在平板上，电气开关应装在便于操作的地方。

（9）各种振动器在做好保护接零的基础上，还应安设漏电保护器。

2. 混凝土浇筑注意事项

（1）已浇完的混凝土，应覆盖和浇水，使混凝土在规定的养护期内，始终能保持足够的湿润状态。

（2）使用吊罐（斗）浇灌混凝土时，应经常检查吊罐（斗）、钢丝绳和卡具，如有隐患要及时处理，并设专人指挥。

（3）浇筑混凝土使用的溜槽及串筒节间必须连接牢固。操作部位应设防身栏杆，严禁站在溜槽上操作。

（4）浇筑框架、梁、柱的混凝土应设操作台，严禁直接站在模板或支撑上操作，以防踩滑或踏断坠落。

（5）浇筑拱形结构时，应自两边拱脚对称同时进行；浇筑圈梁、雨篷、阳台时，应设防护措施；浇筑料仓时，下口应先行封闭，并铺设临时脚手架及操作平台，以防人员坠落。

（6）禁止在混凝土养护窑（池）边上站立或行走，同时应将窑盖板和地沟孔洞盖牢和盖严，防止失足坠落。

（7）夜间浇筑混凝土时，应有足够的照明。

五、砌筑工程安全技术规定

砌筑工程一般分为砖砌体和石砌体两类。砌筑工程，按广义的概念，还包括屋面工程和装饰工程。

砖砌体砌筑用砖有粉煤灰砖、炉渣砖、蒸压灰砂砖、承重黏土空心砖、非承重黏土空心砖、烧结普通砖等。石砌体砌筑用石有毛石和料石两种。石砌体主要用在基础结构，砖砌体主要用在墙体结构。

砌筑工程在建筑施工中是人力、物力、工时消耗最为集中的施工内容，对于砌筑中的安全就更为重要，特别是要把高处作业的安全防护作为重点。

（一）砖石及砂浆备料

砖石工程施工是由砂浆制备、搭设脚手架和砖石砌筑这几个施工过程组成的。为了保证建筑及施工安全，砌筑用材料强度应符合设计要求。

1．机械使用的安全要求

砖石砌筑工程的砂浆制备，多使用砂浆搅拌机或混凝土搅拌机。它的使用和维护安全要求如下。

（1）安装机械的地方应平整夯实，机械安装要求平稳、牢固。

（2）各类型号搅拌机（除反转除料搅拌机外），均为单向旋转进行搅拌，因此在接电源时应注意搅拌筒转向要符合搅拌筒上的箭头方向。

（3）开机前应先检查电气设备的绝缘和接地是否良好，皮带保护罩是否完好。

（4）工作时，机械应先启动，待机械运转正常后再加料搅拌，要边加料边加水，若中途停机、停电时，应立即把料卸出；不允许中途停机后，重载下启动。

（5）砂浆搅拌机加料时，不准用脚踩或用铁锹、木棒往下拨、刮拌和筒口，工具不能碰撞搅拌叶，更不能在转动时，把工具伸进料斗内扒浆。搅拌机上料口不准站人，起斗停机时，必须挂上安全钩。

（6）常温施工时，机械应安放在防雨棚内，冬期施工机械应安放在高温棚内。

（7）非机械操作人员，严禁开动机械。

2. 水平、垂直运料要求

（1）向地槽内运送砖石等材料时，严禁投扔，超过 1.5m 时，应设溜槽送下，卸料时要通知下面的人员躲开。

（2）上料时应先检查脚手架搭设和跳板的铺设是否牢固。小横杆的间距和防护与防滑设施等，必须符合架设规程要求。推车运料一律推行，禁止倒拉车，不许撒把倾倒。坡道行车前后距离不小于 10m，严禁并行和超车。

（3）往架子上运料时，每平方米不超过 270kg，砖垛高度单排不超过四码，在灰槽及水桶前，不准放砖。

（4）凡当天不砌筑的架子上，不得上砖，禁止在架子上往砖上浇水。砌筑剩下的砖和灰应及时清理运走。

（5）放水桶和灰槽时，要顺架子放平稳，不得放在站杆外边。

（6）各种垂直运输用门式架、井字架的吊盘（托盘）都要设置安全装置。

（7）使用吊车进行垂直运输时，在吊装运输过程中，必须设专人负责指挥。吊砖用砖笼，容积不准超过 90 块红砖的体积。吊砂浆的料斗不能装得过满，吊重时，其吊臂的回转半径范围内不得有人停留，吊笼落到架子上时，砌筑人员要暂停操作，并避开。

（8）人工垂直往上或往下递砖、石时，要搭设递砖架子，架子的站人板宽度不应小于 60cm。

（二）施工注意事项

1. 石基础砌筑

（1）砌筑基础时，应检查两侧的土质，如有裂缝或倾塌现象时，必须采取加固措施，方可进行砌筑。

（2）槽、坑边堆放的毛石、灰桶、灰槽等材料工具，应离槽、坑边 1m 以上，且不准堆放过多，防止压塌槽、坑壁。

（3）基槽内砌石人员应戴帆布手套并戴好安全帽。加工毛石时，必须事先检查锤头安得是否牢固，还要戴好安全防护眼镜，不得两人对面捶打，以防石块飞出伤人。

（4）当向基槽投放毛石、砖及砂浆时，应上下呼应，下边砌石人员应躲开（也可采用溜放槽或其他安全措施），禁止乱扔，以免伤人。

（5）搬石块应自石堆分层由上向下搬运，不能在中间掏窝取石；取石要看准、拿牢、放稳，一个人搬不动的石块要两人抬放，防止砸伤人。

（6）基槽内砌石人员，操作间距不得小于 2m。

（7）基础每砌 1m 高时，通过质量检查后，及时回填土，并夯实。

2. 砖基础砌筑

砌筑基础前必须检查基槽（槽帮），发现土壁裂纹、水浸化冻或变形等坍塌危险时，应先采取槽壁加固或清除坍塌危险的土方等处理措施。对槽边有可能坠落的危险物，要进行清理后才可以操作。

槽宽小于 1m 时，应在砌筑站人的一侧留有 40cm 的操作宽度。在深基槽砌筑时，上下槽必须设工作梯或坡道，不得任意攀跳基槽，更不得蹬踩砌体及加固土壁的支撑上下。

砌筑深基础或地下室外墙时，应在槽壁设立标杆随时观测地槽变化情况，若发现危险，应立即停止作业。

3. 砖砌体操作安全要求

操作前必须检查操作环境是否符合安全要求，首先道路必须畅通，安全设施和防护用品应配备齐全，机具应完好牢固，经检查符合要求后才能操作施工。在操作过程中应注意：

（1）砌墙身高度超过地坪 1.2m 以上时，应搭设脚手架。在一层以上或高度超过 4m 时，应采用里脚手架，外侧周围支搭安全网；采用外脚手架要在设置护身栏杆和挡脚板后才能砌筑。

（2）砌筑一层以上的交叉作业入口时，要搭设防护棚或安全网；高层建筑的安全网，应随墙身逐层上升，超过十层时，下部要另设一道 12m 宽的固定安全网。

（3）脚手架上堆料量不能超过规定的荷载量，同一块脚手板上的操作人员不能超过两人。

（4）不准站在墙顶上做画线、刮缝及清扫墙面或检查大角垂直等工作。

（5）砍砖时应向内打，注意不要让碎砖飞出伤人。

（6）已做好的山墙，应临时采用联系料（如檩条等）放置在各跨的出墙上，使其联系稳定，或采取其他有效的加固措施。

（7）在楼层（特别是预楼面上）施工时，堆放机具、砖块等物品不得超过允许荷载。如果超过允许荷载，必须经过技术部门验算并采取有效的加固措施后，方能进行堆放及砌筑。

（8）不准用不稳固的工具或物体在脚手板面垫高操作，更不准在未经加固的情况下，在一层脚手架上随意再叠加一层。

（9）在檐板砌筑时，应加设必要的支撑或锚筋。

（10）在同一垂直面内上下交叉作业时，必须设置安全隔板，下面操作人员必须戴安全帽。

（11）砖墙勾缝时，脚手架的跳板不少于 3 块，防护网和防护栏杆必须保持完整有效。

4. 砌块砌体操作安全要求

砌块砌体施工操作前，要对各种起重机具设备、绳索、夹具、临时脚手架以及施工安全设施进行检查后，才能施工，并应做到以下几点。

（1）起吊砌块过程中，如发现有破裂且有脱落危险的砌块，严禁起吊。

（2）安装砌块时，不准站在墙上操作。

（3）砌块吊装时，其下面不得有人通过或操作。

（4）在楼板上卸砌块时应尽量避免冲击，放置在楼板上的砌块数量，应考虑承载力并采取相应的措施，堆置方法应符合技术安全措施中规定。

（5）台风季节对墙上已就位的砌块，必须及时灌缝，并及时安装楼板，对没安装楼板的要进行加固。

（6）其他安全要求与砖砌体工程相同。

（三）留槎施工

（1）墙体转角和交接处应同时砌筑，不能同时砌筑时应留斜槎，其长度不得小于其高度的2/3；若留槎有困难时，除转角处必须留槎外，其他可留直阳槎（不得留阴槎），并应沿墙高每隔 ϕ500mm（或八皮砖高），每半砖宽放置1根（但至少应放置两根）直径为 ϕ6mm 的拉结筋，埋入长度从留槎处算起，每边均应不小于500mm，其末端弯 90° 的直弯钩，地震区不应留直槎。

（2）设有构造柱时，砖墙应砌成马牙槎，每一马牙槎的高度不大于 300mm，并沿墙高每 500mm 设置两根 ϕ6mm 水平拉结钢筋，选用整砖砌筑。

（3）宽度小于1m 的窗间墙，应选用整砖砌筑。

（4）纵横墙均为承重墙时，在丁字交接处，可在下部（约 1/3 接槎高）砌成斜槎，上部留直阳槎并加设拉结筋。

（5）墙体每天砌筑高度不宜超过 1.8m，且相邻两个工作段高度差不允许超过一个楼层高度，也不应大于 4m。

（四）砖柱和扶壁柱施工

（1）砌筑矩形、圆形和三角形柱截面时，应使柱面上下皮的竖缝相互错开1/2，或 1/4 砖长，同时在柱心不得有通天缝。严禁用包心的砌筑方法，即先砌四周、后填心的方法。

（2）扶壁柱与墙身应逐皮搭接，搭接长度至少为 1/2 砖长，严禁垛与墙分离砌。

（3）每天砌筑高度不应大于 1.8m，且在柱和扶壁柱的上下不得留置脚手架眼。

（五）筒拱施工

1. 筒拱构造

（1）砖筒拱适用于跨度 3～3.3m，高跨比为 1/8 左右的楼盖；砖筒拱也适用于跨度 3～3.6m，跨高比为 1/5～1/8 的屋盖；筒拱的长度不宜超过拱跨的 2 倍。

（2）筒拱厚度一般为半砖厚，砖的强度等级不低于 MU7.5，砂浆强度等级不得低于 M5。

（3）筒拱在外墙的拱脚处应设置钢筋混凝土圈梁，圈梁上的斜面应与拱脚斜度相吻合；也可在外墙中于拱脚处设置钢筋砖圈梁，再加钢拉杆，砖圈梁中的钢筋和钢拉杆应由计算确定，且拱脚下 8 皮砖应用强度为 M5 以上的砂浆砌筑。

（4）筒拱在内墙上的拱脚处，应在内墙上用丁砖挑出至少 4 皮砖，其砂浆强度等级不低于 M5，并在挑出的台阶上用 C20 的细砂混凝土浇筑斜面与拱脚斜度相吻合。

（5）如房间开间大，中间无内墙时，筒拱可支撑在钢筋混凝土梁上，但梁的两侧应留有斜面，以便拱体从斜面砌起。

（6）使用活荷载等于或大于 3000N/m² 时宜采用砖筒拱。

2. 砖筒拱施工

（1）筒拱模板尺寸安装的误差，在任何点上的竖向偏差不超过该点拱高的 1/200；拱顶沿跨度方向的水平偏差，不应超过矢高的 1/200。

（2）半砖厚的筒拱，砖块可沿筒拱的纵向排列；也可沿筒拱跨度方向排列；也可整体采用八字槎砌法由一端向另一端退着砌，即两边长、中间短，形成八字槎接口，直到砌至另一端时，再填满八字槎缺口，并在中间合拢。

（3）拱脚上面 4 皮砖和下面 6～7 皮砖的墙体部分，砂浆强度等级不得低于 M5，且应达到设计强度 50% 以上时，方可砌筑筒拱。

（4）砌筑筒拱时应自两侧同时对称的向拱顶砌筑，且砌拱顶正中间 1 块砖时，应在砖两面刮满砂浆轻轻打入塞紧。

（5）拱顶灰缝全部用砂浆填满，拱底灰缝宽度为 5～8mm，拱顶砖面灰缝宽度为 10～12mm。

（6）拱座斜面应与筒拱轴线垂直，筒拱的纵向缝应与拱的模断面垂直。筒拱纵向两端不应砌入墙面，两端与墙面的接触缝隙应用砂浆填满。

（7）穿过筒拱的洞口应设加固环，加固环应与周围砌体紧密结合，对已砌完的拱体不准任意凿洞。

（8）筒拱砌完后应进行养护，养护期内严防冲击、振动和雨水冲刷。

（9）多跨连续筒拱应同时砌筑，如不能同时砌筑，应采取有效地抵消横向水平推力的措施。

（10）筒拱模板应在保证模向水平推力有可靠抵消措施后，方可拆除，拆移时应先将拱模均匀下降 50～200mm，检查拱体确属无误后，方可向前移动。

（11）有拉杆的筒拱，应先将拉杆按设计要求拉紧后方可拆移模板。同跨内各拉杆的拉力应均匀一致。

（12）当拱体的砂浆强度达到设计强度的 70% 以上时，方可在已拆模的筒拱上铺设楼面或屋面材料，且在施工过程中，应使筒体均匀对称受荷载。

（六）其他注意事项

（1）从砖垛上取砖时，应先取高处后取低处，防止垛倒伤人。

（2）在地面用锤打石时，应先检查铁锤有无破裂，锤柄是否牢固，同时应看清楚附近情况有无危险，然后方可落锤敲击，严禁在墙顶或架上修改石材，且不得在墙上徒手移动料石，以免压破或擦伤手指。

（3）夏季要做好防雨措施，严防雨水冲走砂浆，致使砌体倒塌。

六、屋面工程安全技术规定

屋面覆盖着房屋的顶部，其作用是遮风遮太阳、阻雨挡雪、保温隔热。常见的屋面形式有平屋面、坡屋面和拱形屋面。屋面按使用材料不同，有瓦屋面、石棉水泥波形瓦屋面、沥青油毡屋面、抹压厚涂层防水屋面、钢筋混凝土屋面板自防水屋面、刚性防水屋面、新型防水涂料屋面和新型防水卷材屋面。

屋面工程施工属于高处作业，防水层使用沥青、涂料、防水剂等化工原料、材料，含有一定毒量，沥青油毡屋面是高温操作，施工过程中，容易发生中毒、烫伤、火灾、高处坠落等安全事故。因此，施工安全技术很重要。

（一）瓦屋面

瓦屋面多为坡屋面，施工操作人员操作不便，安全防护困难，容易发生坠落事故。

（1）上屋面操作前应检查有关安全设施，如栏杆、安全网等是否牢固，检查合格后，才能进行作业。

（2）凡有严重高血压、心脏病、神经衰弱症及贫血症等不适于高处作业者不能进行屋面工程施工。

（3）承重结构采用屋架时，运瓦上屋面要两坡同时进行，脚要踩在椽条或檩条上，不要踩在挂瓦条中间；不要穿硬底、易滑的鞋上屋面操作；在屋面踩踏、行走时应特别注意安全，谨防绊脚跌倒；在平瓦屋面行走时，脚要踩踏在瓦头处，不能在瓦片中间部位踩踏。

（4）在冷摊瓦（没有屋面板）或在稀铺屋面板上挂瓦时，必须设置踏板或采取其他安全措施。

（5）运瓦时在已铺瓦上行走要慢行，不得跑跳，前后运瓦人员间应保持 6m。

（6）屋面较高或坡度大于 30°及檐口挂瓦时，应绑好安全带。

（7）屋面上堆放瓦时，必须放稳，防止下滑滚坡。

（8）碎瓦、杂物工具等要集中运下，不能随意乱掷。

（9）冬季施工要有防滑措施，屋面有霜时必须清扫于净。

（二）石棉水泥波形瓦屋面

石棉水泥波形瓦屋面不宜用在常有暴风和积雪较厚的地区，也不宜用于积灰较厚的车间。

石棉水泥瓦分大波、中波和小波三种。施工应遵守有关瓦屋面高处操作安全的规定，由于波形瓦面积大、檩距大，特别是石棉水泥波形瓦薄而脆，施工时必须搭设临时走道板，走道板要长一些，架设和移动走道板时，必须特别注意安全。

屋面上的操作人员不宜过多，在波形瓦上行走时，应踩踏在钉位或檩条上边，不应在两檩之间的瓦面上行走；严禁在瓦面上跳动，蹬踢或随意敲打；石棉水泥波形瓦的质量应经严格的检查，凡裂纹超过质量要求规定者不得使用。

（三）沥青油毡屋面

沥青油毡屋面施工是高处、高温作业，同时沥青中含有一定毒素，必须采取有效的安全技术措施，防止发生坠落、烫伤、火灾和中毒等安全事故。

1. 一般要求

（1）施工前应编制单项工程施工安全技术措施，逐级进行安全技术交底。

（2）患有皮肤病、结核病、支气管炎、眼病以及对沥青刺激过敏的人员，不能参加接触沥青的操作。

（3）要按国家规定配给操作人员劳动保护用品，并应合理使用，沥青操作人员不得赤脚或穿短袖衣服进行作业，应将裤脚、袖口扎紧，鞋面应扎鞋盖，应戴长袖手套。

（4）屋面四周应绑设安全围护栏杆，在必要的部位应系安全带，屋面洞口等应采取安全措施，高处作业人员不要过分集中。

（5）操作时应注意风向，防止下风操作人员中毒和烫伤。

2. 熬沥青

（1）熬沥青的锅灶必须离建筑物10m以外，距易燃品仓库25m以外，锅灶上空不得有电线，地下5m以上不能有电缆，锅灶最好设在建筑地点的下风向，熬沥青锅的四周不能有裂缝，锅口应稍高，灶口处应砌筑高度不小于50cm的隔火墙。

（2）广泛采用封闭除尘消烟熬沥青炉。

（3）炉灶要搭设防雨棚，不能使用易燃品搭设，炉灶附近严禁放置汽油、煤油等易燃易爆物品。

（4）熬制桶浆沥青时，要先将桶盖打开，桶横卧，桶口朝下，由桶口向桶底慢慢加热，如用钢钎捅桶口时，人要站在桶侧面，头不准对着桶口。

（5）沥青锅内不准有水，沥青含水量也不能过大，以防膨胀溢出锅外，装内锅的沥青不能超过锅容量的2/3，沥青块应放在铁丝瓢内下锅。

（6）熬制沥青时应由有经验的工人负责，严守岗位，按操作规程要求熬制，随时注意沥青温度变化，沥青将要脱水时，应慢火升温，当石油沥青熬制到由白烟转为很浓的红黄烟时，即有着火的危险，应立即停火。

（7）敞口锅熬制沥青时，应备有大锅盖、灭火器等防火用品，如发生沥青着火，应立即用锅盖封盖油锅、切断电源、熄灭炉火；如沥青溢到地面着火，应立即用灭火器消灭火苗，禁止浇水灭火。

3. 冷底子油配制

冷底子油是加热的 30 号或 10 号建筑石油沥青或软化点为 50～70℃ 的焦油沥青，加入溶剂（轻柴油、煤油、汽油、苯）制成的溶液，如操作方法不当，极易发生火灾和烫伤事故。

配制时，应先将沥青熬至脱水，倒入桶中，再加入溶剂。如加入慢挥发性溶剂，沥青的温度不得超过 140℃，如加入快挥发性溶剂，则沥青的温度不能超过 110℃。沥青冷却达到上述温度后，再将沥青成细流状慢慢注入一定量（配合量）的溶剂中，并不停地搅拌；也可以将熬好的沥青倒入桶或壶中（按配合量），待其冷却至上述温度后，将溶剂按配合量要求的数量分批注入沥青溶液中，开始每次 2～3L，以后每次 5L。

配制时，严禁使用铁棒搅拌，要严格掌握沥青的温度，当发现冒出大量的蓝烟时，应立即暂停加入。配制、储存、涂刷冷底子油的地点要严禁烟火，并不准在附近进行电焊、气焊等工作。

4. 运输

（1）装热沥青的桶、壶等工具应用铁皮咬口制成，不能用锡焊，桶、壶应加盖。

（2）运送热沥青时，不允许两人抬运，装油不能超过 2/3，垂直、水平远距离运输时，应采用封闭的运输小车，出油口要加牢固可靠的开关。

（3）垂直提升平台应加设防护栏杆，提升时应拉牵绳，防止油桶摆动，吊运时，油桶下方 10m 半径范围内禁止站人。

（4）在坡度较大的屋面上运油时，应采取专门安全措施（如穿防滑鞋、设防滑梯、清扫屋面上灰砂等），油桶下面应加垫，放置平稳。

5. 铺毡

（1）浇沥青人员与铺毡人员应保持一定距离，避免热沥青飞溅烫伤。

（2）浇热沥青时，檐口下方不准有人停留或走动，以免热沥青油滴下烫伤。

（3）如遇大风或雨天时，应停止铺毡。

（4）工人操作时，如感觉头痛或恶心，应立即停止作业，进行治疗。经常从事沥青的工人，应定期进行身体检查。

（四）新型防水材料屋面

随着科学技术的发展，我国目前开发和推广了一些先进防水技术，如鹤改性沥青油毡、橡胶系防水卷材、高分子防水卷材、塑料系防水卷材和防水材料等。

1. 新型防水卷材屋面防水安全技术

（1）三元乙丙-丁基橡胶卷材是由乙烯、丙烯和少量的双环戊二烯共聚合而成的三元乙丙橡胶，掺入适量的丁基橡胶、硫化剂、促进剂和补强剂等，经过密炼、拉片等一系列工序加工制成，属于高档防水材料。

施工工艺是在基层涂刷聚氨酯底胶的基层处理剂后，涂刷 CX-404 胶黏剂，铺贴三元乙丙橡胶防水卷材（即防水主体），并在表面涂刷银色剂为保护层。

上述施工材料和辅助材料多属易燃品，辅助材料多有轻微毒性，在存放材料的仓库及施工现场都要严禁烟火。

在防水施工时，操作人员应戴手套，在配料、清洗时应避免溶剂溅到眼睛里或污染皮肤。

（2）改性沥青柔性油毡是以聚酯纤维无纺布为胎体，以 SBS 橡胶——沥青为面层，以塑料薄膜为隔离层，油毡表面带有砂粒的防水卷材。

施工可采用冷粘贴施工，也可采用热熔法施工。先刷氯丁黏合剂的稀释液处理剂后，涂刷基底氯丁黏合剂，再铺贴改性沥青柔性油毡。

SBS 兼有橡胶和塑料的特性，常温下具有橡胶的弹性，以其改性后的沥青油毡，将传统的沥青油毡施工方法改为冷粘贴施工，属于中低挡防水卷材。

卷材和辅助材料都是易燃品，施工现场及存放仓库要严禁烟火。采用热熔法施工，在向喷灯内灌汽油时，要避免汽油流在地上，以防点火引起火灾。喷灯点火时，喷嘴不能面对人体，以免烫伤。

2. 新型防水涂料屋面防水安全技术

（1）膨润土沥青乳液防水涂料，是以石油沥青为基料，膨润土作分散剂，在机械作用下制成的水溶性厚质防水涂料。冷作业涂布在基层上，形成厚质涂层，防水性能好，是一种价廉物美的屋面材料。

施工中根据防水要求，可用无加强层屋面防水层，即在平整的屋面上涂稀释的乳液底子油一遍，再涂刮具有一定稠度的乳液两遍，外加保护层（面砂）一遍。也可采用有加强层的屋面防水层，即涂刷底子油一遍后，进行防水层涂布，随刷涂料随铺贴玻璃丝网布，根据防水要求，可采用一网二涂或二网三涂做法，外加保护层。

乳液是易燃品，并对人皮肤有轻微侵蚀，故乳液施工现场及成品仓库严禁烟火；操作人员必须戴胶皮手套、防护镜和口罩，工具用完要及时冲洗干净。

（2）聚氨酯涂膜防水材料是双组分型，甲组分是含有端异氰酸酯基的聚氨酯预聚物，乙组分由含有多羟基的固化剂、增韧剂、稀释剂等配制而成。甲、乙两组分按一定比例混合均匀，形成常温反应固化型黏稠状物质，涂布固化后形成柔软、耐火、抗裂和富有弹性的整体防水层。

聚氨酯涂膜防水材料是易燃品，有轻微毒性，要求存料、配料和施工现场严禁烟火；存放材料的地点和施工现场必须通风良好；操作时涂料不能溅在手上和脸上。

（3）其他防水胶料：

① JC-1 防水冷胶料是油溶性再生橡胶沥青防水涂料，可在负温下施工，操作简便。涂刷冷胶料后，随铺无碱或中碱玻璃丝布，随涂随刷冷胶料，做法有一布二胶和二布三胶。

② JC-2 防水冷胶料是水乳型双组分防水涂料，A 液为乳化橡胶，B 液为阴离子型乳化沥青，两者混合涂刷在基层上，形成防水涂膜。施工方法与 JC-1 防水冷胶料基本相同。

上述两种材料，涂膜形成后无毒无味。乳液原材料对人皮肤有轻微侵蚀，施工操作时戴胶皮手套、安全防护镜、口罩等，JC-1 是油溶性材料，存放及施工现场应严禁烟火。

七、装饰工程施工安全技术规定

装饰工程包括抹灰工程、饰面工程、油漆工程、刷浆工程、玻璃工程、裱糊工程、罩面板和花饰工程等。

（一）抹灰及饰面工程

1. 机械及使用安全

抹灰工程及饰面安装工程的砂浆制备要使用砂浆搅拌机或纸浆石灰、麻刀石灰拌和机和淋灰机；施工操作时常用灰浆泵、平面磨石机、地面磨石机面磨石机、电动切割机、无齿锯、电钻等轻型或手工电动工具。

为了保证安全生产，施工前应选择适当的机械设置地点，该地点远离诗压线路，清除现场杂物。各种机械的供电系统应由电工安装，电源线必须通配电箱，安装触电保护器，按要求做好保护接地或接零保护装置。凡电气诱发生故障时，一律由电工进行检修。

（1）水磨石机和地面磨光机：电源线路必须用防水四芯软线，电门开关应用按钮开关。操作人员应穿胶靴和戴胶皮手套。

（2）电动切割机和无齿锯：切割操作时要戴安全防护眼镜，但不准戴手套操作，而且操作人员不准正对轮片，应站在轮片侧面。

（3）灰浆泵：安装输送灰浆管路时，应力求顺直，每个弯管的半径应不到60cm。灰浆管接口要严密、端正，拧紧卡子，防止松脱喷灰伤人。使用期间，经常检查灰浆泵的压力表，压力超过最大允许值或波动过大，应停车找出故障原因。灰浆泵和空压机的压力表应灵活有效，无压力表的严禁使用。管道发生故障时，应将管道压力降到零以后再排除故障，禁止带压排除故障，以防压缩空气或灰浆喷出伤人。

2. 室外抹灰

(1) 室外抹灰时，脚手架的跳板应铺满，最窄不得小于 3 块。

(2) 外部抹灰使用金属挂架时，挂架间距不得超过 2.5m，每跨最多两人同时操作。

(3) 抹灰工自行翻板时，应带好挂牢安全带，小横杆要插牢，严禁有探头。

(4) 存放砂浆和水的灰槽（桶）要放稳。八字靠尺等不要一头立在脚手架上，一头靠在墙上，要平放在脚手板上。

3. 室内抹灰

(1) 室内抹灰使用的马凳，必须搭设平稳牢固，马凳跳板跨度不准超过 2m，并禁止人员集中站在同一跳板上操作。

(2) 4m 以上抹天棚时，应搭设满堂红脚手架，如无条件满铺跳板，可在跳板上满铺安全网。

(3) 室内脚手架严禁将跳板支搭在水暖管道、暖气片上，不准搭探头板。

(4) 在抹顶棚时，防止砂浆溅入眼内造成工伤。

(5) 在室内使用运灰车时，在转弯道处注意不要将车把碰墙而轧手。

4. 水磨石

(1) 人工磨石时，磨面上应安设手柄，磨制狭窄或拐角的地方，如不能使用带手柄的磨石，需直接持磨石操作时，要防止碰手及灰浆烧手。

(2) 机械磨制水磨石时，必须使用四芯胶皮绝缘软线。磨石机的把柄应由绝缘材料制成，开关不准设在移动线路上，并采用密闭型开关，机械转动部分应设防护罩。

(3) 操作机械人员应戴胶皮手套并穿绝缘胶鞋，还要经常检查电源线路，防止潮湿带电。工间休息或工作完毕应及时切断电源、加锁。

5. 饰面板安装

(1) 高空粘贴釉面砖应按抹灰的脚手架搭设。

(2) 在脚手架上堆放饰面砖、饰面板时应堆放平稳，以防掉下伤人。

(3) 饰面板安装应按图纸要求，钻孔用铜丝等与基体固定，不得浮放。饰面板钻孔时，一定要设临时固定架，防止电钻钻头伤人。

(4) 加工各种石板不得面对面进行，必要时必须安设挡板隔离，以免石片飞出伤人。

（二）油漆、刷浆及玻璃工程

1. 刷浆工程

刷浆所用材料为大白粉和可赛银等，可用火碱等为辅助材料，其对人的皮肤和眼睛有刺激性，应加强劳动保护用品的使用。操作时，应戴安全防护眼镜。机械喷浆时要戴口罩，防止呼吸道感染。

2. 油漆工程

（1）施工场地要有良好的通风，若在通风条件不好的场地施工时，必须设置通风设备，才准施工。用板锉、钢丝刷、电动或气动工具清除铁锈、铁鳞时，需戴上安全防护眼镜，以避免眼睛受伤。油漆、易燃易爆材料必须放在专用仓库内，不准与其他材料混放在一起，挥发性油料必须装入密闭容器内妥善保管库附近严禁烟火。调配酸性易燃材料，如煤油、汽油、松节油以及含氮颜料时，应由有经验的技工担任，工作时严禁烟火。

（2）在喷涂或涂刷对人体有害的涂料和清漆时，要戴上防护口罩，如对眼睛有害，要戴上密闭式眼镜。涂刷红丹防锈漆及含铅颜料时，为防止铅中毒作时要戴上口罩。在喷涂硝基漆或其他易燃、易挥发溶剂稀释涂料时，不准用明火。操作人员在施工时感觉头痛、心悸或恶心时，应立即离开工地，到通处吸新鲜空气，若仍不见好转，应去医务所治疗。

3. 玻璃工程

玻璃裁割必须在指定场所，碎玻璃应放在指定地点。安装玻璃应在架子未拆除前进行，否则要搭设专用脚手架。在高处安装玻璃时，必须拿稳，放置时，要放在平稳可靠的地方。

4. 机械及其使用

油漆工程常使用电动除锈机、风砂轮、喷枪、高压喷枪等；刷浆工程常用手压式喷浆机、电动喷浆机等。电动工具电源线必须通过配电箱，且安装接地保护器。为了避免静电集聚引起事故，对罐体涂漆或喷涂应该设接地线装置。涂刷室内场地时，照明和电气设备必须按防爆等级规定进行安装。

（三）罩面板工程

罩面板工程常见的有石膏装饰板、吸音板、胶合板、木质纤维板和铝台装饰板等罩面板工程。安装方法有紧固定、龙骨托固和黏结等。罩面板工程使用射钉紧固技术固定龙骨、吊杆等，因此射钉工具、射钉枪的安全使用很重要。射钉紧固是利用射钉枪击发射钉弹，使弹内火药燃烧释放出能量，使各种射钉直接钉入砖体或混凝土等硬质材料基体中，把需要固定的构件配合龙骨、吊杆等，直接固定在基体上。

1. 射钉弹

射钉弹不准与易燃品、酸性物质、硫化物、氨化合物等混装；在搬运过程中要轻拿轻放，不准投掷、碰撞，射钉弹周围严禁烟火，存放地点的温度不高于40℃。

2. 射钉操作

射钉人员要经过培训，掌握射钉枪的性能，并能拆卸和组装，正确选择射钉弹的型号和威力色标。

在操作时才允许将钉、弹装入枪内，严禁将组装好钉、弹的枪口对人。

承受射钉的基体必须坚实，并具有抵抗射击冲击力的强度，向薄墙上射钉时，墙对面不准站人，以防射钉射穿后伤人。

（四）裱糊工程

裱糊施工裁纸时注意刀不要割手，活动裁纸刀用毕应退入刀库，并放在工具箱内。使用梯子时，梯脚下面应采取防滑措施，人字梯要有挺钩，梯子立靠斜不准超过 70°。

第三节　结构安装工程安全技术

建筑物和构筑物的结构构件采用工厂预制，再运到现场按设计要求自置安装固定，在现场对结构构件所进行的拼装、绑扎、吊升、就位、临时固定和永久性固定的全部过程叫结构安装。

建筑结构安装工程中广泛的用起重机械与运输机械来提升、搬运或在短距离运送物料。随着我国科学技术的发展，在基本建设中新工艺、新结构、新材料不断应用，一些重型、大型构件和桥梁等设备的垂直运输及大跨度层建筑上的安装就位等工作，没有起重运输机械是很难完成的。

结构安装工程中，安全工作是重要环节，稍有疏忽就易发生伤亡事故，一出事故不是机毁人亡，就是摔坏或砸坏构件。

一、起重机具操作安全技术规定

（1）起重机应由经过专门培训合格取得特种作业操作证、并经安全环境管理部门考核合格取得上岗证的专职司机操作，起重机司机应操作与操作证相对应的起重机械。

（2）起重机司机应严格按照本单位制定的维护保养计划进行日常维护保养工作，每天班前、班后检查、维护保养情况、工作内容、交接班情况应如实填写在施工机械运行维护保养记录中。

（3）新安装、经过大修或改变重要性能的起重机械，在使用前必须按照起重机性能试验的有关规定进行负荷试验。试验合格并办理相关手续和安全准用证后，方可投入使用。

（4）起重机司机班前、班后必须严格按照《起重机械安全监察管理制度》的规定进行每日检查，确认起重机无任何故障和隐患时方可开始工作。

（5）起重机司机与起重指挥人员应按各种规定的手势或信号进行联络。作业中，司机应与起重指挥密切配合，服从指挥信号。但在起重作业发生危险时，无论是谁发出的紧急停车信号，司机都应立即停车。

（6）司机在收到指挥人员发出的起吊信号后，必须先鸣信号后动作。起吊重物时应先离地面试吊 5～10min，当确认重物挂牢、制动性能良好和起重机稳定后再继续起吊。

（7）起吊重物时，吊钩钢丝绳应保持垂直，禁止吊钩钢丝绳在倾斜状态下，去拖动被吊的重物。在吊钩已挂上但被吊重物尚未提起时，禁止起重机移动位置或作旋转运动。

（8）重物起吊、旋转时，速度要均匀平稳，以免重物在空中摆动发生危险。在放下重物时，速度不要太快，以防重物突然下落而损坏。吊长、大型重物时应有专人拉溜绳，防止因重物摆动，造成事故。

（9）起重机工作时，与起重作业无关人员严禁在起重机上逗留。

（10）起重机司机在操作过程中，应坚持"十不吊"原则：

① 超过起重机械额定负荷不吊。

② 照明不足、指挥信号不明或非指挥人员指挥不吊。

③ 吊索和附件捆绑不牢，不符合安全要求不吊。

④ 起重机悬吊重物直接进行加工不吊。

⑤ 歪拉斜拽不吊。

⑥ 易燃、易爆危险品、无安全作业票、无安全措施不吊。

⑦ 工件上部人或工件上浮有活动物不吊。

⑧ 棱角、刃口未采取防止钢丝绳磨损措施不吊。

⑨ 埋在地下的物体或者重量不明的物体不吊。

⑩ 野外作业遇到大雪、雷雨、6 级以上大风不吊。

（11）起重机司机操作时，应遵守下列技术要求：

① 不得利用极限位置限制器停车；

② 不得在有载荷的情况下调整起升、变幅机构的制动器；

③ 吊运时，不得从人的上空通过，吊臂下不得有人；

④ 起重机工作时不得进行检查和维修；

⑤ 所吊重物接近或达到额定起重能力时，吊运前应检查制动器，并用小高度、短行程试吊后，再平稳地吊运；

⑥ 无下降极限位置限制器的起重机，吊钩在最低工作位置时，卷筒上的钢丝绳必须保持有设计规定的安全圈数；

⑦ 起重机工作时，臂架、吊具、辅具、钢丝绳、缆风绳及重物等，与输电线的最小距离应符合规定；

⑧ 流动式起重机，工作前应按说明书的要求平整停机场地，牢固可靠地打好支腿；

⑨ 对无反接制动性能的起重机，除特殊紧急情况外，不得利用打反车进行制动。

（12）施工中，遇到以下情况必须首先汇报主管领导，制定安全技术措施，施工技术负责人到场指挥：

① 起吊重量达到起重机械额定负荷的95％及以上；

② 起吊精密物体或起吊不易吊装的大件，或在复杂场所进行大件吊装；

③ 起重机械在输电线路下方或其附近工作；

④ 两台及两台以上起重机械抬吊同一物件；

⑤ 爆炸品、危险品必须起吊时。

（13）两台及两台以上起重机械抬吊同一物体时：

① 绑扎时应根据各台起重机的允许起重量按比例分配负荷；

② 在抬吊过程中，各台起重机的吊钩钢丝绳应保持垂直，升降、行走应保持同步；各台起重机所承受的载荷不得超过本身90％的额定能力（在需要超过时，汇报本单位主管领导，并获取许可后，才可以吊装）。

（14）有主、副两套起升机构的起重机，主、副钩不得同时开动。但对于设计允许同时使用的专用起重机除外，并遵守第十三条的规定。

（15）起重机严禁同时操作三个动作，在接近额定负荷的情况下，不得同时操作两个动作。动臂式起重机在接近额定负荷的情况下，严禁降低起重臂。

（16）未经公司机械管理部门同意，起重机械各机构和装置不得变更或拆换。

（17）桥梁吊装时，吊车的支腿需要支撑在已经吊装好的梁面上时，吊车的受力支腿中心必须支撑在桥梁端部向中间不超0.4m处的两片梁的中间，下方采用钢板及枕木分解支撑承受力，如果超过0.4m时，需先汇报主管领导，并由主管领导出具方案，在桥梁吊装前，必要时，支撑尺寸在超过0.4～0.5m时，必须在支腿下方采用最底层垫钢板及枕木，上面采用枕木成井字形垫至支腿，并让支腿受力，来分解桥梁的受力点。起重工要检查该批桥梁的表面是否存在断面、裂纹等重量问题，如果发现此问题，要求更换此桥梁。在吊装时，起重工应随时观察吊车的支腿及吊车的情况，在桥梁吊装到位时，桥梁必须严实的放在两端的垫块上。

二、起重吊装操作安全技术规定

（1）起吊重物件时，应确认所起吊物件的实际重量，如不明确时，应经操作者或技术人员计算确定。

（2）拴挂吊具时，应按物件的重心，确定拴挂吊具的位置；用两支点或交叉起吊时，吊钩处千斤绳、卡环、起重钢丝绳等，确认钢丝绳及附件工具可以承受吊装的物件，均应符合起重作业安全规定。

（3）吊具拴挂应牢靠，吊钩应封钩，以防在起吊过程中钢丝绳滑脱；捆扎有棱角或利口的物件时，钢丝绳与物件的接触处，应垫以麻袋、橡胶等物做护角处理；

起吊长、大物件时，应拴溜绳。

（4）起吊细长杆件的吊点位置，应经计算确定，凡沿长度方向重量均等的细长物件吊点拴挂位置可参照以下规定办理：

① 单支点起吊时，吊点距被吊杆件一端全杆长的 0.3 倍处。

② 双支点起吊时，吊点距被吊杆件端部的距离为 0.21 乘以杆件全长。

③ 如选用单、双支点起吊，超过物件强度和刚度的允许值或不能保证起吊安全时，应由技术人员计算确定其起吊支点数和吊点位置。

（5）物件起吊时，先将物件提升离地面 10～20cm，经 5～15min 试吊检查后确认无异常现象时，方可继续提升。

（6）放置物件时，应缓慢下降，确认物件放置平稳牢靠，方可松钩，以免物件倾斜翻倒伤人。

（7）起吊物件时，作业人员不得在已受力索具附近停留，特别不能停留在受力索具的内侧。

（8）起重作业时，应由技术熟练、懂得起重机械性能并拥有指挥证的人担任指挥，指挥时应站在能够照顾到全面工作的地点，所发信号应实现统一，并做到联系准确、洪亮和清楚。

（9）起重作业时，司机应听从信号员的指挥，禁止其他人员与司机谈话或随意指挥，如发现起吊不良时，必须通过信号指挥员处理，有紧急情况除外。

（10）起吊物件时，起重臂回转所涉及区域内和重物的下方，严禁站人，不准靠近被吊物件和将头部伸进起吊物下方观察情况，也禁止站在起吊物件上。

（11）起吊物件时，应保持垂直起吊，严禁用吊钩在倾斜的方向拖拉或斜吊物件，禁止吊拨埋在地下或地面上重量不明的物件。

（12）起吊物件旋转时，应将工作物提升到距离所能遇到的障碍物 0.5m 以上为宜。

（13）起吊物件应使用交互捻制交绕的钢丝绳，钢丝绳如有扭结、变形、断丝、锈蚀等异常现象，应及时降低使用标准或报废。卡环应使其长度方向受力，抽销卡环应预防销子滑脱，有缺陷的卡环严禁使用。

（14）当使用设有大小钩的起重机时，大小钩不得同时各自起吊物件。

（15）当用两台以上起重机同吊一物件时，事前应制定详细的技术措施，并交底，必须在施工负责人的统一指挥下进行，起重量分配应明确，不得超过单机允许重量的 90%，起重时应密切配合，动作协调。

（16）起重机在架空高压线路附近进行作业，其臂杆、钢丝绳、起吊物等与架空线路的最小距离不应小于规定距离，如不能保持这个距离，则必须停电或设置好隔离设施后，方可工作。如在雨天工作时，距离还应当加大。

三、焊接工程安全技术规定

（一）一般安全技术

（1）焊工必须经过专业技术、安全技术、防火知识的培训，考核合格，持证才能操作。徒工操作时，必须有师傅带领、指导。

（2）在操作前，必须将电焊机放置在阴凉的高处，下部应用板垫高 20cm，并必须有防雨设施。

（3）焊接、切割易燃、易爆、有毒物品容器或管道前，必须采用水蒸气清洗干净，必要时应留足够的通风孔或增排风设备，方可操作。

（4）焊工操作前，必须穿戴白色工作服、工作帽、穿绝缘鞋、手套、面罩等。

（5）严禁焊接或切割装有油类、易燃、易爆及有压力的管道和设备。

（6）焊接有色金属和有喷漆及防腐涂层的物品时，会产生有害气体，必须在通风良好的地方进行焊接，并戴防护口罩。

（7）进行技术复杂的高处作业和带有危险性的构件焊接、切割、气刨前，必须制定安全技术措施，并经交底后方可作业。

（8）操作前，应先清除现场和高处作业下方的易燃、易爆物品，如遇特殊情况必须采取有效的隔离措施；离开作业现场前，应切断电源，锁好开关箱，并必须检查周围有无余火，确认安全可靠后，方准离开。

（二）手工电焊安全技术

（1）焊接前，要首先检查焊机和工具是完好安全，如焊钳和焊缝电缆的绝缘是否有损坏的地方，焊机外壳接地和各线点接触是否良好。不允许未经检查就开始操作。

（2）在狭小的空间焊接触电，必须穿绝缘鞋，脚下垫有橡胶板或其他绝缘材料垫板或其他绝缘材料垫板；最好两人轮换工作，否则需有一名监护人员，随时注意操作人员的安全情况，一遇险情要立即切断电源进行处理。

（3）工作地点潮湿时，地面一定要铺设绝缘垫板。

（4）在带电情况下，为了安全，焊钳不得夹在腋下去搬被焊工件或焊接电缆挂在脖颈上。更换焊条一定要戴皮手套，不得赤手操作。

（5）推拉电源开关时，脸部不允许直对开关，以防电弧火花灼伤。

（6）下列操作，必须在切断电源下进行。

① 改变电焊机接头时；

② 更换焊件需要改接二次回路时；

③ 更换保险装置时；

④ 焊机发生故障需要检修时；

⑤ 转移焊接地点搬动焊机时；

⑥ 工作完毕或临时离开工作现场时。

(三)气焊（割）操作安全技术

(1) 氧气瓶、乙炔瓶（或发生器）的运输、保管要严格按其有关规定执行。

(2) 露天作业时，氧气瓶严禁曝晒，乙炔发生器和氧气瓶应距离明火 10m 以外；乙炔发生器和氧气瓶的间距必须在 5m 以上。

(3) 冬季操作时，瓶阀或减压器出现结霜时可用热水或水蒸气熔化，严禁应火烤或铁器敲打。

(4) 氧气瓶中应保留 0.5 个标准大气压（注：1 标准大气压＝0.1MPa）的余气；乙炔瓶内气体余气不得少于 1 个大气压，不得用尽。

(5) 使用乙炔气的压力表，其压力不得超过 $1.5kg/cm^2$（注：$1kgf/cm^2＝0.1MPa$），切割压力一般控制在 $0.2\sim0.3kg/cm^2$，焊接压力 $0.1\sim0.2kg/cm^2$ 为宜，输出气流量每小时不能超过 $1.5\sim2.0m^3$，一般为乙炔瓶表面不发汗为宜。

(6) 在地下室或严密房间作业时，应事先打开门窗，在保持通风良好的条件下可作业。

(7) 使用浮筒式乙炔发生器时，禁止因压力不够，而在浮筒上增加重物，以免压力过大发生事故。

(8) 在易燃易爆气体或液体或扩散区域作业，必须经有关部门批准，方可作业。

(9) 焊炬或割炬点火时，应先开乙炔门，后开氧气门。熄灭时必须先闭乙炔气门，后闭氧气门。发生回火时，应先立即关掉乙炔门，再关氧气门。

(10) 禁止使用没有减压器的氧气瓶。氧气瓶、乙炔发生器与焊炬之间，应用 10m 以上的胶管连接，胶管不得漏气和靠近火源。

(11) 工作结束应将乙炔发生器内的水倒净，剩余的电石送回原库，电石渣必须倒在指定的地方。

第四节　特殊工程安全技术

一、拆除工程安全技术规定

(一)拆除工程施工方法

拆除工程的施工方法，首先要考虑安全，然后考虑经济、节省人力、速度和扰民问题，尽量保存有用的建筑材料。

为了保证安全拆除，必须了解拆除对象的结构，弄清组成房屋的各部分结构构件的传力关系，就能合理地确定拆除顺序和方法。

一般来说房屋的结构由屋顶或楼板、屋架或梁、砖墙或柱、基础四大部分组成。

因此，拆除的顺序原则上就是按受力的主次关系，或者说传力关系的次序来确定。

即先拆次要的受力构件，然后拆次之受力的构件，最后拆最主要受力构件，即拆除顺序为屋顶板→屋架或梁→承重砖墙或柱→基础。如此由上而下，一层一层往下拆就可以了。

除了摸清上部结构的情况之外，还必须弄清基础的地基情况。

1. 人工拆除

拆除对象：砖木结构平房。

拆除顺序：屋面瓦→望板→椽子→檩条→屋架或木架→砖墙（或木柱）→基础。

拆除的方法：人工用简单的工具，如撬棍、铁锹、瓦刀等，上面几个人拆，下面几个人接运拆下的建筑材料。砖墙在拆除时，一般不允许用推或拉倒的方法，而是自上而下拆除。如果必须采用推倒或拉倒的方法，则必须有人统一指挥，待人员全部撤离到墙倒范围之外方可进行。

2. 人工与机械相结合的方法

拆除对象：混合结构多层楼房。

拆除顺序：屋顶防水和保温层→屋顶混凝土和预制楼板→屋顶梁→顶层砖墙→楼层楼板→楼板下的梁→下层砖墙……如此逐层往下拆，最后拆基础。

拆除方法：人工与机械配合，人工剔凿，用机械将楼板、梁等构件吊下去。人工拆墙，用机械起吊转运。

3. 机械拆除

有些拆除对象有用的材料很少，或者为了加速拆除速度则采用纯破坏性拆除方法，如用推土机或重锤捶击等方式。

4. 爆破拆除

如图 2-21 所示是爆破拆除的一般作业程序。对于特殊环境和条件，则应根据具体情况作必要的补充修正。

（1）爆破施工准备。爆破施工准备，除人员组织及机具材料准备外，为了确保施爆安全，还应注意以下事项。

① 调查了解清楚工地周围安全情况。包括附近有无电磁波发射源、射频电源及其他产生杂散电流或危及爆破安全的不安全因素。若存在不安全因素，应考虑采用非电起爆网路或采取相应的安全措施，还应充分了解邻近爆破区的各类建筑物、水电管路、交通枢纽、设备仪表或其他设施等对爆破的安全要求，是否需要采取防护或隔离措施，必要时，还应考虑进行安全检算和仪器监测。

② 按照现场实际情况，对所提供的爆破体或建筑物的技术资料及图纸进行校

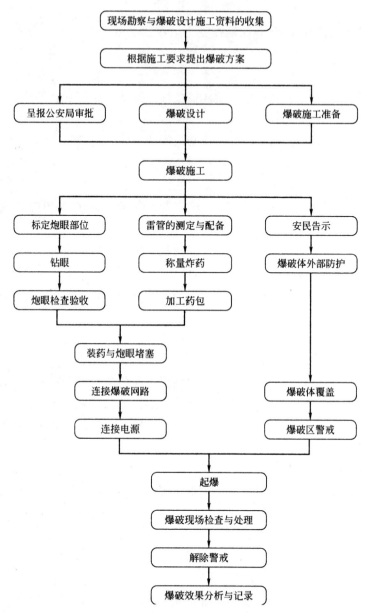

图 2-21　爆破拆除的一般作业程序

核，包括几何尺寸、布筋情况、施工质量和材料强度等，如有变化，应在原图纸上注明，还应在现场会上同施工人员落实爆破拆除施工方案。

③ 事先了解爆破区的环境情况（如位于闹市区爆破现场周围的人流、车流规律）及施爆时的天气预报，确定合理的爆破时间。

④ 了解爆破区周围的居民情况，会同当地公安部门和居委会做好安民告示，消除居民对爆破存在的紧张心理，并做好爆破时危重病人转移的安排，同时，对爆

破时可能出现的问题做出充分的估计，提前防范，妥善安排，避免不应有的损失或造成不良影响。

⑤ 结构材质不明或重要工程的拆除爆破，应进行局部试爆。

⑥ 研究确定装药和爆破的警戒范围及人员。

（2）钻孔机具及爆破器材准备。钻孔机具选用风动、电动凿岩机或内燃凿岩机均可，所需数量应根据钻孔工作量、凿岩机效率和钻爆工期来确定，并考虑一定的备用量。为提高装药集中度和保证堵塞质量，钻头直径以选用38～40mm为宜。

除钻孔机具外，还应准备爆破专用仪表，如电雷管测试仪、杂散电流仪和起爆器，以及加工导爆管、火雷管用的雷管钳子等。

应根据设计要求，准备相应品种和足够数量的爆破器材，并在施爆前对其质量和性能进行必要的检验。

① 钻眼。钻眼前应按照爆破设计标孔，即将孔眼位准确地标记在爆破体上。标孔前，要清除爆破体表面的积土和破碎层，再用油漆或粉笔标明各个孔眼的位置，标孔应注意以下事项。

a. 不得随意变动钻眼的设计位置，遇有设计与实践情况不相符合时，应同设计人员一起研究处理。

b. 一般标孔时，应先标端孔和边孔，后标其他孔。

为了防止测量或设计中可能出现的偏差，在标边孔或在梁、柱上标孔时，应校核最小抵抗线和构件的实际尺寸，避免因二者偏差过大而出现碎块飞扬或破碎程度不均匀的现象。

c. 在钢筋混凝土构筑物上标孔时，如发现孔眼的设计位置处于已经暴露（或虽未暴露，但能准确地判断出）的钢筋上，可在垂直于最小抵抗线方向稍加移动，使钻眼位置避开钢筋。

d. 在切割混凝土或预裂爆破时，对不装药的空眼，除标定孔眼位置外，还应在孔的周围做出特殊标记，以防止与装药眼混淆。

在拆除爆破中，最小抵抗线是比较小的，所以对钻眼的质量要求较高。在钻眼过程中，要随时掌握其方向及深度，使之严格符合设计要求。

② 钻孔方法

a. 分区定位钻孔法：当作业面大且多台钻孔机展开作业时，所有机手对各种参数（如孔数、孔位、孔角、孔距、孔深、孔底）明确的情况下，可实施分区定位钻孔作业，以防止互相干扰，有利于安全，加快施工进度。

b. 立体交叉钻孔作业：当楼房或厂房在各层设孔装药时，钻孔作业应采用立体交叉钻孔作业法。这样既便于保证技术要求和施工安全，又可加快施工进度。

c. 先前而后钻孔法：当四周只有一侧是临空面，且大面积钻孔作业时，钻孔作业可先在临空面一侧展开，往后逐次进行。

d. 左右开弓钻孔法：当左右或前后为临空面，且大面积钻孔作业时，钻孔作业应采用左右或前后从外向内钻孔法。

e. 限位钻孔法：在设计好的孔位上，可采用限位环钻孔。同位环是用直径 10mm 的钢筋制成套环与直径 60mm 的钢管焊接制成。钢管长层可根据设计孔位的长短而定。

③ 洗孔。炮眼钻好后，应将眼内粉尘吹净，并将孔口封堵，以防杂物或碎块掉入孔眼内。常用洗孔眼内。常用洗孔法有以下几种。

a. 高压气冲洗法：将正在工作的凿岩机钎子或高压风管插入炮孔内来回上下移动，吹洗炮孔。

b. 吸出清洗法：将有抽气作用的吸管插入孔底，以吸出灰尘清洗炮孔。

c. 爆生气体冲洗法：将少量防水药包在孔底爆炸（不致使孔壁炸坏），用气浪冲洗孔底。

钻眼作业完成后，对炮眼应逐个检查验收，如与设计差异较大，影响爆破效果或危及安全时，应重新钻眼；差异不大时，应根据实际情况调整药量。

④ 装药。制作药包前，首先应该检查炸药质量，要选用干燥、松散的炸药。药包的重量，应该称量准确，一般可用天平称量。

制作药包过程中必须保证其装药密度，药包必须按设计编号，对号装药，严防装错。当需要防潮时，在药包外还应套以塑料防水套加以包扎。

装药前，应重复检查炮眼深度，确保装药深度与药量一致，并仔细检查炮眼，清除杂物。

装药同时，必须与起爆药包、起爆器材（雷管等）一并校核、安装。

当爆破规模较大、炮眼数目多、装药量大时，应按分区、平行流水或交叉作业，以提高作业效率。

装药作业时，应有两人配合操作，开设有专人复核，以保作业质量。

⑤ 防水药包。常用的防水药包有以下几种。

a. 蜡（沥）封药包：先将雷管插入原装的药卷内，然后用熔化的石蜡（沥青）液封闭其结合部。

b. 塑料薄膜包装药包：先将称好的炸药放入卷筒纸内，插入雷管，然后用塑料薄膜包装子药筒，并用胶纸（布）缠绕固定。

c. 防水套药包：将在乳胶厂加工定做或购买现成的一定规格的防水套，套住装好火药的药卷，以密封防水。

d. 水冷爆破筒和石棉黄泥隔热药包的结构。

⑥ 堵塞。在控制爆破时的炮眼口填塞要求比普通爆破时更为严格，必须用砂、土或水封（或用塑料袋装水）严密堵塞炮孔。当采用高能燃烧剂，或爆破强度高、厚度小（炮眼较浅）的地坪时，应用快凝水泥堵塞孔口。采用无声破碎剂时，必须

从炮孔底一直装到孔口，代替堵塞材料，填塞炮孔。

⑦ 起爆网路

a. 电起爆网路：采用电起爆网路时，线路接头要牢固，防止"假接"，并用电工胶布包好，要防止电线击穿胶布接触地面，造成电流泄漏而出现瞎炮。为便于电路连接和随时进行导通检查，网路连接一般采用两种接法：单排炮眼采用跳接法连接；双排炮眼采用一端封闭法连接。

b. 非电起爆网路：采用导爆管网路时，导爆管连接处不得进去杂质和水，使用卡口接头连接时，卡口接头要卡牢，防止连接过程中因网路扯动而脱落。卡接时不得损伤导爆管或将导爆管夹扁，以防传爆中断。为确保导爆管网路安全准爆，并防止由于操作失误而在常规的网路中产生成组的瞎炮，可采用导爆管网格式闭合网路。该网路有两个突出的特点：一是每个药包中的导爆管组合雷管通过连接头至少可以接受两个方向传来的爆轰波，使准爆率提高一倍；二是整个网路的传爆方向四通八达，即使有个别导爆管断裂或脱落，并不影响爆轰波的传播和整个网路的准爆。

（3）水压爆破。在容器状构筑物中注满水，起爆悬挂在水中一定位置的药包，利用水传递爆炸压力，达到破坏该构筑物的目的并使爆破震动、噪声和飞石受到有效控制，这种爆破称为水压拆除爆破。本法具有安全简便、经济、工效高、费用低（可节药 90%～95%）。

进行水压爆破时，宜选用威力大、耐水性能好的炸药，如 TNT 和水胶炸药等。水压爆破可以采用电爆网路或非电塑料导爆管网路，不论采用何种网路，一路均应采用复式，即采用双套网路。网路连接应避免在水中出现接头，塑料导爆管内切忌进入水滴或杂物。药包在容器状构筑物中的固定方式，可采用悬挂式或支架式，要按设计固定，并将药包配重，以防悬浮或走位。采用水压爆破必须认真做好开口（如出入口、射击孔、门窗等）的封闭处理。除局部因施工需要必须在装药后处理外，一般封闭处理应尽可能提前完成，并做到不渗水和封闭材料具有足够的强度。封闭处理的方法很多，可采用钢板和钢筋锚固在构筑物壁面上，并用橡皮圈作垫层以防漏水；也可砌筑砖石并以水泥砂浆抹面进行封堵；也可浇灌混凝土或用木板夹填黏土夯实。实践表明，在封闭部位外侧用装土的草袋加以堆码，并使其厚度不小于构筑物壁厚，堆码面积大于开口面积，对于爆破安全和效果都是有益的。

（4）静态破碎法。静态破碎法是将一种含有铝、镁、钙、铁、氧、硅、磷、钛等元素的无机盐粉末状破碎剂，经水化后，产生巨膨胀压力（可达 30～50MPa），将混凝土（抗拉强度为 1.5～3MPa）或岩石（抗拉强度为 4～10MPa）胀裂、破碎。这种静态爆破的特点是。

① 破碎剂非易燃、易爆危险品，因而在购买、运输、保管和使用上，不像使用炸药那样受到种种限制，尤其是在城市中使用时更为方便。

② 破碎过程安全，爆破无震动、空气冲击波、飞石、噪音、有毒气体和粉尘等危害。

③ 操作简单，不需堵炮孔，不用雷管，不需点炮等操作，不需专业工种。

④ 可按要求设计适当的孔径、孔距和孔的角度来达到有计划地分裂、切割岩石和混凝土的目的。不适用于多孔体和高耸结构。

本法存在一些问题：能量不如炸药爆破大，钻孔较多，破碎效果受气温影响较大，开裂时间不易控制及成本稍高等。

静态破碎法的施工包括以下几部分。

① 根据气温条件，正确选择破碎剂的类型。

② 按破碎体的材质、结构尺寸和破碎要求，进行孔径、孔网参数和孔深的设计。

③ 按设计进行钻孔，对于地表下的结构还应将其四周的临空面挖开。

④ 按设计确定的水灰比计算用水量，然后分成若干次把水倒入容器中再加入相应数量的破碎剂，用手提式搅拌机搅拌。如用手搅拌时要戴橡胶手套，用力拌和均匀。搅拌好的破碎剂浆体要在 10min 内充填完毕。

⑤ 往炮孔中灌注浆体，必须充填密实。对于垂直孔，可直接倾倒进去；对于水平孔或斜孔应用浆泵把浆体压进孔内，然后用塞子堵口。充填时，不要向孔内张望，头部避免直接对准孔口。

⑥ 夏季充填完浆体后，孔口应适当覆盖，避免冲炮，冬季气温过低时，应采取保温和加温措施。

⑦ 施工时，为确保安全，应戴防护眼镜。充填浆体过程，应规划好行走路线。

（二）拆除工程安全技术

（1）拆除工程在开工前，要组织技术人员和工人学习安全操作规程和针对该拆除工程编制的施工组织设计。

（2）拆除工程的施工，必须在工程负责人的统一指挥和经常监督下进行。工程负责人要根据施工组织设计和安全技术规程向参加拆除的工作人员进行详细的交底。

（3）拆除工程在施工前，应该将电线、瓦斯煤气管道、供热设备管道等干线、通往该建筑物的支线切断或迁移。

（4）工人从事拆除工作时，应该站在专门搭设的脚手架上或者其他稳固的结构部分上操作。

（5）拆除周围应设围栏，挂警告牌，并派专人监护，严禁无关人员逗留。

（6）拆除过程中，现场照明不得使用被拆除建筑物中的配电线，应另外设置配电线路。

（7）拆除建筑物时，楼板上不许有多人聚集和堆放材料，以免楼盖结构超载发生倒塌。

（8）在高处进行拆除工程，要设置溜放槽，以便散碎废材料顺槽流下；拆下较大或者沉重的材料，要用吊绳或者起重机械及时吊下或运走，禁止向下抛掷。拆卸下来的各种材料要及时清理，分别堆放在一定位置。

（9）拆除石棉瓦及轻型结构屋面工程时，严禁施工人员直接踩踏在石棉瓦及其他轻型板上进行工作，必须使用移动板梯，板梯上端必须挂牢，防止高处坠落。

（10）采用控制爆破方法进行拆除工程应按下列要求做。

① 严格遵守《土方及爆破工程施工与验收规范》关于拆除爆破的规定。

② 在人口稠密、交通要道等地区爆破建筑物，应采用电力或导爆索起爆，不得采用火花起爆。当采用分段起爆时，应采用毫秒雷管起爆。

③ 采用微量炸药的控制爆破，可大大减少飞石，但不能绝对控制飞石，仍应采用适当保护措施。

④ 爆破时，对原有蒸汽锅炉和空压机房等高压设备，应将其压力降到 1～2 个大气压。

⑤ 爆破各道工序要认真细致地操作、检查与处理，杜绝各种不安全事故发生。爆破要有临时指挥机构，便于分别负责爆破施工与起爆等有关安全工作。

⑥ 用爆破方法拆除建筑物部分结构的时候，应该保证其他结构部分的良好状态。爆破后，如果发现保留的结构部分有危险征兆，应采取安全措施后，再进行工作。

二、爆破工程安全技术规定

（一）爆破材料

（1）常用炸药的检验与使用注意事项

① 检验方法。由于炸药品种不同，应在一定时期内，对每批炸药的外观和质量都进行检验。对硝化甘油类炸药每月复查一次，对硝铵类炸药每三个月复查一次，对大爆破使用的炸药，事前进行检验。炸药检验的项目包括外部检验、爆炸性能检验和物理化学安定性的检验。外部检验的内容有：包装有无损伤、封缄是否完整和有无浸湿痕迹等。爆炸性能检验包括爆力、猛度、爆速和殉爆距离的检验。

② 使用注意事项

a. 硝铵类炸药的优点是对外界作用的敏感度较安全，用火焰和火星不易点燃。缺点是吸水性大，久存易胶结和结块，爆炸后产生大量有毒气体。

b. 普通硝化甘油炸药，在零上 8～10℃会冻结，冻结后非常危险，受轻微撞击或摩擦就会引起爆炸。耐冻硝化甘油炸药在－15℃能冻结，冻结后同样很危险，在储存与使用时，必须严格遵守有关安全规定。

c. 黑火药易溶于水，吸湿性强，受潮后不能使用；敏感性强，易燃烧，火星可以点燃，敲打摩擦易引起爆炸；不宜裸露爆破药包；在有瓦斯或矿尘危险的工作面不准使用。

（2）火雷管的检验与使用注意事项

① 检验方法。

a. 外观检查：有裂口、锈点、砂眼、受潮、起爆药浮出等不能使用。

b. 松动试验：松动 5mm，不允许发生爆炸、洒药、加强帽移动。

c. 铅板炸孔检验：5mm 厚的铅板（6 号用 4mm 厚），炸穿孔径不小于雷管外径。

② 使用注意事项

a. 火雷管应储存在干燥、通风良好的库房内，以防受潮降低爆炸力或产生拒爆。

b. 火雷管壁口上如有粉末或管内有杂物时，只许放在指甲上轻轻敲击，严禁用嘴吹或用其他物品去掏，不得重倒或重扣。

（3）即发电雷管与迟发秒电雷管的检验与使用注意事项

① 检验方法

a. 外观检查：金属壳雷管表面有绿色斑点和裂缝、皱痕或起爆药浮出；纸壳雷管表面有松裂、管底起爆药有碎裂以及脚线有扯断者，均不能使用。

b. 导电检查：用小型电阻表检查电阻，同一线路中，各电雷管电阻差应小于 0.2Ω。

c. 震动试验：震动 5mm，不允许爆炸、结构损坏、断电、短路。

d. 铅板炸孔检验：5mm 厚的铅板（6 号用 4mm），炸穿孔径不小于雷管外径。

② 使用注意事项

a. 电雷管使用前，应做上述检验。检验时，雷管应放置在挡板后面距工作人员 5m 以外的地方。

b. 使用电雷管时必须了解其号数、电阻、齐发性、安全电流、发火电流。

c. 电雷管制线如为纱包装，只可用于干燥地点爆破；如为绝缘线，可用于潮湿地点爆破。

d. 在制作起爆体时，电雷管的脚线要防止与地面摩擦，要轻拿轻放。

（4）迟发毫秒电雷管的检验与使用注意事项

① 导电检查：用不大于 0.05A 的直流电检查雷管是否导通，不导通的不能使用。

② 铅板炸孔检验：5mm 厚的铅板，炸穿孔径不小于雷管外径。

使用注意事项与即发电雷管同。

（5）导火索的检验与使用注意事项

① 检验方法。

a. 在 1m 深静水中浸泡 4h 后，燃速和燃烧性能必须正常。

b. 燃烧时，无断火、透火、外壳燃烧及爆声。

c. 使用前作燃速检查：先将原来的导火索头剪去 50～100mm，然后根据燃速将导火索剪到所需的长度，两端平整，不得有毛头，检查两端药芯是否正常。

d. 外观检查：粗细均匀，无折伤、变形、受潮、发霉、严重油污、剪断处散头等现象。包裹严密、纱线编制均匀、外观整洁、包皮无松开破损。

② 使用注意事项。在存放温度不超过 40℃、通风、干燥条件下，保证期为 2 年。

（6）导爆索的检验与使用注意事项

① 检验方法。

a. 在 0.5m 深的水中浸泡 24h，仍能可靠传爆。

b. 外观无破损、折伤、药粉洒出、松皮、中空现象。扭曲时不折断，炸药不散落。无油脂和油污。

② 使用注意事项。温度不超过 40℃、通风、干燥条件下，保证期为 2 年。使用温度应在 -20～50℃ 范围内。

（7）导爆管的检验方法

① 表面损伤（孔洞、裂口等）或管内有杂物不能使用。

② 在火焰作用下不起爆。

③ 在 80m 深水处经 48h，起爆正常。

④ 卡斯特落锤 10kg、150cm 落高的冲击作用下，不起爆。

（二）爆破与起爆方法

目前，我国在爆破工程施工中，起爆方法有四种，即火雷管起爆、电雷管起爆、导爆索起爆和导爆管起爆。

（三）爆破基本方法

1. 炮眼爆破法

炮眼法又称线眼法，是在硬土、冻土或岩石上钻炮眼，将药包置于炮眼内进行爆破，炮眼直径一般为 25～75mm，深度不大于 5m。由于受孔径、孔深的限制，其爆破量较小，钻炮眼工作量大，但具有较大的机动灵活性，适用范围广，凿岩工具简单，移动方便，易掌握操作，炸药消耗较少。

这种爆破方法适用于：井下采矿、巷道掘进、生产规模不大的露天矿或采石场、掘凿硐室和隧道、二次爆破、处理根底和工作面上的浮石、场地平整或蛇穴爆破法、各种构筑物拆除、农田水利建设等。炮眼法爆破的工作顺序为：选择炮眼位置钻眼、装药、堵塞、起爆。

2. 药壶爆破法

药壶法又称葫芦炮，是把炮眼底部先用少量炸药一次次扩爆成壶形，然后装药爆破。由于它能装入较多的炸药，一次爆破的岩石数量较炮眼法多。平均每立方米岩石所需的钻眼工作量和炸药的消耗量相对减少，操作技术也较易掌握，因而被广泛采用。它的缺点是扩爆药壶费时间，炸落的岩块大小不均匀。在岩石中扩爆药壶较困难，有地下水处，防水困难，所以都不宜使用。在路基土石方施工中，为减少扩爆药壶的工作和使炸下的石块均匀，可采用炮眼法和药壶法相间布置的混合炮。

3. 裸露爆破

裸露爆破就是将炸药包放在被炸物体外部进行爆破，其他爆破方法无论是集中药包还是条形药包，均需将药包放在被爆物体的内部进行爆破。裸露爆破实质上是利用炸药的猛度，对被爆物体的局部（炸药所接触的表面附近）产生压缩、粉碎或击穿作用。炸药爆轰时的气体产物大部分逸散到大气中损失掉了，故炸药的爆力作用未能被充分利用。

裸露爆破具有一定的应用范围和价值。它主要用于不合格大块的二次破碎，清除大块孤石、破冰和爆破冻土，对于这样一些施工条件，只要爆破地点周围没有重要设备或设施，采用该法就能充分显示它的灵活性和高速度的施工效率。

4. 深孔爆破法

用钻孔机钻直径大于 75mm、深度在 5m 以上的炮孔进行爆破，称为深孔法，又称潜眼爆破。它的主要优点是：钻孔机械化，减轻劳动强度，生产率高。

炮孔的直径一般有 75mm、100mm、120mm、150mm、200mm、250mm 等几种。

进行深孔爆破，要求先将地形改造成阶梯形，以提高爆破效果。阶梯高度以 8～12m 为宜，高度过小爆落方量少，钻孔成本高，高度过大，不仅钻孔困难，而且爆破后堆积过高，对挖掘机安全作业不利。台阶的坡面角最好在 60°～75°间，如岩石不坚硬，采取单排爆破或多排分时段起爆时，坡面角可大些。如岩石松软，多数炮孔同时起爆，则坡面角宜缓些，坡面角太大（如＞75°）或上部岩石坚硬，爆破后容易出现大块，坡面角太小或下部岩石坚硬，则易留根坎。

5. 硐室爆破法

硐室爆破法是指在专门的硐室内装药爆破的方法。由于一次爆破的用药量（一般 1t 以上）和爆破土方量较大，通常称为"大爆破"。

硐室爆破法与其他爆破方法相比，有以下优点。

（1）工期短，有利于加快工程进度。

（2）施工机械设备简单。

（3）采用抛掷爆破时，可减少大量的岩土装运量。

（4）地形和气候等条件对爆破的影响较小。

但是，硐室爆破法也存在一定的缺点。硐室爆破施工的劳动条件较差，破碎块度不均匀，单位炸药消耗量较高，爆破的震动和破坏作用大。

（四）爆破安全技术

1. 爆破材料管理

（1）爆破器材的储存与保管

① 爆破器材必须储存在专用的仓库内，储存量不准超过设计容量。设专人管理，严禁将爆破器材分发给承包户或个人保存。

② 使用爆破器材的单位临时存放爆破器材时，要选择在安全可靠的地方单独存放，指定专人看管，经所在地、县公安分局批准，并领取爆炸物品临时储存许可证后，方能储存，临时少量存放的，经所在地派出所备案，没有派出所的地方，向人民政府备案。

③ 储存爆炸物品的库（点），库区应设置不低于 2.5m 高的围墙（刺网），距库房的距离不小于 25m。雷管库与炸药库之间的距离经计算小于 35m 时，按 35m 确定，库房应有符合标准的避雷装置。

④ 爆破器材进入总库后要按出厂标准进行检查，对质量有怀疑或变质的不准发放使用。同一工作面不准发放燃速不同的导火索。

⑤ 必须建立健全领退、看守、出入库检查、登记、收支两本账等制度，做到账目清楚，账物相符。

⑥ 库内严禁存放其他物品。禁止使用油灯、蜡烛、非防爆灯或其他明火照明。

⑦ 储存仓库应干燥，通风良好，相对湿度不大于 65%，库内温度应保持在18～30℃之间，其周围 5m 内的范围，必须清除一切树木和草皮。库内应设有消防设施，不得将批号混乱，不同性质的炸药不能一起存放，特别是硝化甘油类炸药必须单独储存。严防虫鼠等动物啃咬，以免引起雷管爆炸或失效。药箱下要垫方木或木板。

⑧ 严禁无关人员进入库区；严禁在库内吸烟；严禁将容易引起燃烧、爆炸的物品带入仓库；严禁在库内住宿和进行其他活动。

⑨ 爆破材料的箱盒堆放必须平放，不得倒放，不准抛掷、拖拉、推送、敲打、碰撞，亦不得在仓库内打开药箱。

⑩ 施工现场临时仓库内爆破材料的储存数量，炸药不得超过 3t，雷管不得超过 10000 个和相应数量的导火索。

⑪ 药箱堆高不超过 1.8m，宽度以四箱（袋）为限，袋堆高不超过 1.2m。若是浆状炸药，则堆高不超过两袋高。箱堆间距不小于 0.3m，箱堆与壁间距不小于 0.5m（坑内炸药库为 0.2m），人行通路宽度不小于 1.3m。

⑫ 雷管箱应放在木架上，木架每格只堆放一层，最上层格板距地面高度不超过 1.5m，若存放在地面时，高度不超过 1m，其间距与药箱间距相同。地面应敷

设软垫或木板。

⑬ 炸药及雷管应在有效期内使用，过期或对质量有怀疑的爆破材料，经过检验定性，符合质量要求的，方可出库或使用，不合格的爆破材料要报主管部门，由主管部门决定处理办法。

（2）爆破材料的装卸运输管理

① 运输爆破器材必须有押运人员，并按指定路线运输。不准在人多的地方和交叉路口停留，在途中必须停留时，要远离建筑设施和人烟稠密的地方，并有专人看管，运输爆破器材的车辆应有帆布覆盖，并设有明显标志，非押运人员不得乘坐。

② 运输爆破器材时，不准超过车辆的额定载重量，装载高度不超过车厢的边缘。运输雷管和硝化甘油炸药时，装载高度不超过两层。车厢与爆破器材箱之间必须铺软垫，并防止散落。

③ 装卸爆破器材应有专人负责。爆破器材严禁摩擦、撞击、抛掷、拖拽。雷管与炸药不准在同一地点同时装卸。严禁无关人员进入装卸现场。装卸时要有专人清点数目，严格交接手续，发现问题，立即报告有关部门。

④ 装卸和运输爆破器材严禁吸烟和携带发火物品。

⑤ 禁止用翻斗车、拖车、三轮车、自行车、摩托车和畜力运输爆破器材。如用柴油车运输时，应有防火星措施。出车前，应认真仔细检查并清除车内一切杂物，如有酸、碱、油脂和石灰等应认真清洗。

⑥ 硝化甘油炸药与其他炸药，雷管与炸药、导爆索，爆破器材与其他易燃、易爆物品，不得同车、同罐运输。

⑦ 气温低于10℃运输易冻的硝化甘油炸药或气温低于−15℃运输难冻的硝化甘油炸药时，必须有保温防冻措施。

⑧ 严禁携带爆炸物品搭乘公共汽车、电车、火车、轮船、飞机和进入公共场所。严禁在托运的行李包裹和邮寄信件中夹带爆炸物品。

⑨ 汽车不得超过中速行驶，其车辆间距应大于50m，装载不得超过容许载重量的2/3，走行速度不得超过20km/h。

⑩ 人工运送爆破器材时，炸药与雷管应分别放在两个背包（木箱）内。禁止装在衣袋内。领到爆破器材后，要直接送到工作地点，严禁乱丢乱放。

2. 爆破作业的安全距离

爆破对人身、生产设备以及建筑物、构筑物都具有危害性，主要是爆破飞石、爆破地震、冲击波以及爆破毒气对建筑物、构筑物、设备及人身的影响。因此，在组织进行爆破作业前要根据建筑工程和施工现场的特点正确地计算安全距离，加以防范，以避免事故发生。

（1）爆破飞石的安全距离

可按下面公式计算：

$$R = 20KN^2W$$

式中　R——飞石安全距离，m；

　　　K——与岩石性质、地形有关的系数，一般取 $1.0\sim1.5$；

　　　N——最大一个药包的爆破作用指数；

　　　W——最大一个药包最小抵抗线，m。

为保证安全，一般按上式计算结果再乘以系数 $3\sim4$；同时参照现行爆破安全规程，爆破飞石的最小距离不小于表 2-10 所列数值。

表 2-10　爆破飞石的最小安全距离

爆破方法	最小安全距离/m
炮孔爆破,炮孔药壶爆破	200
二次爆破,蛇穴爆破	400
深孔爆破,深孔药壶爆破	300
炮孔爆破法扩大药壳壶	50
深孔爆破法扩大药壶	100
小洞室爆破	400
直井爆破,平洞爆破	300
边线控制爆破	200
拆除爆破	100
基础龟裂爆破	50

（2）爆破震动对建筑物影响的安全距离

一般可按下面公式计算：

$$R_0 = K_0\alpha\sqrt[3]{Q}$$

式中　R_0——爆破地点至建筑物的安全距离，m；

　　　K_0——根据建筑物地基土石性质而定的系数（表 2-11）；

　　　α——依爆破作用指数后而定的系数（表 2-12）；

　　　Q——爆破装药总量，kg。

表 2-11　系数 K_0 的数值

被保护建筑物的地基的岩性	K_0值	备注
坚硬致密的岩石	3.0	
坚硬有裂隙的岩石	5.0	
松软岩石	6.0	
砾石碎岩土	7.0	药包如布置在水中或含水土中,则 K_0 值应增加 $1.6\sim2.0$ 倍
砂土	8.0	
黏土	9.0	
回填土	15.0	
含水的土	20.0	

表 2-12　系数 α 的数值

爆破指数	α 值	备注
$n \leqslant 0.5$	1.2	
$n=1$	1.0	在地面上爆破时,地面震动作用可不考虑
$n=2$	0.8	
$n \geqslant 3$	0.7	

（3）空气冲击波的安全距离

可按下面公式计算：

$$R_K = K_B \sqrt{Q}$$

式中　R_K——空气冲击波的安全距离，m；

　　　K_B——与装药条件和破坏程度有关的系数（见表 2-13）；

　　　Q——爆破装药总量，kg。

表 2-13　系数 K_B 的数值

破坏程度	安全级别	K_B值	
		全埋入药包	裸露药包
安全无损	1	10～50	50～150
偶尔破坏玻璃	2	5～10	10～50
玻璃全坏,门窗局部破坏	3	2～5	5～10
隔墙、门窗无破损	4	1～2	2～5
砖石木结构破坏	5	0.5～1.0	1.5～2
全部破坏	6		1.6

注：防止空气冲击波对人身危害时，K_B 采用 15，一般最少用 5～10。

（4）爆破毒气的安全距离

一般可按下面公式计算：

$$R_g = K_g \sqrt{Q}$$

式中　R_g——爆破毒气的安全距离，m；

　　　K_g——系数均值为 160；

　　　Q——爆破装药总量，kg。

对于下风向的安全距离应增加 1 倍。

3. 防震防护覆盖措施

在进行控制爆破时，应对爆破体附近建筑物或设施进行防震及防护覆盖，以减弱爆破震动的影响和碎块飞掷。

（1）防震措施

① 分散爆破点：对群炮采取不同的起爆方法，就会减弱或部分消除地震波对建筑物的影响。如采用延续 2s 以上的迟发雷管起爆，震动影响可按每次起爆的药包重量分别计算。

② 分段爆破：减少一次爆炸的炸药量，选择较小爆破作用指数 n，必要时也可采用猛度低的炸药和降低装药的集中度来进行爆破。

③ 合理布置药包或孔眼位置：一般规律是爆破震动的强度与爆破抛掷方向的反向为最大，侧向次之，同抛掷方向较小；建筑物高于爆破点震动较大，反之则较小。

④ 开挖防震沟：对地下构筑物的爆破，在一侧或多侧挖防震沟，以减弱震动波的传播，或采用预裂爆破降低地震影响，预裂孔宜比主炮孔深。

⑤ 分层递减开挖厚度法：为减轻爆破震动对基岩的影响，一般可采取分层递减开挖厚度的方法；或预留厚度为 200～300mm 的保护层，采用人工或风镐（铲）清除。

⑥ 对塌落震动，可采用预爆措施先行切割，或在地面预铺松砂或碎石渣起缓冲作用。

（2）防护覆盖措施

① 地面以上构筑物或基础爆破时，可在爆破部位上铺盖草垫或草袋（内装少量砂土）作第一道防线；再在草垫或草袋上铺设胶管帘（用长 60～100cm 的胶管编成）或胶垫（用长 1.5m 的输送机废皮带连成）作第二道防线；最后用帆布棚将以上两层整个覆盖包裹，胶帘（垫）和帆布应用铁丝或绳索拉紧捆牢。

② 对邻近建筑物的地下设备基础爆破，为防止大块抛掷，爆破体上应采用橡胶防护垫防护。

③ 对崩落爆破和破碎性爆破，为防飞石可用韧性好的爆破防护网覆盖。当爆破部位较高，或对水中构筑物爆破，则应将防护网系在不受爆破影响的部位。

④ 对路面或钢筋混凝土板的爆破，可在其上架设可拆卸或可移动的钢管架，上盖铁丝网（网路 1.5cm×1.5cm），再铺上草袋（内放少量沙、土）作防护。

⑤ 为在爆破时使周围建筑物及设备不被打坏，也可在其周围用厚度不小于 50mm 的坚固木板加以防护，并用铁丝捆牢。与炮孔距离不得小于 500mm。如爆破体靠近钢结构或需保留部分，必须用沙袋（厚度不小于 500mm）加以防护。

4. 瞎炮的原因、预防和处理

（1）产生瞎炮的原因分析

① 火花起爆法产生瞎炮原因：导火索、雷管储存、运输或装药后受潮变质，导火索浸油渗入药芯造成断火；起爆雷管加工质量不合格，造成瞎火；装药、充填不慎，使导火索受损，或使雷管与导火索拉开；点炮时漏点、带炮等。

② 电力起爆法产生瞎炮原因：采用过期变质的电雷管；爆破网路有短路、接

地、连接不紧或连接错误；电雷管电阻差过大，超出允许范围；在同一电爆网路中采用不同厂不同批的电雷管；爆破工作面有水使雷管受潮（纸壳电雷管和秒差电雷管的可能性更大）。

③ 导爆索起爆法产生瞎炮原因：爆破网路连接方法错误；导爆索浸油（如在铵油类炸药中）渗入药芯则产生拒爆；导爆索受潮，起爆量不够；充填过程中导爆索受损或落石砸断；多段起爆时，被前段爆破冲坏。

（2）防止产生瞎炮的措施

① 改善保管条件：防止雷管、导火索和导爆索受潮；发放前应严格检验爆破材料质量，对质量不合格的应予报废；发放时对电雷管应注意同厂同批，对燃速不同的导火索要分批使用。

② 改善爆破网路质量及连接方式：网路设计应保证准爆条件，设置专用爆破线路，防止接地和短路，避免电源中性点接地，加强对网路的测定或敷设质量的检查工作。

③ 改善操作技术：对火雷管要保证导火索与雷管紧密连接，避免导火索与雷管脱离或雷管与药包脱离；对电雷管应避免漏接、接错和防止折断脚线；经常检查开关、插销和线路接头；导爆索网路要注意接法正确，并加强网路的维护工作。

④ 在有水工作面装药时，应采取可靠的防水措施，避免爆破材料受潮。

（3）瞎炮处理方法。发现瞎炮应及时处理，处理方法要确保安全，并力求简单有效。不能及时处理的瞎炮，应在其附近设置明显标志，并采取相应措施。对难处理的瞎炮，应在爆破负责人的指导下进行。处理瞎炮时禁止无关人员在附近做其他工作。在有自爆可能性的高硫高温矿床内产生的瞎炮应划定危险区，瞎炮处理后，要检查和清理残余未爆材料。确认安全后，方可撤去警戒标志，进行施工作业。

① 炮眼法瞎炮处理方法：如果炮眼外的导火索、雷管脚线经检查完好时，可以重新起爆。用木制或竹制工具掏出堵塞物，另装起爆药包重新起爆，严禁掏出或拉出起爆药包。在距离原炮眼不小于 0.4m 处，重新钻平行眼孔装药起爆，但重新钻孔前必须搞清原炮眼的方位。对硝铵类炸药可用水冲灌炮眼，使炸药失去爆炸能力。

② 深孔法瞎炮处理方法：由于外部爆破网路破坏造成瞎炮，检查最小抵抗线变化不大时，可重新连线起爆；如果最小抵抗线变化较大，应加大危险警戒范围，在不会危及附近建筑物时，仍可进行连线爆破。在距离原深孔瞎炮不小于 2m 处重新钻平行孔装药起爆。如采用导爆索起爆硝铵类炸药时，可以用机械清除附近岩石，取出瞎炮中的炸药。采用硝铵类炸药时，如孔壁完好，可取出部分填塞物，向孔内灌水，使炸药失效。

③ 硐室爆破法瞎炮处理：如能找出电线或导爆索头，经检查仍有起爆可能时，可重新测定最小抵抗线，重新划定警戒范围，连线起爆。沿硐室直井、平硐清除堵

塞物，取出炸药及起爆体。在掏取堵塞物和炸药时，应有安全措施。

（五）凿岩爆破安全要求

1. 爆破工作的一般安全

（1）爆破工作要根据批准的设计或爆破方案进行，每个爆破工地都要有专人负责放炮指挥和组织安全警戒工作。

（2）凡从事爆破作业的人员必须受过爆破技术的专门训练或培训，熟悉和掌握爆破方面的有关知识和技能。

（3）爆破材料必须符合工地使用条件和国家规定的技术标准，每批爆破材料使用前必须进行检查并做有关性能的试验。不合格的爆破材料禁止使用。

（4）严禁边打眼、边装药、边放炮。装药只准用木、竹制的及铝、铜制成的炮棍。装有雷管的起爆药包禁止冲击和猛力挤压，禁止从起爆药包中拔出和拉动导火索、电雷管脚线及导爆索。

（5）炮眼的装药应严格按规定的装药量装药及填塞。填塞时应保持导火索、导爆索及电雷管脚线的完整。裸露药包因容易产生飞石伤人一般不宜采用；必须采用时，应严格控制装药量。爆破后应仔细检查工作场地，发现问题及时处理。采用扩大药壶时，不得将起爆药卷的导火索点燃后丢进炮眼。扩大眼深超过4m时，宜采用电雷管或导爆索起爆。

（6）注意爆破材料的储存、运输。爆破器材仓库必须干燥、通风，温度保持在18～30℃之间，其周围5m内必须清除一切树木、干草等。库区内必须有消防设施，距工厂、住宅区至少在800m以上。炸药和雷管应分开、分库存放；炸药要分类存放，硝化甘油炸药必须单独存放。雷管和炸药必须分开运送，搬运人员必须相距10m以上，严禁把雷管放在口袋内。运输途中不得在非规定的地点休息、逗留，中途停车必须远离民房、桥梁、铁路200m以上。一切爆破材料严禁接近烟火。

（7）在浓雾、雷雨和黑夜，不得进行露天爆破作业。

（8）在进行爆破时，要把规定的信号、放炮时间预先通告，使附近人员均能正确识别。在完成警戒布置并确认无误后，方可发布起爆信号。在一个地区，同时有几个场地进行爆破作业时，应统一行动，并有统一指挥。

（9）炮眼爆破后，无论眼底有无残药，均不得打残眼。

（10）爆破完后，必须及时检查爆破效果。

2. 制作起爆体安全要求

（1）起爆药包应在专设的加工房内制作，少量临时性的起爆药包需在室外加工制作时，应选择僻静、荫蔽、干燥的安全处所。

（2）导火索的长度应根据点炮人员点炮后避到安全处所需要的时间来确定，一般最短不得少于1.2m。

（3）在潮湿地点爆破，起爆药要使用抗水性能良好的爆破材料，对容易受潮的爆破材料应预先作防水处理。

（4）起爆药包应在当日当班加工，当日当班使用；当日当班使用不完的起爆药包，应拆除雷管分库存放，采用电雷管制作的起爆药包，应将脚线接成短路，并用胶布包好。

3. 火花起爆法安全规定

（1）当一次点炮数目超过 5 炮时，应使用信号导火索和信号雷管，以便控制点炮时间。信号雷管的导火索应比炮眼中最短的导火索短 8cm；多人点炮时，应指定专人负责指挥，并明确分工。

（2）点炮人员应事先记好炮位，找好避炮地点，检查导火索切口，听到撤离信号（如信号雷管的响声）时，无论点完炮与否，必须迅速撤离点炮区。

（3）深度超过 4m 的炮眼，应装两个起爆雷管，并同时点燃。深度超过 10m 的炮眼，禁止采用火花起爆法。

4. 电力起爆法安全规定

（1）用于同一爆破网路的电雷管应为同厂、同型号产品，各雷管间的电阻差不得超过 0.3Ω。

（2）放炮导线应事先做导电、电阻检验。

（3）敷设电爆网路的区域内，所有电气装置及动力、照明线路，从开始装炮起完全停止供电，如遇雷雨天气应停止作业，将支线或雷管脚线短路，作业人员迅速撤离作业地点，避到安全处。

（4）放炮电源应设专用闸刀开关，并在爆破前指定专人负责保管。爆破前要检查电爆网路的电阻，若与设计电阻不符，应及时采取措施。在用动力线或照明线进行爆破时，不得将主线直接挂到线路上。严禁用水或地作为电爆网路的总回路。

5. 导爆索起爆安全规定

（1）导爆索要用刀子切割。用搭接法连接时，接头搭接长度不得小于 8cm，并用胶布包扎牢固。分支与干线连接时，必须使支线的接头方向迎着干线爆炸波的传播方向。

（2）起爆导爆索的雷管，应捆扎在距导爆索的端头 10～15cm 处，用胶布包好。雷管底部应指向导爆索的传播方向。敷设雷管时，导爆索上不得有线扣或死弯，线路交叉部分应用厚度不小于 10cm 的衬垫物隔开。

（3）在同一导爆索网路上有两组导爆索时，应同时起爆。

（4）导爆索接触铵油炸药的部位必须用塑料布包好，避免导爆索的药芯被柴油浸染，发生拒爆。

三、严寒环境施工安全技术规定

冬季施工是指当日平均气温降低到 5℃ 或 5℃ 以下，或者最低气温降低到 0℃

或 0℃以下时，采用一般的施工方法不能达到预期的目的，而必须采用附加或特殊的措施进行施工才能满足要求的，称为进入冬期施工阶段。

在冬季施工中，无论采取什么样的施工方法，无论是工程的哪个部位，都应编制施工方案，其中要包括有针对性的安全技术措施，并应向参加施工的作业人员进行交底。

（一）土方工程

冻土是指当气温处于 0℃或负温时，含水的土体和松散岩石中的水分转变成结晶状态，把其松散体胶结成固体颗粒，这就称为冻土（岩）。

土的机械强度在冻结时大大提高，冻土的抗压强度比抗拉强度大 2～3 倍，因此冻土的开挖宜采用剪切法。冬期土方施工可采取先破碎冻土，然后挖掘。开挖方法一般有人工法、机械法和爆破法三种。

1. 人工法

（1）应随时注意清除铁楔子头打出的飞刺，以免锤击过程中飞出伤人。

（2）打锤人和掌楔人必须互成 90°，即打锤人应站在掌楔人的侧面，以避免锤滑出伤人。

（3）掌楔人的手不能直接扶在楔上，应用铁丝或钢筋等做成扶把，以免将手震坏或误伤。

2. 机械法

（1）根据冻土深度，选择不同性能的机械设备。

当冻土层厚度为 0.10m 以内时，选用铲运机、推土机施工。

当冻土层厚度为 0.10～0.30m 时，选用大马力推土机、松土机、正铲挖掘机施工。

当冻土层厚度为 0.30～0.40m 时，选用大马力推土机、大马力松土机施工。

当冻土层厚度为 0.40～1.20m 以内时，选用重锤、冲击机等。

最简单的施工方法是用风镐将冻土打碎，然后用人工和机械挖掘运输。

（2）重锤锤击时，应用吊车作起重架，用钢丝绳系牢，锤击时要防止锤在坑边滑脱，以免损坏吊臂发生事故，且锤击点应保持 1m 以上的距离。

（3）锤击前采用在冻土层以下掏导沟的办法，为锤击的冻土层在底部造成悬空面，其掏进的深度不得超过冻土层厚度的 2/3，以避免坍方。

（4）由于重锤击碎冻土震动大，周围人员应距锤击点 10m 以上，且必须距建筑物 20m 以上，严禁在精密仪表及变电所等附近作业。

3. 爆破法

爆破法适用于冻土层较厚，面积较大的土方工程，这种方法是将炸药放入直立爆破的孔或水平爆破的孔中进行爆破。冻土破碎后用挖土机挖出，或借爆破的力量向四周崩出，做成需要的沟槽。

爆破冻土所用的炸药有黑色炸药、硝铵炸药及 TNT 等，其中黑色炸药由硝酸钾、硫黄与炭末制成，爆破力较小；TNT 系烈性炸药，一般用于大规模爆破作业。工地上通常所使用的硝铵炸药呈淡黄色，燃点在 270℃ 以上，比较安全。冬期施工严禁用任何甘油类炸药，因其在低温凝固时稍受震动即会爆炸，十分危险。

冻土爆破必须在专业技术人员指导下进行，严格遵守雷管、炸药的管理规定和爆破操作规程。距爆破点 50m 以内应无建筑物，200m 以内应无高压线。当爆破现场附近有居民或精密仪表等设备怕震动时，应提前做好疏散及保护工作。

用外加的热能融化冻土，以利于挖掘。因其施工费较高，只有在面积不大的工程上采用。常用的方法有电极法热化冻土。

电极法热化冻土的方法，主要是以一定间距的电极打入冻土，通以电流后，将电能转化为热能，使冻土融化。常用的电极有浅电极与深电极两种，浅电极是指埋设深度小于冻土层的电极，深电极就是把电极穿透冻土层 10mm 左右。为使冻土层的融化速度加快，两种电极的地表面必须铺设一层 50～100mm 锯木，并浇浓度为 0.2%～0.5% 的食盐水来减小电阻。电极的布置一般采用网格形或梅花形两种，间距为 400～800mm，电极本身用 $\phi 20～25mm$ 钢筋制成，长度视冻土层厚度而定，上端露出地面 100～150mm。用电极法热化冻土时，应注意下列事项。

（1）接线完毕经检查无误后，方可送电，送电时应陆续闭合各分闸开关，并每小时测记一次各支路的电流值，发现异常应及时处理。

（2）电热过程中，不许无故停电，不得已停电后，再通电要分批送电，以免启动电流过大造成超负荷运行而发生事故。

（3）随着电热过程，当地表有积水产生时，必须将积水排出后再送电，最好先做排水沟。

（4）应昼夜设值班电工，每班两人，必须穿绝缘鞋。

（5）施工范围应加设围栏，并设"有电危险"的醒目警告牌。在周围 2m 以内禁止通行，并要加设"红灯"以示通电。

（6）铺设线路或进行线路接头时，应断电作业，严禁带电操作。

（7）变压器放于地面上时，周围必须加设围栏，并挂"止步"、"高压危险"等警示牌。

（8）电热用的临时线路，必须架设在电杆上，距地面的最小高度：裸线不低于 6m；绝缘橡皮线不低于 2.5m，但有车辆通行时不得低于 5m。

（9）采用大面积电热化冻时，打钎子（电极用）和化冻应分段、分区流水作业，以确保施工人员的安全。

（10）电热区域内的易燃品必须全部清除。

（11）发生着火等意外事故时，首先必须立即切断电源，严禁在带电的情况下进行抢救。

（12）冻土化冻后进行开挖时，应先切断电源，经检查无误后可进行操作。

（二）砌筑工程

1. 砌筑冬季施工概念

当预计连续 10 天内的平均气温低于 5℃时，砌体工程的施工应按照冬期施工技术规定进行。冬期施工期限以外，当日最低气温低于-3℃时，也应按冬期施工有关规定进行。气温可根据当地气象预报或历年气象资料估计。

2. 砌筑工程冬季施工

（1）冬期砌筑的施工方法可分为：掺盐砂浆法、冻结法、蓄热法、蒸汽法、电气加热法、暖棚法和快硬砂浆法等，上述各方法中应优先选用掺盐砂浆法。

（2）冬期施工砌筑砂浆的稠度和温度要求见表 2-14 和表 2-15。

表 2-14　冬期施工砌筑砂浆稠度要求

项次	砌体类型	常温时砂浆稠度/cm	冬期时砂浆稠度/cm
1	空心砖墙、柱	7～10	9～12
2	空心砖墙、柱	6～8	8～10
3	实心砖墙的拱式过梁	5～7	8～10
4	空斗墙	5～7	7～9
5	石砌体		4～6
6	加气混凝土砌块		13

表 2-15　冬期施工砌筑砂浆温度要求　　　　　　　　　　　/℃

气温	冻结法	掺盐砂浆法
-10℃以内	+10	+5
-10～20℃	+15	+10
-20℃以下	+20	+15

注：除满足表中要求外，还应满足砖表面与砂浆温差不超过 30℃；石材表面与砂浆温差不宜超过 20℃，否则砖石表面与砂浆之间会产生冰膜。

（3）由于氯盐砂浆吸湿性大，降低绝缘性能和有析盐现象等，故在下列工程禁止使用。

① 对装饰要求高的工程；

② 保温性能要求高的工程；

③ 浴房、水池等相对湿度大于 60% 的建筑物；

④ 变电所、发电站等有高压电线路的建筑物；

⑤ 经常处于地下水和水工建筑物水位变化的结构，以及水位以下的结构；

⑥ 经常受 40℃ 以上高温影响的结构；

⑦ 未经防锈处理的钢筋、铁埋件的砌体。

（4）冻结法砌体的使用规定如下。

① 砌筑的砌体长度，在两个稳定结构间不超过 40 倍墙厚，也不得超过 25m；其承重墙高度在全高为 24m 以内的建筑物中，砌筑层每层高度不得超过 4m；全高在 20m 以内的，砌筑层每层不得超过 6m。

② 冻结法施工中如遇有大风天气时，对尚未与楼板或屋面连接牢固的立墙身，应根据各地区不同风载荷，其砌筑高度可参考表 2-16 规定限制其施工高度。

表 2-16　砌筑高度限制表

墙厚/mm	砌体载荷度在 14.0kN/m³ 以下			砌体载荷度在 14.0kN/m³ 以上		
	风荷载/(N/m³)					
	400 以下	400	700	400 以下	400	700
240	2.8	1.8	1.0	3.6	2.15	1.3
370	5.7	3.6	3.0	6.4	4.0	3.6
490	8.8	5.5	3.6	10.4	6.5	4.0
620	13.6	8.5	5.0	16.8	10.5	6.0

注：1. 施工中，如果墙体从地面开始砌筑，表中数字可增加 20%～30%。

2. 墙体高度是指上端无楼板搁置，侧面无横墙连接的独立墙体，若在墙的一端有横墙，且横墙与横墙间距大于表中数值的 2 倍时，其砌筑高度可不受表中所列位置的限制。

（5）基础每月的砌筑高度不得超过 1.2m，砌体的砌筑高度每日不得超过 1.8m。

（6）脚手架上下人的梯道应有防滑措施，并应及时清除冰雪，同时在解冻期间随时检查脚手架的稳定情况。

（7）砌筑时，掉在脚手架上的砂浆、碎块等，除随时清除外，下班前必须打扫干净，以防工人拌跌坠落。

（8）冬季用煤或焦炭作燃料取暖时，应有良好的通风措施，严防煤气中毒。

（9）施工中，应有防止蒸汽、热水等烫伤的措施。

（10）亚硝酸钠是冬季施工中常用的外掺加剂，有剧毒，为白色或淡黄晶体，无臭，味咸，很容易误认为食盐。对亚硝酸钠的包装必须有明显的"氧化剂"和"有毒品"标志。搬运装卸时，严禁与有机物、易燃物、酸类等同储共运，并隔离热源与火种。储存库房应阴凉、通风、干燥，并设专库专储和专人管理。使用时，要建立严格的保管、领取和使用制度，严防误食中毒。

（11）解冻期将来临前应从各楼层清除设计中未规定的意外荷载。如废物、垃圾和建筑材料等，以防超载。

（12）跨度较大的梁、1.5m 跨以上的过梁和支撑悬墙的结构，在解冻前必须在结构（梁、过梁等）下面加设临时支柱，以支撑结构上砌体的全部重量；并随砌体的沉降调整临时支柱下的楔子；严防墙体开裂而坍塌。

（13）在解冻期内应对砌体采用防倾斜的临时加固支撑，在砂浆硬化的初期，临时加固支撑应继续留置，时间不得少于 10 天。

（14）在墙体未全部解冻，且砂浆未达到设计强度的 20％时，应暂停上部的一切施工。

（三）混凝土及钢筋混凝土工程

《混凝土工程施工及验收规范》的规定：根据当地多年气温资料，室外月平均气温连续 5 天稳定低于 5℃时，混凝土工程即应按冬季施工规定施工。而冬季施工的实质，是指在低于 5℃（包括负温度）的气候条件下，给混凝土创造一个 5℃以上的养护环境，或者是在负温条件下采取一定的有效措施，使混凝土凝结硬化亦能增长到临界强度以上。硅酸盐水泥或普通硅盐水泥配制的混凝土，临界强度为设计标号的 30％；矿渣硅酸盐水泥配制的混凝土，临界强度为设计强度的 40％；但 C10 及 C10 以下的混凝土，临界强度则不得低于 5N/mm²；有抗冻、抗渗要求者应达 100％。

1. 冬季施工养护混凝土的主要方法

冬季施工养护混凝土的主要方法有以下几种。

（1）蓄热法：是利用混凝土组成材料的预热和混凝土硬化时水泥水化所放出的热量，通过适当的保温材料覆盖，防止热量过快散失，延缓混凝土的冷却速度，保证混凝土能在正温环境下硬化并达到预期强度要求的一种施工方法。

（2）掺化学附加剂法：是在混凝土中加入早强剂和防冻剂，既能降低混凝土中液相的冰点，又能促使水泥水化，并保证混凝土在低温或负温养护期间达到所要求的强度，而不用加热。

（3）蒸汽加热法：是利用低压（≤0.1N/mm²）蒸汽对结构均匀加热，使它得到适当温度和湿度，促进水化作用，使混凝土加快凝结硬化达到所要求的强度。其加热的方式有蒸汽热模法（称干热法）和蒸汽套法（称湿热法）两种。

（4）电热法：是利用电流通过不良导体混凝土（或通过电阻丝）所发出的热量来养护混凝土。混凝土电热法根据选用电热工具的不同可分为：电极法、电热器法和烘烤法三种。

（5）暖棚法：是将冬期施工的对象用暖棚遮盖，内升火炉或通以暖气，创造一个人为的正温环境，使混凝土在正温条件下凝结硬化。

（6）综合蓄热法：是根据气温情况，以蓄热法为主，采用上述两种或两种以上的方法进行综合应用的方法。这是冬期施工中普遍采用的方法，并分为低蓄热法和高蓄热法两种。低蓄热法是以冷冻法为主，即原材料加热＋低温早强剂或防冻剂＋高效能保温材料的养护方法；高蓄热法是以短时加热为主，即原材料加热＋低温早强剂或防冻剂＋高效能保温材料＋短时期加热的养护方法，使混凝土在养护期间达到所要求的强度。

2．冬季拌制混凝土时水及骨料的加热温度

冬季拌制混凝土时，水及骨料的加热温度应根据热工计算确定，但不得超过表2-17的规定。

表 2-17　拌和水及骨料最高温度　　　　　　　　　　　　　℃

项次	项　目	拌和水	骨料
1	小于 525 号的普通硅酸盐水泥、矿渣硅酸盐水泥	80	60
2	水泥等于及大于 525 号的硅酸盐水泥、普通硅酸盐水泥	60	40

3．冬季施工中混凝土的入模温度

冬季施工中，混凝土的入模温度除满足热工计算要求外，一般以 15～25℃ 为宜，在加热养护时，养护前的温度亦不得低于 2℃。冬季拆除模板时，混凝土表面温度和自然气温之差不应超过 20℃，且不应低于 5℃。

4．冬期混凝土及钢筋混凝土的施工

（1）当温度低于 −20℃ 时，严禁对低合金钢筋进行冷弯，以避免在钢筋弯点处发生强化，造成钢筋脆断。

（2）蓄热法加热砂石时，若采用炉灶焙烤，操作人员应穿隔热鞋；若采用锯末生石灰蓄热，则应选择安全配合比，经试验证明无误后，方可使用。

（3）电极加热时应划定范围，并围上安全围栏，悬挂"有电危险""严禁行走"的警告牌；当采用边浇筑、边通电时，应将钢筋接地，地线深度不得小于 1.0～1.5m；采用棒形电热器时，电烙铁芯及引出线与铁管必须有良好的绝缘，电热棒的外壳亦应接地，并应以单独插座与电源相连；电热时应采用逐个闸刀送电，并应设电压调整器控制电压；导线应有良好绝缘，连接牢固，且应在多处设置侧重点。

（4）采用暖棚法以火炉为热源时，应注意加强消防和防止煤气中毒。

（5）调拌化学附加剂时，应配戴口罩、手套，防止吸入有害气体和刺激皮肤。

（6）冬季施工蒸汽养护的临时采暖锅炉应有出厂证明。安装时，必须按标准图进行，三大安全件应灵敏可靠；安装完毕后，应按各项规定进行检验，经验收合格后方允许正式使用；同时，锅炉的值班人员应建立严格的交接班制度和遵守安全操作要求，司炉人员应经专门训练和考试合格后方可上岗，值班期间严禁饮酒、打牌、睡觉和擅离职守。

（7）高压泵房水箱间应昼夜有人值班，室内生的火炉必须与可燃物保持 1m 以上的距离。

（8）各种有毒物品、油料、氧气、乙炔（电石）等应设专库存放、专人管理，并建立严格的领发料制度。

（9）脚手架和上人梯、斜道、浇筑混凝土的临时运输马道等应牢靠、平稳，大风雪后要认真清扫，并及时消除隐患。

（10）冬期混凝土强度必须满足表 2-18 的要求方准拆模。拆模过程中，如发现有冻坏现象应暂停，经处理后方可继续拆模；对已拆模的混凝土应用保温材料加以遮盖。

表 2-18　拆模时要求达到的强度百分率　　　　　　　　　　　%

结构类型	实际荷载/设计荷载		
	100	75	50
预应力结构	100	90	80
在永冻带的结构	100	80	60
跨度大于 6m 的结构	100	80	70
跨度小于 6m 的结构	100	80	60
跨度小于 3m 的结构	80	70	50
支撑结构(墙、柱等)侧模	60	50	40

（11）冬期施工前应组织现场员工进行冬施安全和消防的宣传教育，并制定安全生产、防滑、防冻、防火、防爆、防中毒等的各项规章制度，并教育员工严格遵守。

第五节　现场施工安全技术

一、临时用电安全技术规定

施工现场临时用电虽然是属于暂设，但是不应有临时的观点，应有正规的电气设计，加强用电管理。

（一）施工用电管理规范

1. 临时用电施工的组织设计

按照 JCJ 46—2012《施工现场临时用电安全技术规范》的规定：临时用电设备在 5 台及 5 台以上或设备容量在 50kW 及 50kW 以上者，应编制临时用电施工组织设计。

临时用电施工组织设计的内容包括以下内容。

（1）现场勘探。

（2）确定电源进线和变电所、配电室、总配电箱、分配电箱等装设位置及线路走向。

（3）负荷计算。

（4）选择变压器容量、导线截面积和电器类型、规格。

（5）绘制电气平面图、立面图和接线系统。

（6）制定安全用电技术措施和防火措施。

2. 建立临时用电安全技术档案

（1）临时用电施工组织设计资料是施工现场临时用电的基础技术、安全资料。

（2）施工现场临时用电技术交底资料。电气工程技术人员向安装、维修临时用电工程的电工和各种设备用电人员分别贯彻临时用电安全重点的文字资料。技术交底内容包括临时用电施工组织设计的总体意图，具体技术内容，安全用电技术措施和电气防火措施等文字资料。技术交底资料必须完备、可靠，应明确交底日期、讨论意见，交底与被交底人要签名。

3. 安全检测记录

施工现场用电的安全检测是施工现场临时用电安全方面经常性的、全面的监视工作，对及时发现并消除用电事故隐患具有重要的指导意义。安全检测的内容主要包括：临时用电工程检查验收表，电气设备的试验单和调试记录，接地电阻测定记录表，定期检（复）查表。

4. 电工维修工作记录

电工维修工作记录是反映电工日常电气维修工作情况的资料，是电工执行《施工现场临时用电安全技术规范》和电气操作规程的体现，同时也反映出现场安全用电的实际情况。电工维修工作记录对改进现场安全用电，预防某些电气事故，特别是触电伤害事故具有重要意义。电工维修记录应尽可能详尽，要记录时间、地点、设备、维修内容、技术措施、处理结果等；对于事故维修还要进行因果分析，提出改进意见。对于应该维修的项目，如被现场管理人员阻止而未能及时维修，或由于维修人员自身原因未能及时维修均应将原因记载清楚，以备核查。工程竣工，拆除临时用电工程时间、参加人员、拆除程序、拆除方法和采取的安全防护措施，也应在电工维修记录中详细记录。

（二）施工现场对外电线路的安全距离及防护

1. 外电线路的安全距离

安全距离是指带电导体与附近接地的物体、地面、不同极（或相）带电体，以及人体之间必须保持的最小空间距离或最小空气间隙。这个距离或间隙保证在各种可能的最大工作电压作用下，带电主体周围不致发生放电，而且还保证带电体周围工作人员身体健康不受损害。高压线路至接地体或地面的安全距离见表 2-19。

表 2-19 高压线路至接地物体或地表的安全距离

外电线路的额定电压/kV		1～3	6	10	35	60	110	220j	330j	500j
外电线路的边线至接地物体或地面的安全距离/cm	屋内	7.5	10	12.5	30	55	95	180	260	380
	屋外	20	20	20	40	60	100	180	260	380

注：220j、330j、500j 是指中性点直接接地系统。

在建筑施工现场中，安全距离主要是指在建工程（含脚手架具）的外侧边缘与外电架空线路的边缘之间的最小安全操作距离和现场施工的机动车道与外电架空线路交叉时的最小安全垂直距离。JGJ 46—2012《施工现场临时用电安全技术规范》已经做出了具体规定，见表 2-20 和表 2-21。

表 2-20　在建设工程外侧边缘与外电架空线路的最小安全距离

外电线路电压/kV	1 以下	1～10	35～110	154～220	330～500
最小安全操作距离/m	4	6	8	10	15

表 2-21　施工现场的机动车道与外电架空线路交叉时的最小垂直距离

外电线路电压/kV	1 以下	1～10	35 以上
最小垂直距离/m	6	7	8

注：上、下脚手架的斜道严禁设在外电线路的一侧。

在建工程（含脚手架具）的外侧边缘与外电架空线路的边缘之间的最小安全操作距离。

2. 外电线路的防护

为了防止外电线路对现场施工构成潜在的危害，在建工程与外电线路（不论是高压，还是低压）之间必须按表 2-20 保持规定的安全操作距离，机动车道与外线路之间则必须按表 2-21 保持规定的安全距离。

施工现场的在建工程受位置限制无法保证规定的安全距离，为了确保施工安全，必须采取设置防护性遮栏、栅栏以及悬挂警告标志牌等防护措施。

各种不同电压等级的外电线路至遮栏、栅栏等防护设施的安全距离见表 2-22。从表中可以看出屋外部分的数据较屋内部分数据大，主要是考虑了屋外架空导线因受风吹摆动等因素，网状遮栏的设置还考虑了成年人手指可能伸入网内的因素。

表 2-22　带电体至摭栏、栅栏的安全距离

外电线路的额定电压/kV		1～3	6	10	35	60	110	220j	330j	500j
线路边线至栅栏的安全距离/cm	屋内	82.5	85	87.5	105	130	170	265	450	500
	屋外	95	95	95	115	135	170	265	50	500
线路边线至网状遮栏的安全距离/cm	屋内	17.5	20	22.5	40	65	105	190	270	500
	屋外	30	30	30	50	70	110	190	270	500

如果现场搭设遮栏、栅栏的场地狭窄，无法按表 2-22 要求的数据搭设时，唯一的安全措施就是与有关部门协商，采取停电，迁移外电线路或改变工程位置等。

（三）施工现场临时用电的接地与防雷

人身触电事故的发生，一般分为下列两种：一是人体直接触及或过分靠近电气

设备的带电部分（搭设防护遮栏、栅栏等属于防止直接触电的安全技术措施）；二是人体碰触平时不带电、因绝缘损坏而带电的金属外壳或金属架构。针对这两种人身触电情况，必须从电气设备本身采取措施和从事电气工作时采取妥善的保证人身安全的技术措施和组织措施。

1. 保护接地和保护接零

电气设备的保护接地和保护接零是防止人身触及绝缘损坏的电气设备所引起的触电事故而采取的技术措施。接地和接零保护方式是否合理，关系到人身安全，影响到供电系统的正常运行。因此，正确地运用接地和接零保护是电气安全技术中的重要内容。

接地，通常是用接地体与土壤接触来实现的。将金属导体或导体系统埋入土壤中，就构成一个接地体。工程上，接地体除专门埋设外，有时还利用兼作接地体的已有各种金属构件、金属井管、钢筋混凝土建（构）筑物的基础、非燃物质用的金属管道和设备等，这种接地称为自然接地体。用作连接电气设备和接地体的导体，例如电气设备上的接地螺栓，机械设备的金属构架，以及在正常情况下不载流的金属导线等称为接地线。接地体与接地线的总和称为接地装置。

（1）接地类别

① 作接地：在电气系统中，因运行需要的接地（例如三相供电系统中，电源中性点的接地）称为工作接地。在工作接地的情况下，大地被作为一根导线，而且能够稳定设备导电部分对地电压。

② 保护接地：在电力系统中，因漏电保护需要，将电气设备正常情况下不带电的金属外壳和机械设备的金属构件（架）接地，称为保护接地。

③ 重复接地：在中性点直接接地的电力系统中，为了保证接地的作用和效果，除在中性点处直接接地外，在中性线上的一处或多处再接地，称为重复接地。

④ 防雷接地：防雷装置（避雷针、避雷器、避雷线等）的接地，称为防雷接地。防雷接地的设置主要是将雷击电流泄入大地。

（2）接地电阻。包括接地电阻、接地体本身的电阻及流散电阻。由于接地线和接地体本身的电阻很小（因导线较短，接地良好）可忽略不计。因此，一般认为接地电阻就是散流电阻。它的数值等于对地电压与接地电流之比。接地电阻分为冲击接地电阻、直接接地电阻和工频接地电阻，在用电设备保护中一般采用工频接地电阻。

（3）接地体周围土壤中的电位分布。若电气设备发生漏电故障，则接地体带电，对于垂直接地体，距离接地体 20m 以外处的土壤中流散电流所产生的电位已接近于零。

接地体周围土壤中的电位分布，用图像表示如图 2-22 所示。从图中看出，距离接地体越远处的地表面对"地"电压越低；相反，距离接地体越近处的地表面对

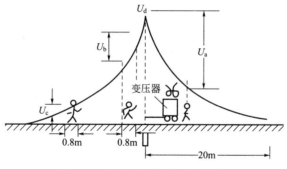

图 2-22　接地体周围的电位分布

"地"电压越高，而接地体表面处的电位最高，接地体周围的电位分布呈双曲线形状。

（4）跨步电压。跨步电压是指当人的两足分别站在地面上具有不同对"地"电位的两点，在人的两足之间所承受的电位差。跨步电压主要与人体和接地体之间的距离、跨步的大小和方向及接地电流大小等因素有关。

人的跨步一般按 0.8m 考虑，大牲畜的跨距可按 1～1.4m 考虑。从图 2-22 中二人承受的跨步电压，二人与接地体的距离不同，所承受的跨步电压也不相同。距离接地体越近，跨步电压越大。一般离开接地体 20m 以外，就可不考虑跨步电压了。

（5）安全电压。当人体有电流通过时，电流对人体就会有危害，危害的大小与电流的种类、频率、量值和电流流经人体的时间有关。流经人体电流与电流在人体持续时间的乘积等于 30mA·s 为安全界限值。考虑到人体一般情况下的平均电阻值不低于 100Ω，从而可得到人的安全电压值。安全电压额定值的等级为 50V、36～42V、24V、12V、6V。当电气设备采用超过 24V 的安全电压时，必须采取直接越触带电体的保护措施。

2. 临时用电的基本保护系统

国际电工委员会建筑电气设备委员会将电气基本安全保护措施分为五大保护系统，其内容如下。

（1）TN 系统。电源系统有一点直接接地，负载设备的外露导电部分通过保护导体到此接地点的系统。根据中性导体和保护导体的布置，TN 系统的形式有以下三种。

① TN-S 系统：在整个系统中分开的中性导体和保护导体。

② TN-C-S 系统：系统中一部分中性导体和保护导体功能合在一根导体上。

（2）TT 系统。电源系统有一点直接接地，设备外露导电部分的接地与电源系统的接地在电气上无联系的系统。

（3）IT 系统。电源系统的带电部分不接地或通过阻抗接地，电气设备的外露导电部分接地的系统。

（4）中性点有效接地系统。中性点直接接地或经一低值阻抗接地系统。通常其零序电抗与正序电抗的比值小于或等于3，即 $|X_0/X| \leqslant 3$，零序电阻与正序电阻的比值小于或等于1，即 $R_0/R_1 \leqslant 1$。本系统也可称为大接地电流系统。

（5）中性点非有效接地系统。中性点不接地，或经高值阻抗接地或谐振接地的系统。通常本系统的零序电抗与正序电抗之比大于3，即 $X_0/X > 3$，零序电阻与正序电阻的比值大于1，即 $R_0/R_1 \geqslant 1$，本系统也可称为小接地电流系统。

3. 施工现场的防雷

雷电是一种大气中的静电放电现象。它的形成是由某些云积累起正电荷，另一些云积累起负电荷，随着电荷的积累，电压逐渐增高，当雷云带有足够数量的电荷，又互相接近到一定程度时，发生激烈的放电，出现耀眼的闪光。同时，由于放电时温度高达2000℃，空气受热急剧膨胀，发出震耳的轰鸣。这就是闪电和雷鸣。

土建施工大部分是露天工程，它是雷击的目标之一，对于施工人员来说，掌握一定的防雷知识很有必要。

（1）人身防雷措施。雷暴时，由于雷云直接对人体放电，雷电流入大地产生对地电压和由于二次放电对人体造成的电击，故必须采取安全措施。

① 雷暴时，在施工现场工作的人员应尽量少在场地逗留；在户外或野外作业时，最好穿塑料等不浸水的雨衣，有条件时，要进入有宽大金属建筑物的街道或高大树木屏蔽的街道躲避，但要离开墙壁和树木8m以外。

② 雷暴时，应尽量离开小山、小丘或隆起的小道。要尽量离开海滨、河边、池旁以及铁丝网、金属晒衣绳、铁制旗杆、烟囱、宝塔、孤独的树木等，还应尽量离开设有防雷保护的小建筑物或其他设施。

③ 雷暴时，在户内应注意雷电侵入波的危险，应离开照明线、动力线、电话线、广播线收音机电源线、收音机和电视机天线及与其相连的各种设备，以防止这些线路或设备对人体二次放电。户内对人体二次放电事故发生在1m以内的约70%，相距1.5m以上没发现死亡事故。

④ 雷暴时，应注意关闭门窗，防止球形雷进入室内造成危害。

（2）施工现场的防雷保护。高大建筑物的施工工地应充分重视防雷保护。由于高层建筑施工工地四周的起重机、门式架、井字架、脚手架突出很高，材料堆积多，万一遭受雷击，不但对施工人员造成生命危险，而且容易引起火灾，造成严重事故。

高层建筑施工期间，应注意采取以下防雷措施。

① 由于建筑物的四周有起重机，起重机最上端必须装设避雷针，并应将起重机钢架连接于接地装置上。接地装置应尽可能利用永久性接地系统。如果是水平移动的塔式起重机，其地下钢轨必须可靠地接到接地系统上。起重机上装设的避雷

针，应能保护整个起重机及其电力设备。

② 沿建筑物四角和四边竖起的木、竹架子上，做数根避雷针并接到接地系统上，针长最小应高出木、竹架子 3.5m，避雷针之间的间距以 24m 为宜。对于钢脚手架，应注意连接可靠并要可靠接地。如施工阶段的建筑物当中有突出高点，应如上述加装避雷针。在雨期施工应随脚手架的接高加高避雷针。

③ 建筑工地的井字架、门式架等垂直运输架上，应将一侧的中间立杆接高，高出顶墙 2m 作为接闭器，并在该立杆下端设置接地线，同时应将卷扬机的金属外壳可靠接地。

④ 应随时将每层楼的金属门窗（钢门窗、铝合金门窗）和现浇混凝土框架（剪刀墙）的主筋可靠连接。

⑤ 施工时应按照正式设计图纸的要求，先做完接地设备。同时，应当注意消除跨步电压的问题。

⑥ 在开始架设结构骨架时，应按图纸规定，随时将混凝土柱子的主筋与接地装置连接，以防施工期间遭到雷击而被破坏。

⑦ 应随时将金属管道及电缆外皮在进入建筑物的进口处与接地设备连接，并应把电气设备的铁架及外壳连接在接地系统上。

（四）施工现场配电室及自备电源

1. 配电室的位置及布置

（1）配电室的位置选择。配电室的位置选择应根据现场负荷类型、大小和分布特点、环境特征等进行全面考虑。正确选择配电室的位置应符合以下原则：

① 配电室应尽量靠近负荷中心，以减少线路的长度和减少导线的截面积，提高配电质量，同时还能使配电线路清晰，便于维护。

② 进出线方便，并要便于电气设备的搬运。

③ 尽量避开多尘、震动、高温、潮湿等场所，以防止尘埃、潮气、高温对配电装置导电部分和绝缘部分的侵蚀，防止震动对配电装置运行的影响。

④ 尽量设在污染源的上风侧，防止因空气污秽引起电气设备绝缘及导电水平降低。

⑤ 不应设在容易积水场所的正下方。

（2）配电室的布置。配电室一般是独立式建筑物，配电装置设置在室内。在低压配电室里，常用的低压配电屏型号及结构的简要特征见表 2-23。

表 2-23　配电屏型号及结构的简要特征

配电屏型号	结构简要特征	配电屏型号	结构简要特征
BSL-1	双面维护、非靠墙装置	BDL-1	单面维护、靠墙装置
BSL-6	双面维护、非靠墙装置	BDL-10	单面维护、靠墙装置
BSL-10	双面维护、非靠墙装置	BFL-2	抽屉式、非靠墙装置

配电室内的配电屏是经常带电的配电装置，为了保证运行安全和检查、维修安全，装置之间及装置与配电室顶棚、墙壁、地面之间必须保持电气安全距离。例如，配电屏正面操作通道宽度：单列布置时应不小于 1.5m，双列布置时应不小于 2m；配电屏后面的维护、检修通道宽度应不小于 0.8m 等。

配电屏还应采取如下安全技术措施。

① 配电屏上的各条线路均应统一编号，并做出用途标记，以便管理，利于正常安全操作。

② 配电屏应装设短路、过负荷、漏电等电气保护装置，主要对配电系统中开关箱以上的配电装置（包括电力变压器）和配电线路实行短路保护、过载保护和漏电保护。

③ 成列的配电屏（包括控制屏）的两端应与重复接地和专用保护零线做电气连接，以实现所有配电屏正常不带电的金属部件与大地等电位的等位体。

④ 配电屏或配电线路维修时，应停电并悬挂标志牌，以避免停、送电时发生误操作。

（3）配电室建筑的要求。对配电室建筑的基本要求是室内搬运、装设、操作和维修方便，以及运行安全可靠。其长度和宽度应根据配电屏的数量和排列方式决定；其高度要视进、出线的方式（电缆埋地敷设或绝缘导线架空敷设）以及墙上是否设隔离开关等因素而定。

配电室建筑物的耐火等级不低于三级，室内不准存放易爆、易燃物品，并应配备沙箱、1211 灭火器等。配电室应有自然通风和采光，设有隔层及防水、排水措施，还必须有避免小动物进入的措施。配电室的门向外开并加锁，以便于紧急情况下室内人员撤离和防止闲杂人员随意进入。

2. 自备电源

当外电线路电力供电不足或其他原因而停止供电时就需自备电源。

按照 JGJ 46—2012《施工现场临时用电安全技术规范》的规定，施工现场临时用电应采用具有专用保护零线的、电源中性点直接接地的三相四线制供电系统。为了保证自备发电机组电源的供配电系统运行安全、可靠，并且充分利用已有的供配电线路，自备发配电系统也应采用具有专用保护零线的、中性点直接接地的三相四线制供配电系统。但该系统运行时，必须与外电线路（例如电力变压）部分在电气上完全隔离，即所谓独立设置，以防止自备发电机供配电系统通过外电线路电源变压器低压侧向高压侧反馈送电而造成危险。

施工现场临时用电自备发电机供配电系统的设置必须遵守以下三项规定。

（1）自备发电机组电源应与外电线路电源相互联锁，严禁并列运行。

（2）自备发电机组电源的接地、接零系统应独立设置，与外电线路隔离，不得有电气连接。

（3）自备发电机组的供配电系统应采用有专用保护零线的三相四线制中性点直接接地系统。

（五）施工现场的配电线路

施工现场的配电线路包括室内线路和室外线路。室内线路通常有绝缘导线和电缆的明敷设和暗敷设；室外线路主要有绝缘导线架空敷设和绝缘电缆埋地敷设两种，也有电缆线架空明敷设的。

1. 架空线路的要求

架空线路由导线、绝缘子、横担及电杆等组成。

（1）架空线路必须采用绝缘铜线或绝缘铝线，铝线的截面积大于 $16mm^2$，铜线的截面积大于 $10mm^2$。

（2）架空线路严禁架设在树木、脚手架及其他非专用电杆上，且严禁成束架设。架空线路的挡距不得大于 35m，线间距不得大于 30mm，架空线的最大弧垂处与地面最小距离（施工现场一般为 4m，机动车道为 6m，铁路轨道为 7.5m）。

2. 室内配电线的要求

安装在室内的导线，以及它们的支持物、固定用配件，总称室内配线。

室内配线分明装、暗装两种，明装导线是沿屋顶、墙壁敷设；暗装导线是敷设在地下、墙内、顶棚上面等看不到的地方。一般应满足以下使用安全要求。

（1）导线的线路应减少弯曲；导线绝缘层应符合线路的安全方式和敷设的环境条件。

（2）导线的额定电压应符合线路的工作电压；导线截面积要满足供电容量要求和机械强度要求；导线连接应尽量减少分支、不受机械作用；线路中应尽量减少接头。

（3）线路布置尽可能避开热源，应便于检查。

（4）水平敷设的线路距地面低于 2m 或垂直敷设的线路距地面低于 1.8m 的线段，应预防机械损伤。

（5）为防止漏电，线路对地的绝缘电阻不小于 $100\Omega/V$。

3. 电缆线路的要求

（1）确定敷设电缆的方式和地点，应以方便、安全、经济、可靠为依据。电缆直埋方式，施工简单、投资省、散热好，应首先考虑。敷设地点应保证电缆不受机械损伤或其他热辐射，同时应尽量避开建筑物和交通设施。

（2）电缆直接埋地的深度不小于 0.6m，并在电缆上下均匀铺设不小于 50mm 厚的细砂，再覆盖砖等硬质保护层，并在地上插有标志。

（3）电缆穿过建筑物、构筑物时必须设置护管，以免机械损伤。

（4）电缆架空敷设时，应沿墙壁或电杆设置。严禁用金属裸线作绑线，电缆的最大弧垂直距离地面不小于 2.5m。

（六）施工现场的配电箱和开关箱

1. 配电箱与开关的设置

（1）设置原则：施工现场应设总配电箱（或配电室），总配电箱以下设分配电箱，分配电箱以下设开关箱，开关箱以下是用电设备。

（2）总配电箱是施工现场的配电系统的总枢纽，装设位置应结合便于电源引入，靠近负荷中心，减少配电线路，缩短配电距离等因素综合确定。分配电箱应考虑用电设备的分布情况分片装设在用电设备或负荷相对集中的地区，分配电箱与开关箱的距离应力求缩短。

开关箱与所控制的用电设备的距离不宜过长，保证当操作开关箱的开关时，用电设备启动、停止和运行情况能在操作者的监护视线范围之内。

配电箱和开关箱的装设环境应符合以下要求。

① 防雨、防尘、干燥、通风，在常温下，无热源烘烤，无液体浸溅；

② 无外力撞击和强烈振动；

③ 无严重瓦斯、蒸汽、烟气及其他有害介质影响；

④ 配电箱、开关箱应保证有足够的工作场地和通道，周围不应有杂物。

（3）电气安全技术措施

① 配电箱、开关箱的箱体材料一般选用铁板，也可用绝缘板。

② 配电箱、开关箱内部开关的安装应符合技术要求，工作位置安装端正、牢固，不倒置、歪斜、松动。移动式配电箱、开关箱应牢固，安装在稳定、坚实的支架上。安装高度能适应操作，通常固定式配电箱、开关箱的下底面安装高度为1.3~1.5m，移动式配电箱、开关箱底面安装高度为0.6~1.5m。

③ 配电箱、开关箱的进出口导线敷设时应加强绝缘，并卡固。进出口线应一律设在箱体的下面，导线不得承受超过导线自重的拉拽力，以防止导线被拉断或在箱内的接头被拉开。

④ 配电箱、开关箱的铁质箱体应做可靠的接零保护装置。保护零线应按国际标准采用绿/黄双色线，并通过专用接线端子板连接，并与工作接零相区别。

2. 配电箱与开关箱的使用

为了保障配电箱、开关箱安全使用，应注意以下问题。

（1）加强对配电箱、开关箱的管理，防止误操作造成危害，所有配电箱、开关箱应在其箱门处标注编号、名称、用途和分路情况。

配电箱、开关箱必须专箱专用，不能另挂其他临时用电设备。

（2）为了防止停、送电时电源手动隔离开关带负荷操作，对用电设备在停、送电时进行监护，配电箱、开关箱之间操作应当遵循合理的顺序。送电时操作顺序应当是总配电箱（配电室内的配电屏）→分配电箱→开关箱；停电时操作顺序应当是开关箱→分配电箱→总配电箱（配电室的配电屏）。

对于配电箱和开关箱里的开关电器，应遵循相应的操作顺序、送电时应先关合手动开关电器，后关合自动开关电器；停电时先分断自动开关电器，后分断手动开关电器。

在出现电气故障，尤其是发生人体触电伤害时，允许就地就近将有关开关分断。

（3）为了保证配电箱、开关箱的正确使用，及时发现使用过程中的隐患和问题，及时维修并防止事故发生，必须对配电箱、开关箱的操作者进行必要的岗前技术、安全培训，通过培训达到掌握安全用电基本知识，熟悉所用设备的电气性能，熟悉掌握有关电器的正确操作方法。

配电箱、开关箱的操作人员上岗应按规定穿戴合格的绝缘用品，经外观检查确认有关配电箱、开关箱、用电设备、电气线路和保护设施完好后方能进行操作，当发现问题或异常时应及时处理。例如，当控制电动机的开关合闸后，电动机不能启动，则应立即拉闸断电，进行检查处理。又如，若发现保护零线断线和接头松动、脱落，应重新牢固连接才可操作。对配电箱、开关箱、电气线路、用电设备和保护设施进行检查处理应由专业人员完成。

（4）施工现场临时用电工程的运行环境条件较正式电气工程差，应对配电箱和开关箱定期检查、维修。检查、维修周期应适当缩短，一般一月一次为宜。

更换熔断器的熔体（熔丝）时，必须采用原规格的合格熔体，禁止用非标准的、不合格的熔体代替。

为了保证配电箱、开关箱内的开关电器能安全运行，应经常保持箱内整洁、干燥、无杂物，更不能放置易燃易爆物品和金属导电器材，防止开关火花点燃易燃易爆物品，防止金属导电器材意外触碰带电部分引起电器短路或人体触电。

（5）熔断器熔件的选择：一般情况下，熔件的熔断电流超过熔断器额定电的 1.3～2.1 倍时，熔件就会熔断，而且电流愈大，熔断愈快。采用保护接零的系统，为了能在发生单相碰壳短路时，立即断开线路，一般线路单相短路电流大于熔断器额定电流的 3 倍以上，为了躲过线路上的峰值电流，熔断器的额电流应大于允许负荷的 1.5～2.5 倍，选用方法如下。

① 单台电动机负荷时，熔件的额定流量应大于电动机额定流量的 1.5～2.5 倍。

② 多台电动机负荷时，熔件的额定流量应大于最大一台电动机额定电流的 1.5～2.5 倍与其他电动机额定流量之和。

③ 没有冲击的负荷，如照明线路等，熔件的额定电流应大于负荷的电流。

（七）供用电设备安全要求

1. 配电变压器

配电变压器在建筑施工中应用广泛。它是一种静止电器，起升高电压或降低电压的作用。建筑施工企业自用变压器均用来降低电压，通常把 10kV 的高压变换为 380V/220V 的低压电。380V 的电压可供三相电动机使用，220V 的电压可供建筑用的电动工具及现场照明使用。

（1）保证变压器运行的安全措施

① 对室内安装的变压器，必须是耐火建筑；变压器室的门应用不燃的材料制成，并且门应向外开。

② 对于高压侧电压为 10kV，变压器容量为 750kV·A 的变压室，室内应有储油坑。

③ 变压器的下方应设有通风墙，墙上方或屋顶应有排气孔，以利变压器散热良好。

④ 变压器室的门应随时上锁，并应在门上悬挂"高压危险"的警告牌。

⑤ 变压器及其他变电设备的外壳均应有可靠接地。采用保护接零的低压系统，中性点应通过击穿熔断器接地。

⑥ 运行中的变压器高压侧电压不应与相应的额定值相差 5%。变压器各相电流不应超过额定电流的 25%。

⑦ 变压器上层油温不能超过 85℃，必须保证足够的油量和质量；要经常观察有无漏油或渗油现象；观察油位指示是否正常；油的颜色是否由浅黄加深或变黑。

⑧ 变压器的套管是否清洁，有无裂纹和放电痕迹。

（2）变压器停止使用的范围

① 箱体漏油使油面低于油面计上的限度，并有继续下降的趋势。

② 油枕喷油。

③ 声响不均匀或有爆裂声。

④ 油色过深，油内出现炭质。

⑤ 套管有严重裂纹和放电现象。

变压器在运行中一般每 10 年大修一次，每年小修一次。若安装在污秽地区的变压器需另行处理。

2. 电动机的安全要求

选用电动机时为了保证安全，必须考虑工作环境。例如，潮湿、多尘的环境或户外应选用封闭式电动机，在可燃或爆炸性气体的环境中，应选用防爆式电动机。

电动机的功率必须与生产机械载荷的大小，持续、间断的规律相适应。此外，还要满足转速、启动、调速的要求，机械特性的要求和安装方面的要求。

电动机运行时，应注意以下问题。

（1）各部温度不超过允许温度。

（2）电压波动不能太大。因为转矩与电压的平方成正比，所以电压低对转矩的影响很大。一般情况下，电压波动不得超过 $-5\% \sim +10\%$ 的范围。

（3）电压不平衡不能太大。三相电压不平衡会引起电动机额外发热。一般三相电压不平衡不能超过 25%。

（4）一相电流不平衡不能太大。如果电流不平衡不是电源造成，则可能是电动机内部有某种故障。当各相电流均未超过额定电流时，最大不平衡电流不得超过额定电流的 10%。

（5）声响和振动不得太大。新安装的电动器，同步转速为 3000r/min 时要求振动值不超过 0.06mm，1500r/min 时不超过 0.1mm，1000r/min 时不超过 0.13mm，750r/min 以下时不超过 0.16mm。

（6）线绕式电动机的电刷与滑环之间应接触良好，没有火花产生。

（7）三相电动机不准两相运行，电动机一相断电，容易因过热而损坏绝缘，应立即切断电源。

（8）机械部分不能被卡住。

（9）电动机必须保持足够的绝缘能力。

（八）施工现场照明

合理的电气照明是保证安全生产、提高劳动生产率和保护工作人视力健康的必要条件。施工现场照明的合理设置对正常施工和安全是重要的技术条件。

1. 照明供电质量

提高供电质量是保证施工现场照明的基本条件。影响照明供电质量的主要因素是电压偏移。一切用电设备只有在额定电压下运行时才有最好的使用效果，电压偏移越大，用电设备的使用效果越差。白炽灯当电压降低 5% 时，光通量降低 18%；电压降低 10%，光通量降低 30%。电压比额定电压升高时，白炽灯的使用寿命明显缩短。一般工作场所的室内照明和露天工作场所照明，允许电压偏移值为 2.5%。

2. 照明线路导线截面的选择

施工现场照明线路导线截面的选择应兼顾以下几方面：导线的机械强度，导线的允许电流，导线的电压损失，按短路电流检校线路。

（1）根据机械强度要求，允许的最小导线截面积见表 2-24。

（2）电压偏移：电流由电源（变压器）、线路流向负荷，由于电源和线路存在阻抗而产生电压损失，使照明端产生了电压偏移，即照明端的实际电压与额定电压有了偏差。因照明（如灯泡）不变，如要减少电压损失，则必须减小线路阻抗。为此，只有增加导线的截面积。

3. 照明安全要求

经常有人的环境中的照明，如局部照明灯、行灯、标灯等的电压不得超过 30V。潮湿场所或金属管道照明不超过 12V。

表 2-24 根据机械强度允许的最小导线截面积

导线敷设方式	支持点距离/m	截面积/mm²	
		铜芯	铝芯
吊灯用软线		0.75	
瓷珠配线	1.5 以下	1.0	2.5
瓷瓶配线	2.0 以下	1.5	4
	3.0 以下	1.5	4
	6.0 以下	2.5	4
槽板配线		1	1.5
穿管配线		1	2.5
铝卡片配线	0.3 以下	1	2.5
建筑物内裸线		2.5	6
建筑物外沿墙敷设绝缘线	20 以下	4	10
引下线绝缘导线	10 以下	2.5	4
380V/220V 架空裸导线		6	16

注：导线的截面积必须满足机械强度要求和允许电流要求。

行灯电源线应使用橡套缆线，不得使用塑料软线。

行灯变压器应使用双圈的，一、二次侧均必须加熔断器，一次电源线应使用三芯橡胶线，其长度不应超过 3m。行灯变压器必须有防水防雨措施。

行灯变压器金属外壳及二次线圈应接零保护。

办公室、宿舍的灯，每盏应设开关控制，工作棚、场地采用分路控制，但应使用双极开关。灯具对地面垂直距离不应低于 2.5m，距可燃物应当保持安全距离。室外灯具距地不低于 3m。

二、现场动火安全技术规定

（一）燃烧

1. 燃烧及其条件

燃烧一般是指某些可燃物在较高温度时与空气中的氧或其他氧化剂进行剧烈化学反应而发生的放热、发火现象。燃烧必须具备三个条件。

（1）可燃物。不论是固体、液体、气体，凡是能与空气中的氧和其他氧化剂起剧烈反应的物质，一般都称为可燃物质，如木材、石油、煤气等。

（2）火源。即能引起可燃物质燃烧的热能，如火焰、电火花等。

（3）助燃物。凡能帮助燃烧的物质都叫助燃物质，如氧气、氯气等。

上述三个条件，即三个因素相互作用，就能产生燃烧现象。

2. 影响燃烧性能的主要因素

（1）燃点。火源接近可燃物能使其发生持续燃烧的最低温度，叫着火点或燃点。燃点越低，火灾的危险性就越大。

（2）自燃点。可燃物与空气混合后，共同均匀加热到不需要明火而自引着火的最低温度，称为自燃点。自燃点越低，火灾危险性就越大。

（3）自燃。自热燃烧称为自燃。堆放物越多，越容易引起燃烧。

（4）闪点。可燃物挥发出的蒸气与空气形成混合物，遇火源接触能够发生闪燃的最低温度即为闪点。闪点越低，火灾危险性越大。

（5）燃烧速度。可燃气体单位时间内被燃烧掉的数量或体积量度为燃烧速度。燃烧速度越快，引起火灾的危险性越大。

（6）诱导期。在引着火前所延滞的时间称为诱导期。延滞时间短，火灾危险性便大。

（7）最小引燃量。所需引燃量越少，引起火灾的危险性就越大。

（二）施工现场仓库防火

1. 易燃仓库的设置、储存注意事项

（1）易着火的仓库应设在水源充足、消防车能到达的地方，并应设在下风方向。

（2）易燃仓库四周内，应有宽度不小于 6m 的平坦空地作为消防通道。通道上严禁堆放障碍物。

（3）储量大的易燃仓库，应设两个以上的大门，并应将生活区、生活辅助区和堆放场分开布置。

（4）易燃仓库堆料场与其他建筑物、铁路、道路、架高电线的防火间距，应按《建筑防火规范》的有关规定执行。

（5）对于易引起火灾的仓库，应将仓库内、外按每 $500m^2$ 的区域分段设立防火墙，把平面划分为若干个防火单元，以便考虑失火后能阻止火势的扩散。

（6）有明火的生产辅助区和生活用房与易燃堆垛之间，至少应保持 30m 的防火间距。有飞火的烟囱应布置在仓库的下风地带。

（7）易燃仓库堆料场应分堆垛和分组设置，每个垛的面积为：稻草不得大于 $150 m^2$，木材（板材）不得大于 $300m^2$，锯末不得大于 $200m^2$，堆垛之间应留 3m 宽的消防通道。

2. 储存注意事项

（1）对储存的易燃货物应经常进行防火安全检查，发现火险隐患，必须及时采取措施，予以消除。

（2）在易燃物堆垛附近不准生火烧饭，不准吸烟。

（3）稻草、锯末、煤等材料的堆放垛，应保持良好通风，并应经常注意堆垛内的温度变化。发现温度超过 38℃，或水分过低时，应及时采取措施，防止其自燃起火。

（三）施工现场防火要求

（1）施工现场的平面布置、施工方法和施工技术，均应符合消防安全要求。

（2）施工现场应明确划分用火作业，易燃可燃材料堆放、仓库、废品集中站和生活等的区域。

（3）施工现场的道路应畅通无阻；夜间应设照明，并加强值班巡逻。

（4）不准在高压架空线下面搭设临时性建筑物或堆放可燃物品。

（5）土建开工前应将消防器材和设施配备好，并应敷设好室外消防水管、消火栓、沙箱、铁锹等。

（6）乙炔发生器和氧气瓶存放之间的距离不得小于 2m，使用时两者的距离不得小于 5m。

（7）氧气瓶、乙炔发生器等焊割设备的安全附件应完整而有效，否则严禁使用。

（8）施工现场的焊、割作业，必须符合防火要求，严格执行"十不烧"规定。

① 焊工必须持证上岗，无证者不准进行焊、割。

② 属一、二、三级动火范围的焊、割作业，未经办理动火审批手续，不准进行焊、割。

③ 焊工不了解焊件内部是否有易燃、易爆物时，不得进行焊、割。

④ 焊工不了解焊、割现场周围情况，不得进行焊、割。

⑤ 各种装过可燃气体、易燃液体和有毒物质的容器，未经彻底清洗，或未排出危险之前，不准进行焊、割。

⑥ 用可燃材料作保温层、冷却层、隔音、隔热设备的部位，或火星能飞溅到的地方，在未采取切实可靠的安全措施之前，不准焊、割。

⑦ 有压力或密闭的管道、容器，不准焊、割。

⑧ 焊、割部位附近有易燃、易爆物品，在未做清理或未采取有效的安全防护措施前，不准焊、割。

⑨ 附近有与明火作业相抵触的工种在作业时，不准焊、割。

⑩ 与外单位相连的部位，在没有弄清有无险情，或明知存在危险而未采取有效的措施前，不准焊、割。

（9）施工现场用电，应严格按照用电安全管理规定，加强电源管理，以便防止发生电气火灾。

（10）冬季施工采用煤炭取暖，应符合防火要求和指定专人负责管理。

（四）禁火区域划分和特殊建筑施工现场防火

1. 禁火区划分

（1）凡属下列情况之一的属一级动火。

① 禁火区域内；

② 油罐、油箱、油槽车和储存过可燃气体、易燃气体的容器以及连接在一起的辅助设备；

③ 各种受压设备；

④ 危险性较大的登高焊、割作业；

⑤ 堆有大量可燃和易燃物质的场所；

⑥ 比较密封的室内、容器内、地下室等场所。

（2）凡属下列情况之一的为二级动火。

① 在具有一定危险因素的非禁火区域内进行临时焊、割等作业；

② 小型油箱等容器；

③ 登高焊、割等作业。

（3）在非固定的、无明显危险因素的场所进行用火作业，均属三级动火作业。

（4）施工现场的动火作业，必须执行审批制度。

① 一级动火作业由所在工地负责人填写动火申请表和编制安全技术措施方案，报公司安全部门批准后，方可动火；

② 二级动火作业由所在工地负责人填写动火申请表和制定安全技术措施方案，报本单位主管部门审查批准后，方可动火；

③ 三级动火作业由所在班组填写动火申请表，经工地负责人审查批准后，方可动火。

2. 特殊建筑施工现场的防火

（1）24m 以上的高层建筑施工现场，应设置具有足够扬程的高压水泵或其他防火设备及设施。

（2）增设临时消防水箱，必须保证有足够的消防水源。

（3）进入内装饰阶段，要明确规定吸烟点。

（4）严禁在屋顶用明火熔化沥青。

（5）高层建筑和地下工程施工现场应具有通信报警装置，以便于及时报告险情。

（五）灭火器材的配备及使用方法

1. 灭火器材的配备

（1）现场仓库消防灭火设施

① 仓库的室外消防用水量，应按照《建筑设计防火规范》的有关规定执行。

② 应有足够的消防水源，其进水口一般不应小于两处。

③ 消防管道的口径应根据所需最大消防用水量确定，一般不应小于 150mm，消防管道的设置应呈环状。

④ 室外消火栓应沿消防车道或堆料场内交通路的边缘设置，消火栓之间的距

离不应大于 50m。

⑤采用低压给水系统，管道内的压力在消防用水量达到最大时，不低于 0.1MPa；采用高压给水系统，管道内的压力应保证两支水枪同时布置在堆场内最远和最高处的要求，水枪充实水柱不小于 13m，每支水枪的流量不应小于 5L/s。

⑥仓库或堆场内，应分组布置酸碱、泡沫、二氧化碳等灭火器，每组灭火器不应少于 4 个，每组灭火器的间距不应大于 30m。

（2）施工现场灭火器材的配备

①一般临时设施区，每 100m² 配备 2 个 10L 灭火机，大型临时设施总面积超过 1200m² 的，应备有专供消防用的太平桶、积水桶（池）、黄沙池等器材设施。上述周围不得堆放物品。

②临时木工间，油漆间，木、机具间等，每 25m² 应配置一个种类合适的灭火机；油库、危险品仓库应配备足够数量、种类的灭火机。

2. 灭火机的性能、用途和使用方法

几种灭火机的性能、用途和使用方法见表 2-25。

表 2-25　几种灭火机的性能、用途和使用方法

灭火机种类	二氧化碳灭火机	四氯化碳灭火机	干粉灭火机	2111 灭火机
规格	2kg 以下 2～3kg 5～7kg	2kg 以下 2～3kg 5～8kg	8kg 50kg	1kg 2kg 3kg
药剂	液化二氧化碳	四氯化碳液体,并有一定压力	钾盐或钠盐干粉并有盛装压缩气体的小钢瓶	二氟-氯-溴甲烷,并充填压缩氮
用途	不导电。扑救电气、精密仪器、油类和酸类火灾;不能扑救钾、钠、镁、铝物质火灾	不导电。扑救电气设备火灾;不能扑救钾、钠、镁、铝、乙炔、二硫化碳火灾	不导电。扑救电气设备火灾和石油产品、油漆、有机溶剂、天然气火灾;不宜扑救电动机引起的火灾	不导电。扑救电气设备、油类、化工化纤原料初起火灾
效能	射程 30m	3kg,喷射时间 30s,射程 7m	8kg,喷射时间 4～8s,射程 4.5m	1kg,喷射时间 6～8s,射程 2～3m
使用方法	一手拿喇叭筒对着火源,另一手打开开关	只要打开开关,液体就可喷出	提起圈环,干粉就可喷出	拔下铅封或横销用力压下压把
检查方法	每 3 个月测量一次,当减少原重 1/10 时应充	每 3 个月试喷少许,压力不够时应充气	每年检查一次干粉是否受潮或结块;小钢瓶内气体压力每半年检查一次,如重量减少 1/10 应换气	每年检查一次重量

（六）防火管理

1. 施工现场仓库防火管理

（1）易燃仓库的装卸管理

① 拖拉机不准进入仓库，堆料场地进行装卸作业，其他车辆进入仓库或在堆料场装卸时，应安装符合要求的火星熄灭器。

② 在仓库或堆料场内进行吊装作业时，其机械设备必须符合防火要求，严防产生火星，引起火灾。

③ 装过化学危险物品的车，必须在清洗干净后方可装运易燃和可燃物。

（2）易燃仓库的用电管理

① 仓库或堆料场内一般应使用地下电缆，若有困难设置架空电力线时，架空电力线与露天易燃物堆垛的最小水平距离不应小于电杆高度的 1.5 倍。

② 仓库或堆料场使用的照明灯与易燃堆垛间至少应保持 1m 的距离。

③ 仓库或堆料场严禁使用碘钨灯，以防电气设备起火。

④ 安装的开关箱、接线盒应距离堆垛外缘不小于 1.5m，不准乱拉临时电气线路。

⑤ 对仓库或堆料场内的电气设备，应经常检查、维修和管理，储存大量易燃品的仓库场地应设置独立的避雷装置。

2. 施工现场火灾事故的管理

（1）施工现场发生火警或火灾，应立即报告公安消防部门，以最快的速度组织抢救。

（2）在火灾事故发生后，施工单位和建设单位应共同做好现场保护，并会同消防部门进行现场勘察工作。

（3）对火灾事故的处理提出建议，并提出和落实防范措施。

3. 建立、健全防火制度

（1）建立、健全消防组织和检查制度

① 公司、工区、施工队均应建立系统的消防组织。建立义务消防队，每班有消防员。

② 定期实行防火检查制度，发现火险隐患，必须立即消除；一时难以消除的隐患，必须定人员、定项目、定措施限期整改。

（2）各级消防队负责人职责

① 贯彻执行消防法规和有关指示。

② 组织制定岗位防火责任制度，火源、电源管理制度，门卫制度，值班巡查制度，安全防火检查制度和防火操作制度。

③ 划分防火责任区，指定区域防火负责人，明确职责，逐级落实防火任务。

④ 领导专职、义务消防（员）队，加强管理教育和业务训练，组织员工扑灭

火灾，定期组织防火安全检查。

⑤ 负责组织消防器材设备的配置、维修和管理。

⑥ 负责组织向员工进行防火安全教育，普及消防知识，提高员工防火警惕性。

⑦ 对各种专业人员和新员工进行专业防火安全知识教育。

⑧ 配备专人负责经常检查、监督危险仓库的消防安全工作。

（3）建立奖惩制度

① 奖励制度

a. 凡在仓库消防工作中，积极参加各项消防工作活动，并坚守消防规章制度，未出现大小消防事故者应给予物质奖励。

b. 面临火灾机智勇敢地进行扑救，有显著成效的单位和个人应给予表彰和奖励。

② 惩罚制度

a. 对违犯规定，造成火灾的有关人员，应视情节给予警告、罚款、行政拘留的处罚。

b. 造成严重后果构成犯罪的，应由公安、司法机关依法追究刑事责任。

三、车辆运输安全技术规定

（一）道路运输安全技术

施工企业都拥有一定数量的机动车辆，如载重汽车、工具车、机动翻斗车、自卸汽车、平板拖、各种专业用车和大、小客车等。这些车辆不仅在施工区域内行驶，还要到市内或外地执行运输任务。只要车子一开动，就形成一个独立的作业场面，成为一个车辆驶驾系统。

车辆驾驶系统的安全，除取决于车况、路况、环境外，主要取决于司机。因此，道路安全技术管理的核心问题是对司机的管理。

（二）驾驶员操作要点

1. 预热升温，保持温度

冷车发动前，应根据气候条件进行预热。在冬季行车，应带发动机保温套或散热器帘；在严寒地区行车，应携带预热及保温设备。

发动冷车应冷摇慢转轴十数转，启动后利用高怠速运转升温。

起步时，发动机水温不低于50℃，运行中水温应保持在80～90℃。

2. 低挡起步，注意安全

起步先看车辆四周和车下有无障碍物，各种仪表是否正常，制动气压是否达到标准，货物装载是否稳妥，乘客是否坐稳，有无车辆超越或行人贴车通过。

重车和冷车必须用一挡起步，起步后循序换挡，不得高速挡低速行驶或低速挡高速行驶。

车辆发动前，变速杆应放到空挡位置，并拉紧手制动。

3．平稳行驶，正常滑行

行驶中注意选择路面，爬起伏小坡应适当加速，利用冲力上坡，遇长坡、陡坡，要提前换挡，不硬撑、硬冲，保持余力。

在熟悉的道路上，可选择路段正确滑行。除预定减速停车外，不得熄火滑行。下坡时，严禁空挡滑行。通过铁路、陡坡、急弯、傍山险路、冰雪路面、泥泞路道时，严禁滑行。

4．涉水过泽，掌握要领

车辆涉水和过漫水桥、泥泞翻浆道路时，必须查明行车线路，派人引车，低速行驶，不得紧急制动，严禁熄火。如果水深超过排气管时，不得强行通过。

如车辆被陷，必须用车牵引时，应按规定有专人指挥。

（三）对车辆驾驶员的要求

1．一般要求

（1）技术熟练、勤奋好学。努力钻研驾驶技术，练好基本功；熟悉新车辆，掌握新操作；摸索车、畜、人的活动规律和特点，积累安全行车经验。

（2）遵章守法，服从调度。严格遵守政策法令，严格执行道路交通管理条例，听从分配，服从指挥。

（3）爱护财产，爱护乘客。保养好车辆，使车辆保持良好的技术状态；珍惜货物，努力减少货损货差；关心乘客，热情接待，安全正点。

（4）高产低耗，讲求效益。积极完成运输任务，努力降低机件磨损和轮胎损耗，节约油料，发挥运输效率。

（5）团结协作，大公无私。密切与调度人员、装卸工、养路工等的配合；不徇私情，不谋私利，不用车辆搞个人交易。

2．具体要求

按照国家道路交通管理条例的规定，参照一些施工企业的成熟经验，整理成机动车辆驾驶员安全行车守则，供借鉴。

一树立：牢固树立安全第一的思想。

二自觉：

① 自觉遵守道路交通管理条例和各项安全行车规定。

② 自觉参加政治、技术学习和各种安全活动。

三服从：

① 服从机动车辆调度人员安排。

② 服从专职、兼职检查人员的检查。

③ 服从交通民警的指挥。

四勤：

① 勤检查：执行出车前、行驶中、收车后三检查制，保证制动器、转向器、喇叭、灯光信号等主要安全装置齐全完好。

② 勤保养：按一、二、三级保养制度执行，保持车况良好。

③ 勤查看：查看备品用具，保证备用油桶、水桶、各种随车工具和物品齐全、可靠。

④ 勤擦洗。保持号牌清晰，车容整洁。

五掌握：

① 掌握车辆技术状况。

② 掌握道路、桥梁的变化情况。

③ 掌握地区特点和人、畜、车活动规律。

④ 掌握气象。

⑤ 掌握市内外和有关地区行车规则。

六预防：

① 预防前车紧急制动。

② 预防岔道、急转弯处突然来车。

③ 预防拖拉机、非机动车截头猛拐。

④ 预防行人突然横穿马路和牲畜受惊乱窜。

⑤ 预防制动、转向机件失灵。

⑥ 预防雨后、冰雪道路上侧滑掉道。

七做到：

① 礼貌行车，宁停三分，不抢一秒。

② 转弯减速、鸣号、靠右行，随时准备停车。

③ 前车走远心不慌，后车超车主动让。

④ 超车选择路段，提前鸣号（夜晚用灯光信号），不见前车让道不超越。

⑤ 中速行驶，礼让三先（先慢、先让、先停）。

⑥ 通道岔道口，一看、二慢、三通过。

⑦ 道路复杂心不急，行人稠密更注意。

八不开：

① 不开霸王车。

② 不开赌气车。

③ 不开抢道车。

④ 不开带病车。

⑤ 不开侥幸车。

⑥ 不开违章车。

⑦ 不开冒险车。

⑧ 不开疲劳车。

九不拖：

① 挂车只准拖一辆车，超过一辆不拖。

② 挂车载重量超过汽车载重量不拖。

③ 被牵引的机动车，转向器、灯光装置失效时不拖。

④ 连接装置不牢固不拖。

⑤ 没有保险绳或必需的硬连接装置不拖。

⑥ 起重车、轮式专用机械车等车辆不拖。

⑦ 被牵引的对象为二轮或轻便摩托车时不拖。

⑧ 被牵引的机动车宽度大于牵引车时不拖。

⑨ 危险路段、无安全保障的不拖。

十慢行：

① 情况不明、视线不清要慢行。

② 起步、会车、让车、倒车、停车时要慢行。

③ 通过道岔路口、窄路、弯路、险坡、桥梁、车站、港区、坎坷路要慢行。

④ 穿过繁华街道要慢行。

⑤ 穿过维护作业区时要慢行。

⑥ 上、下渡船要慢行。

⑦ 雨、雾、冰雪、夜路要慢行。

⑧ 运超高、超长、超宽物资要慢行。

⑨ 运易损、易燃、易爆物品要慢行。

⑩ 厂区、施工作业区、库房内外、进退洗车台、进出修理厂等要慢行。

十一让：

① 车辆通过有交通信号或交通标志控制的交叉路口，遇放行信号时，必须先让被放行的车辆行驶。

② 车辆通过没有交通信号或交通标志控制的交叉路口，支路车让干路车先行。支、干路不分的，非机动车让机动车先行，非公共汽车、电车让公共汽车、电车先行，同类车让右边没有来的车先行。相对方向同类车相遇，左转弯的车让直行或右转弯的车先行。进入环形路口的车让已在路口内的车先行。

③ 车辆行经人行横道，遇有交通信号放行人通过时，必须停车或减速让行。通过没有信号控制的人行横道时，必须注意避让来往行人。

④ 依次通过铁路道口，或让先被放行的车辆行驶。

⑤ 机动车会车有困难时，有条件让路的一方让对方先行。

⑥ 在有障碍的路段，有障碍的一方让对方先行。

⑦ 在狭窄的坡路，下坡车让上坡车先行。但下坡车已行至中途而上坡车未上

坡时让下坡车先行。

⑧ 机动车行驶中，遇后车发出超车信号时，在条件许可的情况下，必须靠右让路，并开右转向灯，不准故意不让或加速行驶。

⑨ 机动车驶入或驶出非机动车道，必须注意避让非机动车。非机动车因受阻不能正常行驶时，准许在受阻的路段内驶入机动车道，后面驶来的机动车必须减速让行。

⑩ 警车及其护卫的车队、消防车、工程救险车、救护车执行任务时，在确保安全的原则下，不受行驶速度、行驶路线、行驶方向、和指挥信号灯的限制，其他车辆和行人必须让行，不准穿插或超越。

⑪ 在施工现场内，一般要求大型车让小型车，货车让客车，单车让拖挂车的车辆，空车让重车，教练车让其他机动车。

十二必须：

① 凡在道路上通行的车辆，都必须遵守国家道路交通管理条例。

② 驾驶车辆必须遵守右侧通行的原则。

③ 车辆、行人必须各行其道。

④ 车辆、行人必须遵守交通信号、交通标志和交通标线的规定。

⑤ 机动车载物、载人必须符合载物、载人要求。

⑥ 机动车驾驶员必须经过车辆管理机关考试合格，领取驾驶证，方准驾驶车辆。

⑦ 机动车驾驶员必须按规定超车或让车。

⑧ 驾驶和乘坐二轮摩托车，必须戴安全头盔。

⑨ 实习驾驶员和教练员必须分别持有车辆管理机关核发的实习驾驶证和教练员证。

⑩ 机动车实习驾驶员如驾驶大客车、电车、起重车和带挂车的汽车时，必须有正式驾驶员并坐，以监督指导。

⑪ 遇有交通警察出示停车示意牌时，任何车辆必须停车接受检查。

⑫ 如有违章必须接受处罚，不得无理取闹。

十三不准：

① 不准转借、涂改或伪造驾驶证。

② 不准将车辆交给没有驾驶证的人驾驶。

③ 不准驾驶与驾驶证准驾车型不相符合的车辆。

④ 未接受规定审验或审验不合格的，不准继续驾驶车辆。

⑤ 饮酒后不准驾驶车辆。

⑥ 不准驾驶安全设备不全或机件失灵的车辆。

⑦ 不准驾驶不符合装载规定的车辆。

⑧ 在患有妨碍安全行车的疾病或过度疲劳时，不准驾驶车辆。

⑨ 车门、车厢没有关好，不准行车。

⑩ 不准穿拖鞋驾驶车辆。

⑪ 不准在驾驶车辆时吸烟、饮食、闲谈或其他妨碍安全行车的行为。

⑫ 机动车学习驾驶员在教练员随车指导下，按指定时间、路线学习驾驶，车上不准乘坐与教练无关的人员。

⑬ 实习驾驶员不准驾驶执行任务的警车、消防车、工程救险车、救护车和载运危险物品的车辆。

（四）施工现场道路运输

（1）工地的人行道、车行道应坚实平坦，保持畅通。主要道路应与主要临时建筑物的道路连通。场内运输道路应尽量减少弯道和交叉点。频繁的交叉处，必须设有明显的警告标志，或设临时交通指挥（指挥人员或指挥信号）。

（2）工地通道不得任意挖掘或断截。如因工程需要必须开挖时，有关部门应事先协调，统一规划。同时在通道的沟渠上搭设安全牢固的桥板。

四、材料仓储安全技术规定

（一）仓库的种类

施工企业的仓库，一般分为综合库和专业库两大类，小型企业一般以综合库为主，大型企业为适应专业保管的要求，一般设专业库。专业库大多是根据物资的自然属性分类来划分，这就能满足自然属性不同的物资所需要的不同保管环境要求。

施工企业中仓库的形式很多，库房、料棚、料场、储罐都经常使用。仓库综合分类如下。

1. 库房

（1）综合库房

① 综合材料库：无特殊要求的金属、非金属材料。

② 综合设备库：中小型设备、电器、仪表、工具、零件。

（2）专用库房

① 金属材料库；

② 非金属材料库；

③ 水泥仓库、熟料仓库；

④ 玻璃仓库；

⑤ 纯碱仓库；

⑥ 危险仓库；

⑦ 工具库；

⑧ 设备库。

（3）简易库房。通常是指临时使用的一些固定的或活动的库房，结构简单，造价低廉。

2. 料棚

（1）大型设备料棚：无法入库的大型设备的储存设施。

（2）矿石原料棚：如黏土、白云石、硅石料棚等。

（3）成品料棚：如生石灰料棚、平板玻璃料棚等。

（4）半成品料棚：如熟料料棚等。

3. 料场

（1）金属材料料场。

（2）大中型设备料场。

（3）原料矿石料场。

（4）包装木材料料场。

（5）燃料料场。

（6）建筑材料料场。

4. 储罐

（1）油料储罐。

（2）化工原料储罐。

（3）粉状原料储罐。

（4）水泥原料储罐。

（二）仓库的管理

1. 仓库设施和货场货位布置

仓库设施包括库房、料场和有关通道等，要求布局合理，适合生产需要。在仓库布置上要遵守以下原则。

首先，仓库和料场容量应满足对该使用点供应间隔期最大库存量的要求。

其次，尽量靠近用料点，以减少搬运次数和缩短运距，避免搬运损耗。

最后，临时仓库和料场要有合理的通道，便于吞吐材料。同时应符合防水、防雨、防潮、防火安全等要求。

一般仓库设施和货物货位布置，应在施工组织设计的平面布置中统一部署。

2. 材料验收入库

材料验收应以合同为依据，检验到货名称、规格、数量、质量、价格、日期。其中主要是材料的质量和数量的验收，要符合订货单、发票、合同的规定和要求。材料的数量验收，在通常情况下应进行全数检查，对数量较大而协作关系稳定、证件齐全、运输良好、包装完整无缺者，可抽检。从国外进口的材料，要从严从细进行全数检查。材料的质量检验有三种情况：一从外形判断其质量合格者，可由保管员进行检验。二需要进行技术检验才能确定质量的，要由专门技术检验部门或专职人员进行抽检。三凡需要进行理化试验的，应由专门技术部门抽检。

材料在验收工作中，如果发现规格、数量、品种、质量、单据不符合规定的应查明原因，报主管部门。如属进口材料，除报告有关部门外还要通知外商，及时按合同规定处理。

3. 材料的保管和维护

材料在保管过程中，应按不同的材质、规格、性能和形状等实行科学合理的摆放和码垛，摆放整齐，标志鲜明，便于存放、取送和查验盘点，充分利用仓库空间和降低保管费用。另外，对于危险品，如毒品、炸药、雷管和特殊贵重物资要隔离存放，专库专柜存放，专人保管。

材料在仓库储存过程中，为了保证仓库安全和材料不变质，应按材料性能分门别类，按类分库，采取不同措施，进行维护保养，做好防锈、防潮、防腐、防爆、防变质、防老化等工作，保管好材料，减少库存损耗。

仓库要建立必要的安全管理制度，并由专职人员负责，防止火灾和材料被盗。

4. 材料的发放

促进材料的节约和合理使用是材料发放的基本要求。发放材料的原则是：凭证发货，急用先发，先入先发，顺序而出；要按量、按质、齐备配套、准时、有计划地发放材料，确保施工生产一线的需要；要严格出库手续，防止不合理的领用。

材料发放除用发放凭证到仓库领取材料的方式外，还有现场送料。现场送料就是根据单位工程材料计划或限额发放材料计划，以及施工进度计划，由仓库有计划地备料，并直接送到现场。一般有如下几种做法。

大配套送材料，是指工程所需的大宗材料，如砖、瓦、砂、石、水泥、钢筋等，按单位工程材料计划，统一提前备料，直接送到现场。

小配套送材料，是指工程所需的一般材料，如电材、仪表、化工、油漆、工具、劳保用品等，根据供应计划、综合施工进度计划分别配套送到队组。

急料专送，是根据施工中的实际情况，急需或查漏补缺的材料，通过平衡调度，限定时间，专料专送。

限额送料，是根据施工队限额单上所需的材料，由材料部门组织送到施工现场。

（三）材料的现场管理

材料的现场管理，是指以一个工程的施工现场为对象，对材料供应管理的全过程进行计划、组织、指挥、控制和协调等管理工作的总称。它包括施工前的材料准备工作，现场仓库管理，原材料的集中加工，材料的领发使用，工完场清和退料回收等工作。

1. 施工前的材料准备工作

施工前的材料准备工作有：了解工程合同中有关材料供应方式，以及当地建筑材料生产情况及交通运输条件；了解工程进度安排，施工图预算编制情况，编好工料预算，提出材料需用计划及铁件、混凝土构件加工计划；根据施工组织设计中关于现场平面布置图，落实和安排材料堆放和仓库等临时设施；组织好材料分批进场。

2. 现场材料验收、保管和发放

进场材料的验收工作要严格执行验规格、验品种、验质量和验数量的"四验"制度。

加强现场材料保管，减少损失和浪费，防止丢失，是现场管理的主要内容。要根据各类材料的特点，采取有效的保管措施，建立健全保管制度。例如，砖、瓦、砂、石的堆放场地要进行平整，松土要压实；钢材应按钢号、品种、标号、进场批次分别码放，出库时要先进先出等。对于各种工具，可采取随班组转移的办法，按定额配备给班组，增强员工责任感，减少丢失和避免混用。

现场应严格限额领料，坚持节约和预扣，余料退库，收发料具要手续齐全，并记好单位工作台账。

3. 原材料集中加工

依据现场条件，实行原材料集中加工，扩大半成品和成品供应，是现场材料管理的一项有效办法。如石子集中淘洗，沙子集中过筛，石灰集中熟化，油漆集中配料，玻璃集中下料，钢筋集中下料，木材集中加工制作。

4. 工完场清和退料工作

施工现场对使用的材料、工具要随时进行清理，做到竣工后现场无剩料。

例如，木模板要轻拆轻放，起掉钉子，及时清理，分类码放；落地灰、碎砖头要边施工边回收利用；砂底、石底要及时清扫。

退料回收是指施工中已经领用但未用完的剩余好材料，边角余料，残、旧、废料等的退料回收。工程完工时，施工队、组应及时办理退料手续，由材料部门进行回收。

旧料是已经用过而降低了使用价值和价值的材料。可按使用价值划分等级，回收利用。残废料是已无使用价值的材料，如木材头、钢筋头等边角余料，及经过多次周转，已无使用价值的残废模板、脚手架料、金属配件等，这些都应回收处理。

（四）材料保管、堆放

1. 水泥的保管、堆放

入库的水泥应按品种、标号、出厂日期分别堆放，树立标志，做到先到先用，防止混掺使用。

为了防止水泥受潮，现场仓库应尽量密闭。包装水泥存放时，应垫起离地约

300mm，离墙 300mm 以上。堆放高度一般不超过 10 包。临时露天暂存水泥在正常环境中存放 3 个月强度降低 10%～20%；存放 6 个月，强度降低 15%～30%。为此，水泥存放时间从出厂日期起算，超过 3 个月应视为过期水泥，使用时必须重行检验确定标号。

受潮水泥经鉴定后，使用前应筛除结成的硬块。凡受潮和过期的水泥不宜用于高标号混凝土或主要工程结构部位。

2. 钢材保管、堆放

钢材的堆放要节约用地，减少变形和锈蚀，并要提取方便。

露天堆放时，场地要垫高通风，四周要设排水沟，以免积雪积水。放置时，尽量使截面的背面向上或向外，以便清扫积雪。

在有顶棚的仓库内堆放时，可堆放在地坪上，下垫棱木并每隔 5～6 层放置一层棱木。在同一垂直面内，棱木要对齐，其间距离以不引起钢材弯曲变形为宜。钢材堆放的高度一般不应大于其宽度。同一堆内，上、下相邻的钢材要前后错开，以便在端部编注标号。标牌应注明钢材的规格、牌号、数量和材质验收证明书号。根据钢材牌号涂以不同颜色的油漆。油漆的颜色见表 2-26。

表 2-26　钢材牌号和颜色对照

钢号	0 号	1 号	2 号	3 号	4 号	5 号	16Mn
油漆颜色	红＋绿	白＋黑	黄色	红色	黑色	绿色	白色

3. 玻璃的运输和保管

车辆运输时，箱盖要向上，直立紧靠放置，防止碰撞。堆放时如有空隙，要用稻草等软物填实或用木条钉牢。

短距离运输，木箱应立放。用抬杠抬运，不能几人抬角搬运。

装卸时，要轻抬轻放，不能随意溜滑，防止震动和倒塌。玻璃应按规格、等级分别堆放。小号规格的可堆放 2～3 层，大号规格的尽量单层立放，不要堆垛。一般不宜露天堆放，并注意防潮。

第三章
建筑业安全防护

Chapter 03

第一节　基坑安全防护

一、临边防护

（1）临边防护栏杆需采用钢管栏杆及栏杆柱均采用 $\phi48mm\times3.5mm$ 的管材，以扣件或电焊固定。

（2）防护栏杆由二道横杆及栏杆柱组成，上横杆离地高度为 1.2m，下横杆杆离地高度为 0.6m，立杆总长度 1.7m，埋入地下 0.5m，立杆间距 2m。

（3）防护栏杆必须自上而下用安全立网封闭。

（4）所有护栏用红白油漆刷上醒目的警示色，钢管红白油漆间距为 20cm，基坑一侧按刷坡设一道 4m 宽的安全通道，并悬挂提示标志，护栏周围悬挂"禁止翻越""当心坠落"等禁止、警告标志，如图 3-1 所示。

图 3-1　禁止翻越标志

（5）基坑周围应明确警示堆放的钢筋线材不得超越基坑边 3m 范围警戒线，基坑边警戒线内严禁堆放一切材料。

二、排水措施

基坑施工过程中对地表水控制，以便进行排水措施调整，对地表滞水进行如下控制。

沿基坑周边防护栏处设置一明排水沟，为了排除雨季的暴雨突然而来的明水，防止排水沟泄水不及，特在基坑一侧设一积水池，再通过污水泵及时将积水抽至厂区排污系统，做到有组织排水，确保排水畅通。

三、坑边荷载

（1）坑边堆置材料包括沿挖土方边缘移动运输工具和机械不应离槽边过近，距坑槽上部边缘不少于2m，槽边1m以内不得堆土、堆料、停置机具。

（2）基坑周边严禁超堆荷载。

四、基坑上下通道

（1）基坑施工作业人员上下必须设置专用通道，不得攀爬栏杆和自挖土级上下。

（2）人员专用通道应在施工组织设计中确定。视条件可采用梯子、斜道（有踏步级）两侧要设扶手栏杆。

（3）机械设备进出按基坑部位设置专用坡。

五、注意事项

（1）人员作业必须有安全立足点，并注意安全，防止掉落基坑，脚手架搭设必须符合规范规定，临边防护符合规范要求。

图 3-2　当心坠落标志

（2）基坑施工的照明问题，电箱的设置及周围环境以及各种电气设备的架设使用均应符合电气规范规定。

六、安全警示、警告标志

基坑边沿应设置"非工作人员禁止入内""当心基坑""当心塌陷""当心坠落""必须佩戴安全帽"等标志，如图 3-2 所示。

第二节　临边作业安全防护

施工现场中，工作面边沿无围护设施或围护设施高度低于 80cm 时的作业称为临边作业。临边作业时，必须设置相应的防护措施（防护栏杆、安全网）。对于防护措施种类、结构型式、材料品种规格均有明确规定。

一、常见临边作业的类型及防护措施

1. 基坑周边

基坑周边，尚未安装栏杆或栏板的阳台、料台与挑平台周边，雨篷与挑檐边，无外脚手的屋面与楼层周边及水箱与水塔周边等处，都必须设置防护栏杆。

2. 楼面周边、楼层周边

头层墙高度超过 3.2m 的二层楼面周边，以及无外脚手架的高度超过 3.2m 的楼层周边，必须在外围架设安全平网一道。

3. 楼梯口和梯段边

分层施工的楼梯口和梯段边，必须安装临时护栏。顶层楼梯口应随工程结构进度安装正式防护栏杆。

4. 各种垂直运输接料平台

各种垂直运输接料平台，除两侧设防护栏杆外，平台口还应设置安全门或活动防护栏杆。

5. 其他

井架与施工用电梯和脚手架等与建筑物通道的两侧边，必须设防护栏杆。地面通道上部应装设安全防护棚。双笼井架通道中间，应予以分隔封闭。

二、临边防护栏杆杆件的规格及连接要求

临边防护栏杆杆件可使用毛竹、原木、钢筋、钢管及其他钢材等材料制作，其规格及连接要求要符合规范要求。

（1）毛竹横杆小头有效直径不应小于 70mm，栏杆柱小头直径不应小于 80mm，并需要用不小于 16 号的镀锌钢丝绑扎，不应少于 3 圈。

（2）原木横杆上杆梢径不应小于 70mm，下杆梢径不应小于 60mm，栏杆柱梢径不应小于 75mm，并需用相应长度的圆钉钉紧或用不小于 12 号的镀锌钢丝绑扎，要求表面平顺和稳固无动摇。

（3）钢筋横杆上杆直径不应小于 16mm，下杆直径不应小于 14mm，栏杆柱直径不应小于 18mm，采用电焊或镀锌钢丝绑扎固定。

（4）钢管横杆及栏杆柱均采用长 48cm、直径 2.75～3.5mm 的管材，以扣件或电焊固定。

（5）以其他钢材如角钢等作防护栏杆杆件时，应选用强度相当的规格，以电焊固定。

三、临边防护栏杆的构造

临边防护栏杆应符合下列要求。

（1）防护栏杆的组成。防护栏杆应由上、下两道横杆及栏杆柱组成，上杆离地高度为 1.0～1.2m，下杆离地高度为 0.5～0.6m。坡度大于 1:2.2 的屋面，防护栏杆应高 1.5m，并加挂安全立网。除经设计计算外，横杆长度大于 2m 时，必须加设栏杆柱。

防护栏杆必须自上而下用安全立网封闭，或在栏杆下边设置严密固定的高度不低于 18cm 的挡脚板或 40cm 的挡脚笆。挡脚板与挡脚笆上如有孔眼，不应大于 25mm。板与笆下边距离底面的空隙不应大于 10mm。

接料平台两侧的栏杆，必须自上而下加挂安全立网或满扎竹笆。当临边的外侧面临街道时，除防护栏杆外，敞口立面必须采取满挂安全网或其他可靠措施作全封闭处理。

（2）栏杆柱的固定

① 当在基坑四周固定时，可采用钢管并打入地面 50～70cm 深。钢管离边口的距离，不应小于 50cm。当基坑周边采用板桩时，钢管可打在板桩外侧。

② 当在混凝土楼面、屋面或墙面固定时，可用预埋件与钢管或钢筋焊牢。采用竹、木栏杆时，可在预埋件上焊接 30cm 长的 150mm×5mm 角钢，其上下各钻一孔，然后用 10mm 螺栓与竹、木杆件拴牢。

③ 当在砖或砌块等砌体上固定时，可预先砌入规格相适应的 80mm×6mm 弯转扁钢作预埋铁的混凝土块，然后用上项方法固定。

四、防护栏杆的强度要求

栏杆柱的固定及其与横杆的连接，其整体构造应使防护栏杆在上杆任何处，能经受任何方向的 1000N 外力。当栏杆所处位置有发生人群拥挤、车辆冲击或物件碰撞等可能时，应加大横杆截面或加密柱距。

第三节　洞口作业安全防护

洞口作业，即孔与洞边口旁的高处作业，包括施工现场及通道旁深度在 2m 及 2m 以上的桩孔、人孔、沟槽与管道、孔洞等边沿上的作业。进行洞口作业以及在因工程和工序需要而产生的，使人与物有坠落危险或危及人身安全的其他洞口进行高处作业时，必须按规定设置防护设施。

一、常见洞口作业类型及防护措施

（1）板与墙的洞口，必须设置牢固的盖板、防护栏杆、安全网或其他防坠落的防护设施。

（2）电梯井口必须设防护栏杆或固定栅门；电梯井内应每隔两层井最多隔 10m 设一道安全网。

（3）钢管桩、钻孔桩等桩孔上口，杯形、条形基础上口，未填土的坑槽，以及人孔、天窗、地板门等处，均应按洞口防护设置稳固的盖件。

（4）施工现场通道附近的各类洞口与坑槽等处，除设置防护设施与安全标志外，夜间还应设红灯示警。

二、洞口防护措施技术要求

洞口根据具体情况采取设防护栏杆、加盖件、张挂安全网与装栅门等措施时，必须符合下列要求。

（1）楼板、屋面和平台等面上短边尺寸小于 25cm 但大于 2.5cm 的孔口，必须用坚实的盖板盖上。盖板应能防止挪动移位。

（2）楼板面等处边长为 25～50cm 的洞口、安装预制构件时的洞口以及缺件临时形成的洞口，可用竹、木等作盖板，盖住洞口。盖板必须能保持四周搁置均衡，并有固定其位置的措施。

（3）边长为 50～150cm 的洞口，必须设置以扣件扣接钢管而成的网格，并在其上满铺竹笆或脚手板。也可采用贯穿于混凝土板内的钢筋构成防护网，钢筋网格间距不得大于 20cm。

（4）边长在 150cm 以上的洞口，四周设防护栏杆，洞口下张设安全平网。

（5）垃圾井道和烟道，应随楼层的砌筑或安装而消除洞口或参照预留洞口作防护。管道井施工时，除按上款办理外，还应加设明显的标志。如有临时性拆移，需经施工负责人核准，工作完毕后必须恢复防护设施。

（6）位于车辆行驶道旁的洞口、深沟与管道坑、槽，所加盖板应能承受不小于当地额定卡车后轮有效承载力 2 倍的荷载。

（7）墙面等处的竖向洞口，凡落地的洞口应加装开关式、工具式或固定式的防护门，门栅网格的间距不应大于 15cm，也可采用防护栏杆，下设挡脚板（笆）。

（8）下边沿至楼板或底面低于 80cm 的窗台等竖向洞口，如侧边落差大于 2m 时，应加设 1.2m 高的临时护栏。

（9）对邻近的人与物有坠落危险性的其他竖向的孔、洞口，均应予以盖设或加以防护，并有固定其位置的措施。

三、洞口防护栏杆的杆件及其搭设

洞口防护栏杆的杆件材料品种、规格及其搭设结构、连接要求，详见临边作业安全防护栏杆相关内容。

第四节 攀登作业安全防护

一、攀登作业的概念

攀登作业即借助登高用具或登高设施，在攀登条件下进行的高处作业。

二、攀登作业安全防护要求

（1）在施工组织设计中应确定用于现场施工的登高和攀登设施。现场登高应借助建筑结构或脚手架上的登高设施，也可采用载人的垂直运输设备。进行攀登作业时可使用梯子或采用其他攀登设施。

（2）柱、梁和行车梁等构件吊装所需的直爬梯及其他登高用拉攀件，在构件施工图或说明内做出规定。

（3）攀登的用具，结构构造上必须牢固可靠。供人上下的踏板其使用荷载不应大于 1100N。当梯面上有特殊作业，质量超过上述荷载时，应按实际情况加以验算。

（4）移动式梯子，均应按现行的国家标准验收其质量。

（5）梯脚底部应坚实，不得垫高使用。梯子的上端应有固定措施。立梯工作角度以 75°±5°为宜，踏板上下间距以 30cm 为宜，不得有缺挡。

（6）梯子如需接长使用，必须有可靠的连接措施，且接头不得超过 1 处。连接后梯梁的强度，不应低于单梯梯梁的强度。

（7）折梯使用时上部夹角以 35°～45°为宜，铰链必须牢固，并应有可靠的拉撑措施。

（8）固定式直爬梯应用金属材料制成。梯宽不应大于 50cm，支撑应采用不小

于 $L70mm×6mm$ 的角钢，埋设与焊接均必须牢固。梯子顶端的踏棍应与攀登的顶面齐平，并加设 $1\sim1.5m$ 高的扶手。

使用直爬梯进行攀登作业时，攀登高度以 5m 为宜。超过 2m 时，宜加设护笼，超过 8m 时，必须设置梯间平台。

上下梯子时，必须面向梯子，且不得手持器物。

（9）作业人员应从规定的通道上下，不得在阳台之间等非规定通道进行攀登，也不得任意利用吊车臂架等施工设备进行攀登。

（10）钢柱安装登高时，应使用钢挂梯或设置在钢柱上的爬梯。

钢柱的接柱应使用梯子或操作台。操作台横杆高度，当无电焊防风要求时，其高度不宜小于 1m，有电焊防风要求时，其高度不宜小于 1.8m。

（11）登高安装钢梁时，应视钢梁高度，在两端设置挂梯或搭设钢管脚手架。

梁面上需行走时，其一侧的临时护栏横杆可采用钢索，当改用扶手绳时，绳的自然下垂度应不大于 $L/20$（L 为绳的长度），并应控制在 10cm 以内。

第五节　悬空作业安全防护

一、悬空作业的概念

悬空作业即在周边临空状态下进行的高处作业。

二、悬空作业安全防护要求

（1）悬空作业处应有牢靠的立足处，并必须视具体情况，配置防护栏网、栏杆或其他安全设施。

（2）悬空作业所用的索具、脚手板、吊篮、吊笼、平台等设备，均需经过技术鉴定或验证方可使用。

（3）管道安装时的悬空作业，必须有已完结构或操作平台为立足点，严禁在安装中的管道上站立和行走。

（4）安装门、窗，油漆及安装玻璃时，严禁操作人员站在樘子、阳台栏板上操作。门、窗临时固定，封填材料未达到强度，以及电焊时，严禁手拉门、窗进行攀登。

（5）在高处外墙安装门、窗，无外脚手架时，应张挂安全网。无安全网时，操作人员应系好安全带，其保险钩应挂在操作人员上方的可靠物件上。

（6）进行各项窗口作业时，操作人员的重心应位于室内，不得在窗台上站立，必要时应系好安全带进行操作。

第六节　交叉作业安全防护

一、交叉作业的概念

交叉作业即在施工现场的上下不同层次，于空间贯通状态下同时进行的高处作业。

二、交叉作业安全防护基本要求

（1）支模、粉刷、砌墙等各工种进行上下立体交叉作业时，不得在同一垂直方向上操作。下层作业的位置，必须处于依上层高度确定的可能坠落范围半径之外。不符合以上条件时，应设置安全防护层。

（2）钢模板、脚手架等拆除时，下方不得有其他操作人员。

（3）钢模板部件拆除后，临时堆放处离楼层边沿不应小于1m，堆放高度不得超过1m。楼层边口、通道口、脚手架边缘等处，严禁堆放任何拆下物件。

（4）结构施工自二层起，凡人员进出的通道口（包括井架、施工用电梯的进出通道口），均应搭设安全防护棚。高度超过24m的层次上的交叉作业，应设双层防护。

（5）由于上方施工可能坠落物件或处于起重机把杆回转范围之内的通道，在其受影响的范围内，必须搭设顶部能防止穿透的双层防护廊。

第七节　操作平台安全防护

一、移动式操作平台

（1）操作平台应由专业技术人员按现行的相应规范进行设计，计算书及图纸应编入施工组织设计。

（2）操作平台可采用钢管扣件连接，也可采用门架式或承插式钢管脚手架部件，按产品使用要求进行组装。平台的次梁，间距不应大于40cm。

（3）操作平台的面积不应超过$10m^2$，高度不应超过5m。还应进行稳定验算，并采取措施减少立柱的长细比。台面应满铺3cm厚的木板或竹笆。

（4）装设轮子的移动式操作平台，轮子与平台的接合处应牢固可靠，立柱底端离地面不得超过80mm。操作平台四周必须按临边作业要求设置防护栏杆，并应布置登高扶梯。

二、悬挑式钢平台

（1）悬挑式钢平台应按现行的相应规范进行设计，其结构构造应能防止左右晃动，计算书及图纸应编入施工组织设计。

（2）悬挑式钢平台的搁支点与上部拉结点，必须位于建筑物上，不得设置在脚手架等施工设备上。

（3）斜拉杆或钢丝绳，构造上宜两边各设前后两道，两道中的每一道均应作单道受力计算。

（4）应设置4个经过验算的吊环。吊运平台时应使用卡环，不得使吊钩直接钩挂吊环。吊环应用甲类3号沸腾钢制作。

（5）钢平台安装时，钢丝绳应采用专用的挂钩挂牢，采取其他方式时卡头的卡子不得少于3个。建筑物锐角利口围系钢丝绳处应加衬软垫物，钢平台外口应略高于内口。

（6）钢平台左右两侧必须装置固定的防护栏杆。

（7）钢平台吊装，需待横梁支撑点电焊固定，接好钢丝绳，调整完毕，经过检查验收，方可松卸起重吊钩，上下操作。

（8）钢平台使用时，应有专人进行检查，发现钢丝绳有锈蚀损坏应及时调换，焊缝脱焊应及时修复。

三、操作平台其他要求

操作平台上均应显著地标明容许荷载值。操作平台上人员和物料的总质量，严禁超过设计的容许荷载。应配备专人加以监督。

操作平台的构造形式如图3-3所示。

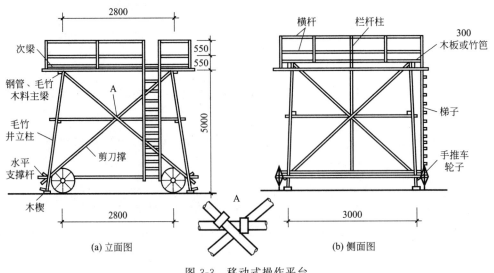

图3-3 移动式操作平台

第八节 脚手架搭设防护

一、脚手架的安全防护措施

（1）脚手架的材料规格、支搭标准，要严格执行《建筑安装工程安全技术规程》中的有关规定，一定要保证脚手架的结构牢固稳定。

（2）各种脚手架在投入使用前，必须由施工负责人组织架设和使用脚手架的负责人及安全员共同进行检查，履行交接验收手续，使用新型和自制工具，必须有出厂合格证书及组装使用说明，经上级安全技术部门鉴定，审批同意后方能使用。

（3）在施工期间，使用 3m 以上的脚手架时，工作面的外侧必须设置牢固的防护栏杆，并设 13cm 高的挡脚板，无挡脚板应设防护网，脚手架应高出女儿墙 1m 以上，坡屋顶超过檐口 1.5m，高出屋面部分要绑扎防护栏板等其他防护措施。

（4）钢管脚手架的立杆应垂直稳定放在金属底座或垫木上，立杆间距不得大于 2m，大横杆间距不得大于 1.2m，小横杆间距不得小于 1.5m，钢管立杆、大横杆接头应错开，用扣件连接拧紧。

（5）脚手架每 10m 立杆基础必须夯实、平整。

（6）每 10m 的钢管脚手架立杆必须设底座和垫木。

（7）脚手架两端、转角处以及每隔 6～7 根立杆应设剪刀撑和支杆、剪刀撑和支杆与地面的角度不大于 60°，支杆底端要埋入地下不小于 30cm，架子高度在 7m 以上或无法设立支杆时，每高 4m，水平每隔 1m，脚手架必须同建筑物连接牢固。

（8）脚手架外侧斜道和平台要绑扎 1m 高的防护栏杆和钉 1.8m 高的挡脚板有防护立网。

（9）在门窗洞口处，搭设抵挑架斜杆，墙面一段不大于 30°、并应支撑在建筑物牢固部分。

（10）竹脚板板厚不得小于 5cm，螺旋孔不得大于 1m，螺栓必须拧紧，长度一般以 2.2～3m，宽度为 30cm 这宜。

（11）架子的铺设宽度不得小于 1.2m，脚手板必须满铺，离墙面不得大于 20cm，对头接时应架设双排小横杆，间距不大于 20cm，在架子拐弯处脚手板应交叉搭接，垫平脚手板应用垫板，并且钉牢，不得用砖垫。

（12）脚手架应用外径 48～51cm，壁厚 3～3.5mm 的钢管。

（13）脚手架安全网防护，详见安全网搭设施工组织设计。

二、脚手架的安全防护图例

脚手架的安全防护图例如图 3-4 所示。

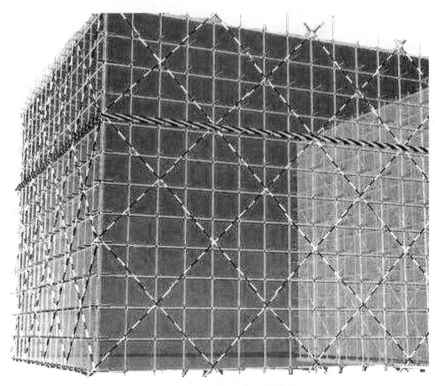

图 3-4 脚手架的安全防护图例

第九节 模板工程防护

一、模板工程施工的安全防护措施

1. 模板安装

（1）作业前应认真检查模板、支撑等构件是否符合要求，钢模板有无严重锈蚀或变形，木模板及支撑材质是否合格。

（2）地面上的支模场地必须平整夯实，并排除现场的不安全因素。

（3）模板工程作业高度在 2m 和 2m 以上时，必须设置安全防护措施。

（4）操作人员登高必须走人行梯道，严禁利用模板支撑攀登上下，不得在墙顶、独立梁及其他高处狭窄而无防护的模板面上行走。

（5）模板的立柱顶撑必须设牢固的拉杆，不得与门窗等不牢靠和临时物件相连接。模板安装过程中，不得间歇，柱头、搭头、立柱顶撑、拉杆等必须安装牢固成整体后，作业人员才允许离开。

（6）基础及地下工程模板安装，必须检查基坑支护结构体系的稳定状况，基坑上口边沿 1m 以内不得堆放模板及材料。向槽内运送模板构件时，严禁抛掷。使用起重机械运送，下方操作人员必须离开危险区域。

（7）组装立柱模板时，四周必须设牢固支撑，如柱模在 6m 以上，应将几个柱模连成整体。支设独立梁模应搭设临时操作平台，不得站在柱模上操作和在梁底模上行走立侧模。

（8）用塔吊吊运模板时，必须由起重工指挥，严格遵守相关安全操作规程。

2. 模板拆除

（1）模板拆除必须满足拆模时所需混凝土强度，经项目总工程师同意，不得因拆模而影响工程质量。

（2）拆除模板的顺序和方法：应按照拆模顺序与支模顺序相反（应自上而下拆除），后支的先拆，先支的后拆；先拆非承重部分，后拆承重部分。

（3）拆模时不得使用大锤或硬撬乱捣，拆除困难时，可用撬杠从底部轻微撬动；保持起吊时模板与墙体的距离；保证墙体表面及棱角不因拆除受损坏。

（4）在拆柱、墙模前不准将脚手架拆除，用塔吊拆时应有起重工配合；拆除顶板模板前必须划定安全区域和安全通道，将非安全通道应用钢管、安全网封闭，并挂"禁止通行"安全标志，操作人员必须在铺好跳板的操作架上操作。已拆模板起吊前认真检查螺栓是否拆完、是否有勾挂地方，并清理模板上杂物，仔细检查吊钩是否有开焊，脱扣现象。

（5）拆除电梯井及大型孔洞模板时，下层必须支搭安全网等可靠防坠落措施。

（6）拆除的模板支撑等材料，必须边拆、边清、边运、边码，楼层高处拆下的

图 3-5　模板工程施工的安全防护图例

材料，严禁向下抛掷。

二、模板工程施工的安全防护图例

模板工程施工的安全防护图例如图 3-5 所示。

第十节　拆除工程防护

拆除工程是指对已经建成或部分建成的建筑物或构筑物等进行拆除的工程。

拆除施工采用的脚手架、安全网，必须由专业人员搭设。由项目经理（工地负责人）组织技术、安全部门的有关人员验收合格后，方可投入使用。安全防护设施验收时，应按类别逐项查验，并应有验收记录。

拆除施工严禁立体交叉作业。水平作业时，各工位间应有一定的安全距离。作业人员必须配备相应的劳动保护用品（如：安全帽、安全带、防护眼镜、防护手套、防护工作服等），并应正确使用。在爆破拆除作业施工现场周边，应按照现行国家标准 GB 2894—2008《安全标志》的规定，设置相关的安全标志，并设专人巡查。

（1）拆除工程开工前，应根据工程特点、构造情况、工程量及有关资料编制安全施工组织设计或方案。爆破拆除和被拆除建筑面积大于 1000m^2 的拆除工程，应编制安全施工组织设计；被拆除建筑面积小于等于 1000m^2 的拆除工程，应编制安全技术方案。

（2）拆除工程的安全施工组织设计或方案，应由专业工程技术人员编制，经施工单位技术负责人、总监理工程师审核批准后实施。施工过程中，如需变更安全施工组织设计或方案，应经原审批人批准，方可实施。

（3）拆除工程项目负责人是拆除工程施工现场的安全生产第一责任人。项目经理部应设专职安全员，检查落实各项安全技术措施。

（4）进入施工现场的人员，必须配戴安全帽。凡在 2m 及以上高处作业无可靠防护设施时，必须正确使用安全带。在恶劣的气候条件（如大雨、大雪、浓雾、6 级及以上大风等）影响施工安全时，严禁拆除作业。

（5）拆除工程施工现场的安全管理由施工单位负责。从业人员应办理相关手续，签订劳动合同，进行安全培训，考试合格后，方可上岗作业。拆除工程施工前，必须由工程技术人员对施工作业人员进行书面安全技术交底，并履行签字手续。特种作业人员必须持有效证件上岗作业。

（6）施工现场临时用电必须按照《施工现场临时用电安全技术规范》（JGJ 46—2012）的有关规定执行。夜间施工必须有足够照明。电动机械和电动工具必须装设漏电保护器，其保护零线的电气连接应符合要求。对产生振动的设备，其保护零线的连接点不应少于 2 处。

（7）拆除工程施工过程中，当发生险情或异常情况时，应立即停止施工，查明原因，及时排除险情；发生生产安全事故时，要立即组织抢险、保护事故现场，并向有关部门报告。

施工单位必须依据拆除工程安全施工组织设计或方案，划定危险区域。施工前应通报施工注意事项，拆除工程有可能影响公共安全和周围居民的正常生活的情况时，应在施工前发出告示，做好宣传工作，并采取可靠的安全防护措施。

案例：丰城发电厂致 73 死事故

2016 年 11 月 24 日，江西丰城发电厂三期扩建工程发生冷却塔施工平台坍塌特别重大事故，造成 73 人死亡、2 人受伤，直接经济损失 10197.2 万元。

国务院调查组查明，冷却塔施工单位河北亿能烟塔工程有限公司施工现场管理混乱，未按要求制定拆模作业管理控制措施，对拆模工序管理失控。事发当日，在 7 号冷却塔第 50 节筒壁混凝土强度不足的情况下，违规拆除模板，致使筒壁混凝土失去模板支护，不足以承受上部荷载，造成第 50 节及以上筒壁混凝土和模架体系连续倾塌坠落。

司法机关已对 31 名责任人依法采取刑事强制措施。同时，依法吊销施工单位河北亿能烟塔工程有限公司建筑工程施工总承包一级资质和安全生产许可证，并对工程总承包、监理等单位和相关人员给予相应行政处罚。

第四章
建筑业安全管理

Chapter 04

第一节 现场施工安全管理

一、现场施工安全规划要求

（一）安全管理总体目标

（1）杜绝安全生产责任事故和重大机械设备事故；

（2）因工重伤频率控制在 0.6‰ 以内，负伤频率控制在 10‰ 以内；

（3）现场远程监控率 100%；

（4）企业安全生产保证体系正常健康运行，安全生产责任制、安全组织机构建立健全，安全投入保障有力，重大危险源管理，安全教育培训、安全监察、安全风险抵押应急救援、事故处理和安全奖惩落实到位。

（二）现场总体规划布局

1. 视觉形象

施工现场的视觉形象主要通过施工总平面策划及规范临建搭设、机械设备、安全设施、安全防护、标志、标识牌等样式和标准，以达到现场视觉形象统一、整洁、美观的整体效果。

2. 现场模块化管理

现场施工总平面按实际功能划分为各个模块，分为办公区、生活区（建筑施工区、安装施工区、设备材料堆放等区域），模块区主要由现场环形混凝土道路（人行、车行道路）、彩钢挡板分割而成。

3. 施工区域化管理

施工现场实行安全文明施工责任区区域化管理，如：钢筋加工车间、木工车间、砂浆搅拌场等。安全文明施工责任区域主要由彩钢围挡或钢管栏杆围护、隔离、封闭，实行定人、定责管理。

4. 场区围墙

工程正式开工前，应先期修围墙，便于进行安全保护工作。围墙采用彩钢围挡形式。

5. 施工场地

施工场地至始至终保持平整。现场材料设备实行分区堆放，定责化管理。材料堆放场地坚实、各种物资堆放有序，标识清楚，材料堆码整齐成型，安全可靠。

基坑、沟道开挖出的土方，必须及时清运；运输途中应采取防止土石抛洒的措施，施工中产生的垃圾应堆放到指定的垃圾场，并按照可回收和不可回收进行分类集中，定期清运；裸露的堆积土、弃土要进行遮盖，环保施工。

6. 施工道路

生活区、办公区和生产区的道路必须硬化处理，道路的宽度和转弯半径应满足要求；施工道路及两侧排水沟道应经常清理维护工作，场内排水系统必须保持畅通。

7. 临时设施

现场临时设施分为三类。一类：项目办公区为活动彩钢板房，具备集中办公及办公自动化条件；二类：项目生活区为彩钢板房，三类：项目现场区如钢筋、木工加工棚房钢架房或标准式钢管棚房。办公区内净高 2.8m，通道宽度 1.0m，功能齐全、整洁、舒适，管理人性化。宿舍内净高不低于 2.6m，通道宽度不小于0.9m；宿舍内的床铺不得超过两层，严禁使用通铺。施工现场应设置吸烟室与饮水点，饮水点应设置座椅。

8. 装置性设施

一为宣传类，含宣传栏、标语、彩旗、灯箱等；二为区域围护类，含彩钢围挡等；三为废料垃圾回收类，含各类废品分类回收设施、危险品存放点等，废料回收设施可用蓝色垃圾桶；四为标志类，含设备、材料、物件、场地标志、规程、规范、职责等。现场的标志牌、警示牌应采用美观规范的标牌与喷绘文件，采用可靠的悬挂和摆设装置，做到规范、美观。

9. 机具

进入施工现场的机械设备、工器具等，必须经过整修、油漆、标识清楚，确保完好、美观；并悬挂操作规程牌。

10. 绿化

项目应在现场设置绿化带；办公区、生活区、场边种植花草树木。

二、施工安全技术交底

建筑施工管理好比一根铁链，一环连一环，如果忽视了哪一环，整体就会脱节、中断。因此对工程施工中的不安全因素进行预测和分析，从技术及管理层面采取措施，确保施工生产按规章制度、操作规程要求严格进行，使施工过程的安全管理始终处于被监控的状态，是防患于未然的最有效措施。

那么在建筑施工中，应怎样做好建筑施工安全控制呢？特别在施工的前期准备中应注意哪些要素？这里重点介绍安全技术交底中的三个要素，即交底明确、内容具体、措施到位。

（一）交底要明确

为了规范建筑施工人员安全操作程序，消除和控制劳动过程中的不安全行为，预防各类伤亡事故，确保作业人员的安全健康，在施工前期，每道工序都必须进行安全交底，即把工序中各道环节的施工技术措施和安全技术标准进行翔实的说明，向操作员工进行安全交底。

安全交底具体形式有。

（1）工程开工前，企业的技术负责人及安全管理机构应向参加施工的施工管理人员进行安全技术方案交底。施工项目工程师要将工程概况、施工方法、安全技术措施等向全体员工进行详细交底。

（2）分项、分部工程施工前，工长向所管辖的班组进行安全技术措施交底。

（3）两个以上施工队或工种配合施工时，工长要按工程进度向班组长进行交叉作业的安全技术交底。

（4）采用新工艺、新技术、新设备、新材料，施工前技术负责人要向工长、班组长进行安全技术交底，或者技术负责人直接向操作员工进行安全技术交底（图4-1）。

图4-1　班组在进行安全交底

（二）内容要具体

建筑施工中安全技术交底的内容很多，在进行交底过程中必须做到全面、具体。要针对特定工程项目施工中的各个环节的不安全因素和安全保证要求，提出采取消除隐患，以及警示、限控、保险、防护救助等措施的说明，从而达到预防和控制安全事故，减少伤害的目的。

安全技术交底的内容主要有。

（1）工程项目和分部工程概况。

（2）工程项目和分部、分项工程的危险部位。

（3）危险部位应采取的具体预防措施。

（4）作业中应该注意的安全事项。

（5）作业人员应遵守的安全操作规程和规范。

（6）作业人员发现事故隐患应采取的措施和发生事故后应及时采取躲避和急救措施。

安全技术交底须知

（1）安全技术交底必须在施工作业前进行，任何项目在没有交底之前不准施工作业。

（2）实行逐级交底制，即承包单位向分包单位、分包单位工程项目的技术人员向班组长、施工班组长向作业工人分别进行安全技术交底。

（3）安全技术交底工作一般由施工现场项目部负责实施，内容必须明确、针对性强，特别要对施工中会带来的危险因素（或潜在危险因素）及存在问题，明确采用的防范措施。应优先采用新安全技术措施。

（4）各工种的安全技术交底一般与分部、分项安全技术交底同行。对施工工艺复杂、难度或危险性较大的，应当进行各工种的安全技术交底。

（5）安全技术交底必须履行交底人和被交底人的签字手续，书面交底一式三份，分别由工长、施工班组长、安全员留存（表4-1）。

（6）每天作业交底后，各施工班组长应做好交底记录。

（7）被交底者在执行过程中，必须接受项目部的管理、检查、监督、指导，交底人也必须深入现场，检查交底后的执行落实情况。发现有不安全因素，应立即采取措施，消除事故隐患。

表4-1　×××建筑工程安全技术交底表

交底人	被交底人	交底内容	监督人
（签字）	（签字）		（签字）

（三）措施要到位

施工安全控制的重点是坚决杜绝施工过程中任何不安全因素和环节，尽量将不安全因素消灭在萌芽状态。如何使施工作业始终处于安全正常状态下运作，危险预知活动是一种适合于建筑施工实施安全控制的有效的管理活动。它能预先发现、掌握和解决工作现场潜在的危险因素，提高员工自我保护意识和能力，在工作中被广泛应用。

技术交底具体工作流程如图 4-2 所示。

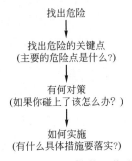

找出危险

↓

找出危险的关键点
(主要的危险点是什么?)

↓

有何对策
(如果你碰上了该怎么办?)

↓

如何实施
(有什么具体措施要落实?)

图 4-2　技术交底具体工作流程

第一，发现危险因素。危险预知活动关键在"预知"上。那么如何"预知"呢?可以根据现场作业情况，绘制作业图向作业人员提问，找出存在问题，发表各自意见，并做好记录归类。

第二，确定危险因素。各作业班组分析各类作业中的危险因素，找出重点部位，并集体确认，明确重要的危险因素。

第三，落实具体措施。面对危险因素，向作业人员提出：如果是你，怎么办?对班组的每一个成员来说，应该怎么办?应对每个重要危险因素提出具体可行的防范措施。

第四，制定相应对策。公司项目部必须明确具体规定，分工落实到位，并以精练的语言作为行动口号，集体确认，高声朗读。

三、施工现场封闭管理

施工现场封闭管理如图 4-3 所示。

(1) 设工地现场进出口按要求设置大门。

(2) 大门要坚固、稳定、清洁、美观。

(3) 安排门卫昼夜值班。

(4) 要订立门卫制度。

(5) 进入施工现场的人员必须佩戴该工地工作证，除甲方、上级以及政府有关部门人员检查指导工作外，其余无关人员禁止进入施工现场。

(6) 大门的门头根据该工地情况设置公司的标志。

(7) 无大门、无门卫、无门卫制度、不戴工作证、无公司标志要分别处罚。

图 4-3　施工现场封闭管理例图

四、施工现场临时设施管理

（一）管理分工

（1）工程项目部：负责提出"临建设施需求计划""办公设施需求计划"申请，并上报主管工程的副经理审批后由公司机械设备部进行采购。负责临建、办公设施的搭设、日常保养、维护及管理。

（2）质安科：负责建立项目"临建设施""办公设施"在公司各项目间合理调配使用。负责自然报废设施的确认，负责现场临建、办公设施日常管理的监督、检查。

（二）临建设施的相关管理规定

（1）建设工程施工现场临建设施的建设，应当符合城市规划和环境、消防安全的有关规定，并能满足保护员工人身安全与职业健康的要求，不得占压城市规划道路、河道、绿化带等公共用地。

（2）建设工程施工现场临建设施建设应在经批准的项目规划区域内进行。需要临时另外占用其他场所的，依照有关规定到相关部门办理批准手续。

（3）建设工程施工现场临建设施是为项目建设施工搭建的临时设施，不得转让、抵押、不得改变使用性质。

（4）临建设施的建设应当在建设工程开工前按照施工现场总平面图要求建设完成并具备使用条件。工程竣工后，项目部自行拆除，并清理场地。在使用期内，因城乡规划建设需要拆除时，项目部必须服从规划予以拆除。

（三）临建、办公设施的管理

1. 临建、办公设施计划

（1）工程项目施工准备阶段，项目部副经理组织专业技术人员依据《施工组织设计》临建设施总平面图和现场具体情况，提出临建设施需求计划，经项目经理签字确认。

（2）临建设施需求计划包括临建房屋、临建围墙、临建大门、临时道路、临时加工场地、临时供水、临时供电设施等详细需求计划。

（3）临建房屋（临建宿舍、办公用房、临建仓库）采用装配式活动房屋。现场临建房屋一般不采用砖房。

（4）临建围墙、临建大门、临时道路、临时加工场地（钢筋加工场地、木工加工场地、钢结构制作场地）、临时供水设施尽量采用现场施工材料。

（5）临时供电设施（临时电缆、临时配电箱）按照《施工用电安全控制程序》和《现场临时用电施工组织设计》提出需求计划。

2. 临建设施调配

（1）项目部将"临建设施需求计划""办公设施需求计划"上报质安科备案，由质安科进行调配。

（2）质安科建立各项目部临建设施台账、办公设施台账。根据项目部上报的需求计划，结合公司办公设施实际情况进行统一调配。

（3）调配原则是：对其他项目部闲置的临建、办公设施，就近调配、降低运输成本。当远途运输成本超过临建设施成本，或公司无可调配的闲置设施时，经工程部核对确认、公司总经理批准，项目部可自行购买。两个项目部之间临建设施、办公设施调配实物转移通过工程部办理相关手续。费用转账通过财务部办理相关手续。

（4）装配式活动房屋异地调配仍由调出项目部组织原厂家拆卸、运输、安装。费用由调入项目部负担。

（5）临时供电设施（临时电缆、临时配电箱）、办公设施由调出项目部组织拆卸、运输到接收项目部，经接收项目部验收合格，双方签定交接手续及设施台账。费用由调入项目部负担。

（6）经质安科调配不能满足项目部临建及办公设施需求计划时，项目部确认临建房屋采购计划、临时供电设施采购计划及办公设施采购计划报质安科审核、总经理审批后购买。

3. 临建设施采购、租赁

（1）项目部对质安科审核、总经理批准的可采购临建材料或办公设施安排专人统一购买，统一核销。项目部总工程师组织技术人员、质量人员对进场的临建材料、办公设施质量进行进货检验，质量不合格的不得使用。

（2）材料员负责对施工项目部所需的材料价格进行调查，并将了解到的价格信息及时反馈给材料部经理。项目经理以书面形式将材料价格信息报送公司总经理审批后方能采购。

（3）在采购装配式活动房屋时，严禁购买和使用不符合地方临建标准或无生产厂家、无产品合格证书的装配式活动房屋。生产厂家制造生产的装配式活动房屋必须有设计构造图、计算书、安装拆卸使用说明书等并符合有关节能、安全技术标准。

（4）项目部管理人员临时住房可酌情租用现场附近的居民楼或其他住房，租住原则为：租赁价格合理，方便工作，租房距离现场尽量在 3km 以内；租房数量根据项目部管理人员数量合理确定，不得造成有的房屋长期闲置；在项目收尾阶段根据管理人员逐渐减少的实际情况及时调解租房数量，避免造成空置浪费；与房主签订租赁协议；项目竣工后，及时退出租用房屋。

（5）在选择装配式活动房屋的供应商时，必须明确该供应商对产品的设计、制作、运输、安装、保修责任。

（四）临建设施布置

（1）临建设施布置必须由项目部按照施工总平面图统一规划、统一布置。各专业项目部按照项目部的统一规划布置本单位的临建设施。

（2）将施工现场的办公、生活区与作业区分开设置，并保持安全距离；办公、生活区的选址应当符合安全、消防要求。临建宿舍、办公用房、食堂、厕所应按《施工现场环境与卫生标准》（JGJ 146—2013）搭设，并设置符合安全、卫生规定的其他设施，如淋浴室、娱乐室、医务室、宣传栏等，以保证员工物质、文化生活的基本需要。

（3）临建设施布置时既要考虑施工的需要，又要靠近交通线路方便运输、方便员工的生活，但首先要考虑安全，不得设置在油库、煤气管道等化学、易燃易爆品周围；注意防洪水、滑坡等自然灾害。

（4）项目部对现场临时道路布置充分考虑施工运输的需要，特别是大型设备、大件材料的运输需要。现场主要道路应根据施工平面图和业主沟通，尽可能利用永久性道路或先建好永久性道路的路基，临时道路布置要保证车辆等行驶畅通，有回转余地，一般设计成环行道路。

（5）临时排水管应尽可能利用原有的排水管道，必要时通过疏通或加长等措施，使工地的地下水和地表水及时排入城市下水系统。

（6）临时供电设施按照《施工用电专项施工方案》布置。配电箱设置在安全、干燥、相对固定场所。

（五）临建设施搭建与拆除

（1）项目部根据施工总平面图及业主的其他要求搭建临时房屋。临建设施搭建要符合标准化要求。

（2）新搭建的装配式活动房屋作为现场宿舍、办公室时不得超过两层，各种标识、标志必须符合公司的要求，并满足安全、卫生、保温、通风等要求。

（3）临建宿舍室内高度应不低于 2.6m，应实行单人单床，每房间居住人数不得超过 16 人，人均居住面积不得少于 $2m^2$，严禁睡通铺。不得在尚未竣工的建筑物内设置员工集体宿舍。

（4）临建食堂室内高度不低于 2.8m，距离厕所、垃圾点等污染源不得小于 30m。

（5）现场作业蓬搭建必须满足安全的需要，同时也要给员工创造一个舒适的工作环境，体现人性化施工。

（6）临建仓库要采取防盗措施。化学、易燃、易爆危险品的仓库必须远离员工宿舍等人员密集的生活办公场所，且必须符合国家对化学危险品的控制要求。

（7）临建围墙、临建大门、临建施工标识牌、临时供水设施、临时供电设施的搭建要符合现场文明施工和标准化施工现场要求。

（六）临建设施验收、检查

（1）临建设施搭建完成后，项目部副经理组织技术人员、质量人员、安全人员对临建设施进行自检，报监理、建设单位验收。未经过验收的临建设施，不得使用。验收的主要内容（可分项验收）。

① 临建宿舍、临建办公室的结构稳定性、安全要求是否符合产品标准。

② 临建宿舍的走梯、二楼围栏、内部床位设置是否符合要求。

③ 施工用电设施是否符合安全要求。

④ 临建仓库、临建围墙、临建大门、临建施工标识牌、临时供水设施是否符合施工现场标准化和识别系统要求。

（2）质安科每季度对项目部现场临建设施、办公设施进行检查。检查内容包括：项目部临建设施、办公设施台账与实物是否相符、办公设施需求计划是否上报质安科、自采设施是否经过审批、日常维护管理情况等。不符合本办法要求，责令项目部限期整改。

（3）质安科每季度对项目部现场临时用电设施及其他临建设施进行安全检查。不符合要求，责令项目部限期整改。

（七）临建设施日常使用管理

（1）项目部对本项目占用的临建、办公设施进行建档登记，如果为该项目购买的，需标明购买日期，如果为由其他项目调入的，也标明来源及调入日期。

（2）项目部对现场每个临建设施、每台办公设施要设专人负责日常维护、保养，并加强对使用人员的科学使用及自觉爱护办公设施教育，保证设施安全、有效、合理的使用。

（3）项目部每月对现场办公设施、临建设施进行检查，重点检查设施使用维护保养情况、安全隐患情况，发现问题，及时纠正。确保设施的安全使用。

（4）发现现场设施出现故障，应及时找专业人员进行修理，确保各项设施满足正常施工、生活、办公需要。

（5）临建房屋使用维护。实行谁使用、谁管理维护原则。

认真统计、核对各种设施情况，对可重复利用的临建设施，必须保护性拆除。连同临建设施台账、办公设施台账一同上交质安科。质安科经验证、核对后在交接单上签字，交接单双方各持一份，各项设施入库待调配。

（6）任何个人不得私自处理临建、办公设施。

（7）装配式活动房屋尽量由原安装单位保护性拆卸。拆卸前，由施工方报送《拆卸方案》，由项目部总工程师批准。拆卸过程中，项目部副经理、安全管理人员监控，确保施工安全。装配式活动房屋周转不得少于 3 次。时间不得少于 3 年。

（8）项目部安全管理人员组织拆除临时供电电缆，测试绝缘电阻，合格的电缆，准备其他项目使用。临时电缆周转不得少于 3 次。保护性拆除临时配电箱，经检查，符合安全使用要求，准备其他项目使用。临时配电箱周转不得少于三次。时间不得少于 3 年。

（9）其他不可重复利用的成品临建设施（如临建围墙、临建大门、临建标识牌等），由项目部组织将其拆成可重复利用的材料，尽量重复利用。

（10）临建设施拆除的废料部分，由项目部按公司要求集中处理。任何个人不得私自处理。

各种临建设施常用表见表 4-2～表 4-14。

表 4-2　临时设施汇总表

项目名称：

编号	临建设施名称	搭设时间	检查结果	验收时间	验收结果	拆除情况
1	临建宿舍					
2	办公室					
3	临建仓库					
4	临建围墙					
5	临建大门					
6	临时道路					
7	钢筋加工场地					
8	木工加工场地					

编号	临建设施名称	搭设时间	检查结果	验收时间	验收结果	拆除情况
9	临时供水设施					
10	临时供电设施					
11	工具房					
12	食堂					
13	厕所					
14	浴室					

表 4-3　施工现场临建宿舍验收表

序号	验收项目	技术要求	验收结果
1	布置	临建宿舍的布置应按场布图布置。不得布置在高压线、沟边、崖边、岸边、强风口、高墙下。生活区、作业区、办公区应分开布置。不得在未竣工的建筑物内设宿舍。符合消防要求	
2	材质	装配式活动房,应是具有法人资格和合法企业生产的产品,检测报告齐全、各项技术指标合格,应有专项搭拆方案	
3	环境	临建宿舍应防潮、坚固安全、保暖、通风、采光良好。开启式窗户,宽0.9m,高1.2m,门窗玻璃齐全。房间层高不低于2.4m,每间不得分隔宿舍	
4	构件构造	市区工地禁止使用膨胀珍珠岩复合板活动房,禁止用钢管、毛竹搭设活动房,高度不超过二层,在乎坦空旷地域宜搭建一层,如需3层,按钢结构规范设计施工,并向监督机构备案,禁止搭设4层及4层以上活动房,房间内的地面必须硬化	
5	生活设施	床铺(铁、木制作)距地面不小于30cm,宽0.9m,长2.0m。通道宽不小于1.0m,人均使用面积不少于2.5m²。严禁打通铺	
6	附件	配备储物柜、脸盆架、打扫工具、电灯、电扇,有足够的插座,线路统一套管。宿舍用电单独配置漏电保护器、断路器。每100m²配备2只灭火器	
7	安全使用	工具、用具、易燃易爆、有毒物品禁止带入宿舍。严禁在宿舍内使用煤气灶、煤油炉、热的快、电炒锅、电炉等。应有防台风防护设施	

施工单位验收意见:

检查人员签字:

　　　　　　　　　　　　　　　　　　　　　　　　　　年　　月　　日

表 4-4 施工现场办公室验收表

序号	验收项目	技术要求	验收结果
1	布置	办公室的布置应按场布图布置。不得布置在高压线、沟边、崖边、岸边、强风口、高墙下。生活区、作业区、办公区应分开布置。不得在未竣工的建筑物内设办公室。符合消防要求	
2	结构	宜采用活动板房,也可以采用砖混结构,层数不得超过 3 层,搭设前应进行专业设计,确保结构稳定。砖混结构内外墙均必须抹灰,并刷白,地面要贴砖面或水泥砂浆抹平	
3	材质	装配式活动房,应是具有法人资格和合法企业生产的产品,检测报告齐全、各项技术指标合格,应有专项搭拆方案	
4	内部	办公室内均必须吊顶,室外四周应设明沟散水	
5	内部布置	房间内的地面必须硬化。办公室内应布置会议桌、椅子、资料柜等。冬夏季均应安装空调,并设置适当数量的饮水机	
6	环境	办公室应防潮、坚固安全、保暖、通风、采光良好。开启式窗户,宽0.9m、高 1.2m,门窗玻璃齐全	
7	附件	配备电灯、电扇,有足够的插座,线路统一套管。用电单独配置漏电保护器、断路器	
8	安全使用	易燃易爆、有毒物品禁止带入办公室。应有防台风防护设施	

施工单位验收意见:

检查人员签字:

年　　月　　日

表 4-5 施工现场临建仓库验收表

序号	验收项目	技术要求	验收结果
1	布置	仓库的布置应按场布图布置。不得布置在高压线、沟边、崖边、岸边、强风口、高墙下。不得在未竣工的建筑物内设仓库。符合消防要求	
2	材质	装配式活动房,应是具有法人资格和合法企业生产的产品,检测报告齐全、各项技术指标合格,应有专项搭拆方案	
3	环境	仓库应防潮、坚固安全、通风、采光良好	
4	构件构造	市区工地禁止使用膨胀珍珠岩复合板活动房,禁止用钢管、毛竹搭设活动房,房间内的地面必须硬化	
5	安全使用	易燃易爆、有毒物品禁止带入仓库	
6	库内	库房内应设置搁物架,不同材料分类堆放整齐	

施工单位验收意见:

检查人员签字:

年　　月　　日

表 4-6　施工现场临建围墙、大门验收表

序号	验收项目	技术要求	验收结果
1	围墙截面尺寸	与标准的要求误差不超过±24mm	
2	围墙高度	在城市主干道两侧不得低于 2.5m,在城市次干道两侧不得低于2m,其他路段不得低于 1.8m	
3	围墙用料	用料符合技术手册的要求	
4	围墙预埋件	预埋件不少于 4 块	
5	围墙是否封闭	围墙全封闭设置	
6	围墙表面	应书写反映企业文化或安全生产的标语	
7	大门立柱	立柱的采用 40mm × 40mm 的角钢焊成 800mm × 800mm × 5000mm 方柱,采用蓝色的塑料纤维布全包,立柱两边对联采用圆幼体白字	
8	大门横梁	横梁做法取材同立柱长度挑出立柱每边 1000mm,横梁上必有公司司徽、公司全称和承接项目名称	
9	大门砌筑	采用砖砌,表面抹 1∶2 水泥砂浆 20mm 厚后刷涂料。灰缝厚度为 8～12mm,砂浆饱满度不低于 85%	
10	大门荷载	门楼应具有足够的承载力以抵抗风、雪等的荷载	
11	大门宽度	大门宽度应不低于6000mm	
12	整体形象	围墙与大门应坚固、稳定、整洁、美观	

施工单位验收意见:

检查人员签字:

年　　月　　日

表 4-7　施工现场临时道路验收表

序号	验收项目	规定值或允许误差		验收结果
1	压实度/%	代表值	98	
		极值	93	
2	平整度/mm	10		
3	厚度/mm	±15		
4	宽度/mm	不小于设计值		
外观鉴定		表面平整密实,边沟整齐,不得有松动、波浪浮浆现象		
		厚度均匀		

施工单位验收意见:

检查人员签字:

年　　月　　日

表 4-8 施工现场加工场地验收表

（类型：钢筋加工场地）

序号	验收项目	技术要求	验收结果
1	构件、构造	施工现场钢筋、模板加工棚应采用定性式，由钢件焊接或螺栓连接而成	
2	立柱	立柱与基础预埋钢板及加劲钢板之间采用满焊	
3	地基	地基承载力应≥100kN/m²	
4	屋架	屋架各杆件应根据计算确定，除螺栓连接外，各杆件之间采用焊接	
5	安全使用	易燃易爆、有毒物品禁止带入棚内	

施工单位验收意见：

检查人员签字：

年　月　日

表 4-9 施工现场加工场地验收表

（类型：木工加工场地）

序号	验收项目	技术要求	验收结果
1	构件、构造	施工现场木工加工棚应采用定性式，由钢件焊接或螺栓连接而成	
2	立柱	立柱与基础预埋钢板及加劲钢板之间采用满焊	
3	地基	地基承载力应≥100kN/m²	
4	屋架	屋架各杆件应根据计算确定，除螺栓连接外，各杆件之间采用焊接	
5	安全使用	易燃易爆、有毒物品禁止带入棚内	

施工单位验收意见：

检查人员签字：

年　月　日

表 4-10   施工现场临时供水设施验收表

序号	技术要求	验收结果
1	临时建筑物宜设置室内、外给水排水系统	
2	市政引入管上应设水表,各用水点可根据管理的需要分别设置水表	
3	可采用市政水源或自备水源,并符合国家现行有关卫生标准的规定	
4	生活供水系统应充分利用城镇供水管网的水压直接供水。当城镇管网的压力无法满足使用要求,且供水条件许可时,宜采用管网叠压供水方式	
5	市政引入管严禁与自备水源供水管道直接连接	
6	生活饮用水管网严禁与非饮用水管网连接	
7	严禁生活饮用水管道与大便器(或槽)直接连接	
8	临时建筑的生活用水和施工用水,应在引入管后分成各自独立的给水管网,其中施工用水管网的起端应采取防回流污染措施	
9	室内、外给水系统应采用卫生、安全、耐压、耐腐蚀、连接密封性好的管材、配件和阀门,并应采取有效措施防止管网漏损现象	

施工单位验收意见:

检查人员签字:

年　月　日

表 4-11   施工现场临时供电设施验收表

序号	验收项目	验收内容	验收结果
1	强制标准	必须达到"三级配电,两级保护;一机一箱一闸一漏;TN-S 接零保护系统"	
2	工地临近高压线防护	在建工程和机械设备与外电线路达不到最小安全距离时,必须要有严密稳固的防护措施	
3	支线架设	不准采用竹质和钢管电杆,电杆应设横担和绝缘子;电线不能架设在脚手架或树上等处;架空线距地应达到最小安全距离;严禁使用绝缘差、老化、破皮电线,防止漏电;线路过道要有可靠的保护;线路直接埋地,敷设深度小于 0.6m,引出地面从 2m 高度至地下 0.2m 处,必须架设防护套管	

序号	验收项目	验收内容	验收结果
4	总电箱	总隔离开关、总漏电保护器(当总漏电保护器同时具备短路、过载和漏电保护功能时,可不设总断路器或总熔断器)、分路隔离开关;总断路器和分路断路器或总熔断器和分路熔断器;动照线路分开设置;TN-S 保护接零;线路标识清楚	
5	分电箱	总隔离开关、分路隔离开关;总断路器和分路断路器或总熔断器和分路熔断器	
6	开关箱	隔离开关(应采用可见分断点)、断路器或熔断器、漏电保护器(当漏电保护器同时具备短路、过载和漏电保护功能时,可不设断路器或熔断器)	
7	电箱相关要求	配电箱制作要统一,做到有色标,有编号;电箱制作要内外油漆,有防雨措施,门锁齐全;金属电箱外壳要有零保护,箱内电气装置齐全可靠;线路、位置安装要合理,设有零排,电线进出配电箱应下进下出;配电箱与开关箱之间距离 30m 左右,用电设备与专用开关箱不超过3m,电箱不得放在地面使用,其下端离地距离应符合要求;箱内无杂物,不积灰,相关电器参数应符合规范要求	
8	现场照明	手持照明灯应使用安全电压;危险场所使用 36V 安全电压,特别危险场所采用 12V;照明导线应固定在绝缘子上;现场照明灯要用绝缘橡套电缆,生活照明采用护套绝缘导线;照明线路及灯具距地面不能小于规定距离	
9	接地或接零	必须采用接零保护,严禁采用接地保护,工作零线和保护零线必须从总配电柜处分开,重复接地不少于三处,接地电阻、接地线机、接地体应符合要求	
10	变配电装置	露天变压器设置符合规范要求;配电间安全防护措施和安全用具、警告标志齐全;配电间门要朝外天,高处正中装 20cm×30cm 玻璃	

施工单位验收意见:

检查人员签字:

年　　月　　日

表 4-12　施工现场食堂验收表

序号	验收项目	技术要求	验收结果
1	布置	临建食堂的布置应按场布图布置。不得布置在高压线、沟边、崖边、岸边、强风口、高墙下。生活区、作业区、办公区应分开布置。不得在未竣工的建筑物内设食堂。符合消防要求	
2	材质	装配式活动房,应是具有法人资格和合法企业生产的产品,检测报告齐全、各项技术指标合格,应有专项搭拆方案	
3	门窗尺寸	C1:1500×1500 M1:1500×2100 M2:900×2100	
4	环境	临建食堂应防潮、坚固安全、保暖、通风、采光良好	
5	食堂内部	食堂地面应贴防滑地面砖,内墙1.8m高墙体贴白色瓷砖	
6	食堂设施	食堂餐饮设施应配备齐全。食堂必须办理《卫生许可证》,饮食人员要有《健康证》,并穿白色工作服,戴白色帽子	
7	排水沟	食堂内要设置排水沟,确保排水畅通	
8	安全使用	易燃易爆、有毒物品禁止带入食堂。应有防台风防护设施	

施工单位验收意见:

检查人员签字:

年　月　日

表 4-13　施工现场厕所验收表

序号	验收项目	技术要求	验收结果
1	厕所布置	施工现场应设置男女厕所	
2	厕所构造	厕所可采用大便槽式或大便器式。蹲位数量与施工现场人员比例约为1:25。男厕所内设置小便池或小便器	
3	厕所结构	厕所采用砖混结构,也可采用活动板房,单层,层高不得小于3m。位地面标高比过道地面高150mm	
4	厕所尺寸	C1:500×600,离地面1.8m M1:200×2100	
5	厕所内部	地面应贴防滑地面砖,内墙贴面砖高度不小于1.8m。顶部吊顶	
6	厕所环境	厕所应派人每天清扫	

施工单位验收意见:

检查人员签字:

年　月　日

表 4-14　施工现场浴室验收表

序号	验收项目	技术要求	验收结果
1	浴室布置	施工现场应设置男女淋浴间或澡堂	
2	淋浴喷头	淋浴喷头数量与施工现场人员比例为 1∶25	
3	浴室结构	浴室宜采用砖混结构,也可采用活动板房,单层层高不得小于 2.4m	
4	浴室尺寸	C1:1500×600,离地面 1.8m M1:900×2100	
5	浴室内部	地面应贴防滑地面砖,内墙贴面砖高度不小于 1.8m。顶部应吊顶	
6	更衣室	内应设置更衣室,更衣室内应设置衣柜、长凳和挂衣钩等	
7	排水沟	浴室内应设置排水沟,确保排水畅通,不得积水	
8	热水系统	浴室内应设置热水器,或在浴室外设置锅炉,保热水的供应	

施工单位验收意见:

检查人员签字:

年　　月　　日

五、施工现场卫生防疫管理

(1) 施工现场办公区、生活区卫生工作应由专人负责,明确责任。

(2) 办公区、生活区应保持整洁卫生,垃圾应存放在密闭式容器中,定期灭蝇,及时清运。

(3) 生活垃圾与施工垃圾不得混放。

(4) 生活区、宿舍内夏季应采取消暑和灭蚊蝇措施,冬季应有采暖和防煤气中毒的措施,并建立验收制度。宿舍内应有必要的生产设施及保证必要的生活空间,高度不得低于 2.5m,通道宽度不得小于 1m,应有高于地面 300mm 的床铺,每人床铺占用面积不小于 2m²,床铺被褥干净整洁,生活用品摆放整齐,室内保持通风。

(5) 生活区必须有盥洗设施和洗浴间。应设阅览室、娱乐场所。

(6) 施工现场应设水冲式厕所,厕所墙壁、屋顶严密,门窗齐全,要有灭蝇措施,设专人负责定期保洁。

(7) 严禁随地大小便。

(8) 施工现场设置的临时食堂必须具备卫生许可证、炊事人员身体健康证、卫生知识培训证。建立食品卫生管理制度，严格执行食品卫生法和有关管理规定。施工现场的食堂和操作间相对固定、封闭，并且具备清洗消毒的条件和杜绝传染疾病的措施。

（9）食堂和操作间内墙应抹灰，屋顶不得吸附灰尘，应有水泥抹面锅台、地面，必须设排风设施。

操作间必须有生熟分开的刀、盆、案板等炊具及存放柜橱。库房内应有存放各种佐料和副食的密闭器皿，有距墙地面大于 200mm 的粮食存放台。

不得使用石棉制品的建筑材料装修食堂。

（10）食堂内外整洁卫生，炊具干净，无腐烂变质食品，生熟食品分开加工保管，食品有遮盖，应有灭蝇灭鼠灭蝉措施。

（11）食堂操作间和仓库不得兼做宿舍使用。

（12）食堂炊事员上岗必须穿戴洁净的工作服帽，并保持个人卫生。

（13）严禁购买无证、无照商贩商品，严禁食用变质食物。

（14）施工现场应保证供应卫生饮水，有固定的盛水容器，有专人管理并定期清洗消毒。

（15）施工现场应制定卫生急救措施，配备保健药箱、一般常用药品及急救器材。为从事有毒有害作业人员配备有效的防护用品。

（16）施工现场发生法定传染病和食物中毒、急性职业中毒时立即向上级主管部门及有关部门报告，同时要积极配合卫生防疫部门进行调查处理。

（17）现场工人患有法定传染病或是病源携带者，应予以及时必要的隔离治疗，直至卫生防疫部门证明不具有传染性时方可恢复工作。

（18）对从事有毒有害作业人员应按照《职业病防治办法》做职业健康检查。

（19）施工现场应制定暑期防暑降温措施。

六、施工现场材料管理

项目所需的各种材料，自进入施工现场至施工结束为止的全过程，均属于施工现场材料管理的范围。施工现场材料管理主要包括以下内容。

（一）计划管理

（1）项目开工前，项目部计算材料用料数量及预算，制定用料计划表，将用料计划表提交给采购部，作为采购部以后审核采购及付款的依据之一。

（2）在施工过程中，如果工程量变更，项目部向采购部提出调整材料用料数量及预算，作为采购部以后审核采购及付款的依据之一。

（二）采购申请

（1）施工员要了解施工进度，掌握各类材料的需用量和质量要求。

（2）施工员根据各施工阶段的材料需求，填写材料申购单，申购单需填写的内容包括材料名称、规格、型号、数量、质量要求、最迟到货时间等。

（3）申购单经项目经理审批同意后，提交给采购部及采购员。

（三）材料采购

（1）采购部及采购员根据项目部的申购单的要求进行采购。

（2）采购部及采购员要广泛了解市场信息，熟悉各种材料的供应渠道，掌握项目部周边材料供应情况。

（3）采购员在采购前要向供应商询价，要进行货比三家，将附有对比说明的采购方案提交给采购部负责人。

（4）采购部负责人审核采购价格的合理性。

（5）按照公司的规定完成招标采购流程或经公司领导和采购部负责人同意后，采购员才可以采购。在材料质量满足施工要求的前提下，选择向报价最低的供应商采购。

（四）验收及入库

（1）为了把住质量关和数量关，采购员、仓管员和质量员（最好是主管施工员，也可以是项目经理，若项目部没有施工员的由资料员代替）在材料进场时必须根据已核准的申购单和送货单，进行材料的质量和数量验收，验收内容包括品种、规格、型号、质量、数量等。验收要做好记录，对单货不符、不符合采购要求或质量不合格的材料应拒绝验收。

（2）验收入库的数量不能超过经核准的申购单的数量。

（3）物资抵库但仓管员尚未收到"送货单"或"申购单"的，仓管员有权拒绝签收货物。

（4）"送货单"内未注明材料规格型号、单位、数量、单价、总金额的，仓管员有权拒绝办理入库手续。

（5）"送货单"必须为原件，并有相应的送货人员签字。如果供应商为非个人的，还需盖有供应商公章。

（6）对于金属材料、土建材料以"吨"、"千克"为计量单位的，仓管员必须与送货人员将材料拉至附近的公磅处过公磅，数量必须以公磅数量为准。

（7）甲供材料入库时，需由我方仓管员与甲方人员共同清点材料数量，确认无误后双方需在送货单上签字确认。

（8）严禁仓管员未经实际验货，直接根据送货单抄填入库单。

（9）材料验收合格后，仓管员需根据实际入库数量填写《验收及入库单》，《验收及入库单》需经采购员、仓管员和质量员签字。

（五）储存及保管

（1）仓管员应建立材料台账，记录材料的入库、出料、退库及结存数据。

（2）做好仓库安全保卫、防火及卫生工作，确保仓库和物资的安全，保持库房整洁。

（3）要妥善保管入库单和领料单。

（4）根据项目进度需要及时向项目经理和施工员报告材料库存情况，由施工员做材料采购计划。

（5）勤检查库存物品，保持库房干燥，注意防火、防盗、防潮、防霉变、防虫蛀、防鼠害。

（6）根据工地项目进度需要，服从加班安排，确保按时完成任务。

（7）库内物资，按大类区分，分库保管，按照上摆轻、下摆重的原则做到货物成行、成方、成层、成垛或成包。分类存放时做到标记明显、整洁稳固、存放合理、安全可靠，然后建账、挂卡，做到账、卡、物三者一致。保证库区整洁卫生，道路畅通。

（8）露天存放的物资根据需要做好防护、垫盖处理，定期检查是否变质、散失、发现问题及时上报并采取保护措施。

（9）金属材料、机电配套件，要定期进行防锈蚀检查。

（10）对易老化、易碎、防潮湿、怕冻、怕晒等物资，要根据其特点进行定期检查，加强防护措施，做到分批存放，先到先发，发现问题及时采取防护措施，保证物资的完整无损，不降低物资质量状况。

（11）对易燃、易爆等危险物资，要存放在单独设定的区域，并设立相应的警示。

（六）付款

（1）材料验收入库后，采购员（没有采购员的项目部由仓管员以外的合适人员进行）收集付款所需资料并申请付款，付款资料包括：申购单、送货单、入库单、收款收据、合同及单价清单、付款申请单、付款委托书、供应商三证资料等公司规定必须提交的所有资料和证件。

（2）财务部审核付款时，通过网络查询各种材料的实时行情，或通过电话询价，或与以往的采购价格对比，以核实项目部采购的材料的价格的合理性及真实性。

（七）材料领发

（1）施工员根据项目需要领用材料，领用材料时需填写《材料领用单》，领料单要写清材料名称、规格型号、数量、用途，领料单需项目经理签字审批。

（2）材料实行专人领取制度，一般情况下只能由施工员领取，特殊情况下才可由施工员指定的人员代为领取。

（3）领料单不准涂改。

（4）仓管员根据项目经理签字的领料单发放材料，严格依据所列项目办理出库。

（5）按"推陈储新，先进先出，按规定供应，节约用料"的原则发材料。

（6）凡未经审批手续而私自出库的材料均属违纪行为，按偷窃论处，必须追究当事人的责任。

（7）仓管员要及时登记手工台账或电子台账，以利于材料耗用统计和成本核算。

（八）退货规定

（1）退货条件

① 发现材料有明显的制造缺陷的。

② 材料经两次以上换货后仍然存在质量问题的。

③ 发现材料与采购合同上注明的规格型号、尺寸不符的。

④ 材料质量未达到国家质量检测标准的。

（2）退货手续

① 所有需退货材料都经项目经理、采购员当场确认，并同意当退货处理后，仓管员方可按规定办理退货手续。《退料单》将需退回材料的品名、规格型号、数量、单位、单价、金额、进货时间、退货原因依次列明。

②《退货单》必须经供应商经手人签名（如果供应商是非个人的还需盖上公章）方为有效。仓管员必须将《退货单》保存好，与供应商结账时必须及时把《退货单》上的数量和金额扣减。

（九）材料使用

（1）项目经理、施工员和仓管员应对现场材料的使用进行监督检查，检查施工人员是否合理用料，是否做到工完料退库。

（2）项目经理、施工员和仓管员应加强现场材料保管，减少损失和浪费，防止丢失。

（3）要求施工人员合理使用钢材、木材等料具，严禁随意截锯。

（4）仓管员必须定期巡查工地回收所有施工时剩余的有用物资。

（十）余料退库

（1）项目经理、施工员和仓管员要要求施工人员将余料、边角料和废料退还给仓管员，由仓管员统一保管，未经公司同意不得私自处理。

（2）施工员退料时要办好退料手续。

（3）仓管员要建立边角料和废料明细表。

（十一）边角料、废料处理

（1）边角料、废料在出售前要编写废料明细表，经项目经理和工程管理中心批准后，由施工员和仓管员共同在场监督变卖。

（2）收回材料变卖款要交回财务部。

七、施工现场警示标牌管理

为了规范安全标志的设置，确保生产过程中的安全，为认真执行安全标志标准，加强标志的采购、使用、维护和管理，发挥安全标志的警示作用，需要对公司施工现场的生产、生活、办公场所的安全标志进行管理。

（一）安全警示标志的含义与概念

（1）安全警示标志包括：安全色和安全标志。

（2）安全色是指传递安全信息含义的颜色，包括红色、蓝色、黄色和绿色。

① 红色：表示禁止、停止，危险等意思。

② 蓝色：表示指令，要求人们必须遵守的规定。

③ 黄色：表示提醒人们注意，凡是警告人们注意的器件、设备及环境应以黄色表示。

④ 绿色：表示给人们提供允许、安全的信息。

（3）对比色是使安全色更加醒目的反衬色，包括黑、白两种颜色。

（4）安全标志的分类：禁止标志、警告标志、指令标志和提示标志四类。

① 禁止标志的基本型式是带斜杠的圆边框；

② 警告标志的基本型式是正三角形边框；

③ 指令标志的基本型式是圆形边框；

④ 提示标志的基本型式是正方形边框。

（二）各部门职责

（1）公司安技保卫部负责对安全标志的使用情况进行监督与检查。

（2）基层单位安保部门负责对安全标志的采购、发放、入库、使用、管理。

（3）项目经理部负责提供安全标志使用的计划和日常管理。

（4）施工现场安全员把安全警示标志挂贴到相应的存在危险因素的部位，并负责监督。

（三）工作要求

（1）基层单位安保部门应根据各项目经理部的施工现场需要，提出使用计划，经本单位主管生产经理审批后进行采购。采购的安全标志必须符合国家标准 GB 2894—1996《安全标志》的要求。

（2）施工现场安全标志牌应由公司到安监站统一购置。

（3）项目经理部安全员应结合施工现场或不同生产、生活、办公场所具体情况悬挂标志。安全标志应按分部、分项（基础、主体、附属）绘制安全标志平面图，应有项目经理签字、有绘制人签字、有绘制日期，并填写《安全标志登记表》。

（四）设置场所

（1）线路施工时在土方开挖的洞口四周设置警戒线，设置警示标识牌，晚间挂警示灯，施工点在道路上时，应根据交通法规 在距离施工点一定距离的地方设置警示标志或派人进行交通疏导。

（2）场地施工时在施工现场入口处、脚手架、出入通道口、楼梯口、孔洞口、桥梁口、隧道口、基坑边沿设置安全警示标志。

（3）在高压线路，高压电线杆，高压设备，雷击高危区，爆破物及有害危险气体和液体存放处等危险部位，设置明显的安全警示标志。

（4）其他应设置安全标志的场所。

（五）设置原则

（1）现场人员密集的公共场所的紧急出口、疏散通道处、层间异位的楼梯间，必须相应地设置"安全通道"标志。在远离安全 通道的地方，应将"安全通道"标志的指示箭头必须指向通往紧急出口的方向。

（2）在道路或其他非施工人员经常路过的地方施工时，应当依照相关交通法规设置恰当的安全警示标志，建筑中的临边洞口等应按《高处作业安全技术规范》要求设置。

（3）施工现场布置应合理，根据施工安全平面布置图所标识的部位挂贴统一规定的安全警示标志，对施工现场有较大危险因素的场所增添统一规定的安全警示标志。

（4）临时用电的标准设置应符合用电有关规范的标准。

（5）所有机械的标志设置应符合有关专门机械的规定。

（6）安全警示标志必须符合国家标准 GB 2849—2008《安全标志》和 GB 16179—2008《安全标志使用导则》、GB 2893—2008《安全色》的要求。

（六）管理规定

（1）因施工需要或工程竣工后，安全标志牌必须移动或拆除时，由项目经理部安全员负责组织将安全标志牌移动，或回收后，退交基层单位安保部门统一保管。

（2）安全标志牌未经项目经理部安全员允许，任何人不得随意移动或拆除。

（3）项目经理部安全员应及时对变形、污损的安全标志牌进行整修和更换。如发现有损坏的，应报请公司，经公司核准后，将相同标志牌发放项目部，由项目部专职安全员按要求进行挂贴。

（4）项目经理部安全员负责安全标志的使用、维修和管理。

（5）公司安技保卫部每季度、基层单位安保部门每月对项目经理部安全标志的使用情况进行监督检查，并填写《检查记录》。如发现项目部不按公司统一要求进行挂贴的，根据情节严重程度给予警告或相应的经济处罚。

第二节　临时用电安全管理

一、施工现场临时用电组织设计

（一）临时用电安全管理基本要求

按照《施工现场临时用电安全技术规范》（JGJ 46—2012）的规定，临时用电设备在 5 台及 5 台以上或设备总容量在 50kW 及 50kW 以上的，应编制临时用电施工组织设计；临时用电设备在 5 台以下和设备总容量在 50kW 以下的，应制定安全用电技术措施及电气防火措施。

施工用电工程设计施工图主要包括用电工程总平面图、交配电装置布置图、配电系统接线图、接地装置设计图等。

编制施工现场临时用电施工组织设计的主要依据是《施工现场临时用电安全技术规范》（JGJ 46—2012）及其他的相关标准、规程等。

编制施工现场临时用电施工组织设计必须由专业电气工程技术人员来完成。

（二）施工现场临时用电施工组织设计的主要内容

（1）现场勘测。

（2）确定电源进线、变电所或配电室、配电装置、用电设备位置及线路走向。

（3）进行负荷计算。

（4）选择变压器。

（5）设计配电系统

① 设计配电线路，选择合适的导线或电缆。

② 设计配电装置，选择合适的电器。

③ 设计接地装置。

④ 绘制临时用电工程图样（图 4-4），主要包括用电工程总平面图、配电装置布置图、配电系统接线图、接地装置设计图。

（6）设计防雷装置。

（7）确定防护措施。

（8）制定安全用电措施和电气防火措施。

（三）临时用电安全管理要点

（1）临时用电工程图样应单独绘制，临时用电工程应按图施工。

（2）临时用电施工组织设计在编制及变更时，必须履行"编制、审核、批准"程序，由电气工程技术人员组织编制，经相关部门审核及具有法人资格企业的技术负责人批准后实施。变更用电组织设计时应补充有关图样资料。

（3）临时用电工程必须经编制、审核、批准部门和使用单位共同验收，合格后

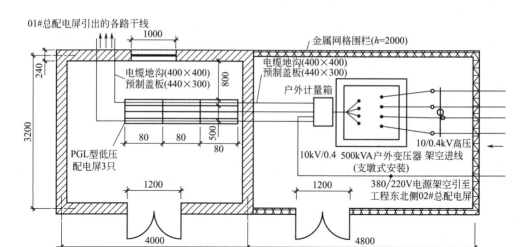

图 4-4　建筑施工用电工程设计施工图例

方可投入使用。

（4）临时用电施工组织设计审批手续包括以下几点。

① 施工现场临时用电施工组织设计必须由施工单位的电气工程技术人员编制，由技术负责人审核，封面上要注明工程名称、施工单位、编制人并加盖单位公章。

② 施工单位所编制的施工组织设计必须符合《施工现场临时用电安全技术规范》（JGJ 46—2012）中的有关规定。

③ 临时用电施工组织设计必须在开工前 15 天内报上级主管部门审核、批准后方可进行临时用电施工。施工时要严格执行审核后的施工组织设计，按图施工。当需要变更临时用电施工组织设计时，应补充有关图样资料，同样需要上报主管部门批准，批准后对照修改前、后的临时用电施工组织设计进行施工。

二、用电操作与监护管理

（一）用电操作管理

（1）禁止使用或安装木质的配电箱、开关箱、移动箱。电动施工机械必须实行"一闸一机一漏一箱一锁"制度，且开关箱与所控固定机械之间的距离不得大于 5m。

（2）严禁以取下（合上）熔断器的方式对线路进行停（送）电。严禁维修时约时送电，严禁以三相电源插头代替负荷开关启动（停止）电动机运行，严禁使用 200V 电压行灯。

（3）严禁频繁按漏电保护器和私拆漏电保护器。

（4）严禁长时间超铭牌额定值运行电气设备。

（5）严禁在同一配电系统中一部分设备做保护接零，另一部分做保护接地。

（6）严禁直接使用刀开关启动（停止）4kW 以上的电动设备，严禁直接在刀开关上或熔断器上挂接负荷线。

（二）怎么进行用电工作监护

（1）在带电设备附近作业时必须设专人监护。

（2）在狭窄及潮湿场所从事用电作业时必须设专人监护。

（3）登高用电作业时必须设专人监护。

（4）监护人员应时刻注意工作人员的活动范围，监督其正确使用工具，并与带电设备保持安全距离。发现有违反电气安全操作规程的做法应及时纠正。

（5）监护人员的安全知识及操作技术水平不得低于操作人员。

（6）监护人员在执行监护工作时，应根据被监护工作情况携带或使用基本安全用具或辅助安全用具，不得兼做其他工作。

三、电气维修用电管理

（1）只准进行全部（操作范围内）停电工作、部分停电工作，不准进行不停电工作。维修工作时要严格执行电气安全操作规程。

（2）不准私自维修不了解内部原理的设备及装置，不准私自维修厂家禁修的安全保护装置，不准从事超过自身技术水平且无指导人员在场的电气维修作业。

（3）不准在本单位不能控制的线路及设备上工作。

（4）不准随意变更维修方案而使隐患扩大。

（5）不准酒后或有过激行为之后进行维修作业。

（6）对施工现场所属的各类电动机，每年必须清扫、注油或检修一次。对变压器、电焊机，每半年必须进行清扫或检修一次。对一般低压电器、开关等，每半年检修一次。

四、安全用电技术交底

（1）进行临时用电工程的安全技术交底，必须分部分项且按进度进行，不准一次性完成全部工程的交底工作。

（2）设有监护人员的现场，必须在作业前对全体人员进行技术交底。

（3）对电气设备的试验、检测、调试前、检修前及检修后的通电试验前，必须进行技术交底。

（4）对电气设备的定期维修前、检查后的整改前，必须进行技术交底。

（5）交底项目必须齐全，包括使用的劳动保护用品及工具、有关法规内容、有关安全操作规程内容和保证工程质量的要求，以及作业人员的活动范围和注意事项等。

（6）填写交底记录要层次清晰，交底人、被交底人及交底负责人必须分别签字，并准确注明交底时间。

五、工程拆除用电管理

（1）拆除临时用电工程必须定人员、定时间、定监护人、定方案。拆除前必须向作业人员进行交底。

（2）拉闸断电操作程序必须符合安全操作规程要求，即遵循先拉负荷侧，后拉电源侧；先拉断路器，后拉刀开关等停电作业要求。

（3）使用基本安全用具、辅助安全用具、登高工具等作业，必须执行安全规程；操作时必须设监护人员。

（4）拆除的顺序：先拆负荷侧，后拆电源侧；先拆精密贵重电器，后拆一般电器。不准留下经合闸（或接通电源）就带电的导线端头。

（5）必须根据所拆除设备情况佩戴相应的劳动保护用品，采取相应的技术措施。

（6）必须设专人做好点件工作，并将拆除情况资料整理、归档。

第三节   施工现场消防管理

一、建立消防监督管理体系

为了做好建筑施工现场消防安全管理工作，贯彻"预防为主，防消结合"的消防工作方针，避免火灾事故的发生，落实好消防安全工作，工程项目应成立监管部门——消防管理部，并配备足够的合格的专职消防管理人员，成立项目消防领导小组，建立由总分包在内的消防监督管理体系。同时建立各项管理制度并认真落实。项目经理是建筑施工现场消防第一责任人。

（一）工程项目消防领导小组

组长：项目经理。

副组长：项目副经理、书记、总工、质量、安全总监及各分包项目经理。

组员：总包消防部门、各部门经理；分包生产经理及消防监督负责人。

（二）消防监督管理体系

消防监督管理体系如图 4-5 所示。

（三）各岗位防火责任制

1. 项目部主要负责人防火责任制

项目主要负责人是消防工作第一责任人、主要负责人，直接指导消防保卫工作。

（1）组织施工和工程项目的消防安全工作，负责按领导责任指挥和组织施工，

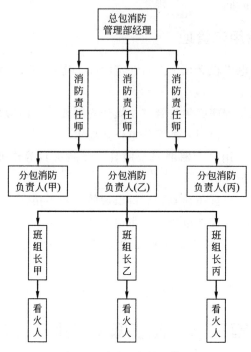

图 4-5　消防监督管理体系

要遵守有关消防法规及内部规定，逐级落实防火责任制。

（2）将消防工作纳入施工生产全过程，认真落实保卫方案。

（3）施工现场易燃暂设支架应符合要求，支搭前应经消防部门审批同意后方可支搭。

（4）坚持周一防火安全教育，周末防火安全检查，隐患整改及时，难以整改的问题积极采取临时安全措施，及时向上级汇报，不准强令违章作业。

（5）加强对义务消防组织的领导，组织开展群防活动，保护现场，协助事故调查。

2. 项目部副经理防火责任制

（1）对项目分管工作负直接领导责任，协助项目经理认真贯彻执行国家、市有关消防法律、法规，落实各项责任制。

（2）组织施工工程项目各项防火安全技术措施方案。

（3）组织施工现场定期的防火安全检查，对检查的问题定时、定人、定措施予以解决。

（4）组织实施对员工的安全教育。

（5）组织义务消防队的定期学习、演练。

（6）协助事故的调查，发生事故时组织人员抢救，并保护好现场。

3. 项目部消防干部责任制

（1）协助防火负责人制定施工现场防火安全方案和措施，并督促落实。

（2）纠正违反法规、规章的行为，并向防火负责人报告，提出对违章人员的处理意见。

（3）对重大火险隐患及时提出消除措施的建议，填写《火险隐患通知单》，并报消防监督机关备案。

（4）配备、管理消防器材、建立防火档案。

（5）组织义务消防队的业务学习和训练。

（6）组织扑救火灾、保护火灾现场。

4. 项目部技术部防火责任制

（1）根据有关消防安全规定，编制施工组织设计和施工平面布置图，应有消防道路、消防水源，易燃易爆等危险材料堆放场，临建的建设要符合防火要求。

（2）施工组织设计必须有防火技术措施。对施工过程中的隐蔽项目和火灾危险性大的部位，要制定专项防火措施。

（3）讨论施工组织设计及平面图时，应通知消防部门参加会审。

（4）施工现场总平面图要注明消防泵、竖管、消防器材设施位置及其他各种临建位置。

（5）施工现场道路必须循环，宽度不小于 3.5m。

（6）设计消防竖管时，管径不小于 100mm。

（7）做防水工程时要有针对性的防火措施。

5. 项目土建工程部防火责任制

（1）对负责组织施工的工程项目的消防安全负责，组织施工中要遵守有关消防法规及规定。

（2）在安排工作的同时要有书面的消防安全技术交底，采取有效的防火措施，不准强令违章作业。

（3）坚持周一防火安全教育，及时整改隐患。

（4）在施工、装修等不同阶段，要有书面的防火措施。

6. 项目综合办公室防火责任制

（1）负责本部门本系统的安全工作，对食堂、生活用取暖设施、工人宿舍等要建立防火安全制度。

（2）经常对所属人员进行防火教育，建立记录，增强安全意识。

（3）定期开展防火检查，及时清除安全隐患。

（4）生产区支搭易燃建筑，应符合防火规定。

（5）仓库的设置与各类物品的管理必须符合安全防火规定，并配备足够的器材。

7. 电气维修人员防火责任制

（1）电工作业必须遵守操作规范和安全规定，使用合格的电气材料，根据电气设备的电容量，正确选择同类导线，并安装符合容量的熔丝。

（2）所拉设的电线应符合要求，导线与墙壁、顶棚、金属架之间保持一定距离，并加绝缘套管，导线与导线、设备与导线之间接头要牢固绝缘，铅线接头要有铜铅过渡焊接。

（3）定期检查线路、设备，对老化及残缺线路要及时建议更新，一般情况下不准带电作业和维修电气设备，安装设备要接零线保护。

（4）架设动力线不乱拉、乱挂，经过通道时要加套管，经过易燃场所应设支点、加套塑料管。

（5）电工有权制止非电工作业，有权制止乱拉电线人员，有权禁止未经批准使用的电炉设备。

8. 油漆工防火责任制

（1）油漆、调漆配料室内严禁吸烟，明火作业和使用电炉要经消防部门批准，并配备消防器材。

（2）调漆配料室要有排风设备，保持良好通风，稀料和油漆分库存放。

（3）调漆应在单独房间进行，油漆库与休息室分开。

（4）室内电气设备要安装防爆装置，电闸安装在室外，下班时随手拉闸断电。

（5）用过的油毡棉丝、油布、纸等应放在金属容器内，并及时清理排风管道内外的油漆沉积物。

9. 分包队伍及班、组消防工作责任制

（1）对本班、组的消防工作负全面责任，自觉遵守有关消防工作法规制度，把消防工作落实到员工个人，实行分片包干。

（2）消防工作纳入班组管理，分配任务要进行防火安全交底，坚持班前教育，下班检查活动，消防检查隐患做到不隔夜，杜绝违章冒险作业。

（3）支持义务消防队员和积极参加消防学习训练活动，发生火灾事故立即报告，并组织力量扑救，保护现场，配合事故调查。

10. 员工个人防火安全责任制

（1）负责本岗位上的消防工作，学习消防法规及内部规章制度，提高法制观念，积极参加消防知识学习，训练活动，做到熟知本单位、本岗位消防制度，发生火灾事故会报警（电话119），会使用灭火器材，积极参加灭火工作。

（2）工作生产中必须遵守本单位的安全操作规程和消防管理规定，随时对自己的工作生产岗位周围进行检查，确保不发生火灾事故和留下火灾隐患。

（3）勇于制止和揭发违反消防管理的行为，遇有火灾事故要奋力扑救，注意保护现场。

11. 易燃、易爆品和作业人员防火责任制

（1）焊工必须经过专业培训掌握焊接安全技术，并经过考试合格后持证操作，非电焊工不准操作。

（2）焊割前应经本单位同意，消防负责人检查批准申请"动火证"，方可操作。

（3）焊割作业前要选择安全地点，焊割前仔细检查上下左右情况及设备安全情况，必须清理周围的易燃物，对不能清理的要用水浇湿或用不可燃材料遮挡，开始焊割时要配备灭火器材，并有专人看火。

（4）乙炔瓶、氧气瓶不准存放在建筑工程内，在高空焊割时，不准放在焊接部位下面，并保持一定的水平距离，回火装置及胶皮管发生冻结时，只能用热水和水蒸气解冻，严禁用明火烤、用金属物敲打，检查漏气时严禁用明火试漏。

（5）气瓶要装压力表，搬运时禁止滚动、撞击，夏季不得暴晒。

（6）电焊机和电源符合用电安全负荷，禁止使用铜、铁、铝线代替熔丝。

（7）电焊机地线不准接在建筑物、机械设备及金属架上，必须设置接地线，不得借路。地线要接牢，安装时要注意正负极不要接错。

（8）不准使用有毛病的焊割工具，电焊线不要与有气体的气瓶接触，也不要与气焊软管或气体导管搭接，氧气瓶管、乙炔导管不得从生产、使用、储存易燃、易爆物品的场所或部位经过，油脂或粘油的物品禁止与氧气瓶、乙炔气瓶导管等接触。氧气、乙炔管不能混用（红色气管为氧气专用；黑色气管为乙炔专用管）。

（9）焊割点火前要遵守操作规程，焊割结束或离开现场前，必须切断气源、电源，并仔细检查现场，消除火险隐患，在屋顶隔墙的隐蔽场所焊接操作完毕半小时内要复查，以防发生自燃问题。

（10）焊接操作不准与油漆、喷漆等易燃物做同部位、同时间、上下交叉作业。

（11）室外电气焊作业遇有5级以上大风时，应立即停止作业。

（12）施工现场用火证不得连续使用，在一个部位焊割一次，申报一次。

（13）禁止在下列场所和设备上进行电、气焊作业。

① 生产使用、存放易燃、易爆、化学危险品的场所部位和其他禁火场所。

② 密封容器未开盖的、盛过或存放易燃、可燃气体、液体的化学危险品的容器和设备未经彻底清洗干净处理的。

③ 场地周围易燃物、可燃物太多不能清理或未采取安全措施无人看火监视。

12. 看火人员（包括临时看火人员）防火责任制

（1）动火必须经消防部门审批，办理用火证，看火人员要了解用火部位环境。

（2）动火前要认真清理用火部位周围的易燃物，不能清理的要用水浇湿或用不可燃材料遮盖。

（3）高空焊接、夹缝焊接或邻近脚手架上焊接，要铺设接火用具或用石棉布接火花。

（4）准备好消防器材和工具，做好灭火准备工作。

（5）使用碎木料明火作业时，炉灶要远离木料1.5m以外。

（6）焊接和明火过程中，要随时检查，不得擅离职守，用火完毕应认真检查，确认无危险后，才可离去。

（7）看火人员严禁兼职，必须安排专人，一旦起火要立即呼救、报警并及时扑救。

二、现场消防管理的内容

现场消防管理制度的范围包括以下内容。

（1）消防管理制度；

（2）动用明火管理制度；

（3）防水作业的防火管理制度；

（4）仓库防火制度；

（5）食堂防火制度；

（6）宿舍防火制度；

（7）木工棚防火管理制度；

（8）雨期施工防火制度；

（9）施工现场消防管理规定；

（10）施工现场吸烟管理规定；

（11）冬季防火规定；

（12）防火责任制。

（一）消防管理制度

为了加强内部消防工作，保障施工安全，保护国家和人民的生命财产安全，根据国务院421号令、市政府××号令精神特制定本规定。

（1）施工现场严禁吸烟，现场重点防火部位按规定合理配备消防设施和消防器材。

（2）施工现场不得随意动用明火，凡施工用火作业必须在使用前报消防部门批准，办理动火手续并有看火人监视。

（3）物资仓库、木工车间、木料及易燃品堆放处，机械修理处、油库处、油漆房配料房等部位严禁烟火。

（4）员工宿舍、办公室、仓库、机械车间、木工车间、木工工具房不得违反下列规定。

① 严禁使用电炉取暖、做饭、烧水，严禁使用碘钨灯照明，宿舍内严禁卧床吸烟；

② 各类仓库、木工车间、油漆配料室冬季严禁使用火炉取暖；

③ 严禁乱拉电线，如需者必须由专职电工负责架设，除木工车间（棚）、工具室、机械修理车间、办公室、临时化验室使用照明灯泡不得超过 150W 外，其他不得超过 60W；

④ 施工现场禁止搭易燃临建和防晒棚，严禁冬季用易燃材料保温；

⑤ 不得阻塞消防道路，消火栓周围 3m 内不得堆放材料和其他物品，严禁动用各种消防器材，严禁损坏各种消防设施、标志牌等；

⑥ 现场消防竖管必须设专用高压泵、专用电源，室内消防竖管不得接生产、生活用水设施；

⑦ 施工现场易燃易爆材料，要分类堆放整齐，存放在安全可靠的地方，油棉纱和维修用油应妥善保管；

⑧ 施工和生活区冬季取暖设施的安装要求按有关冬施防火规定执行。

（二）动用明火管理制度

（1）项目部各部门、分包、班组及个人，凡因施工需要在场动用明火时，必须事先向项目部提出申请，经消防部门批准，办理用火手续后方可用火。

（2）对各种用火的要求。

① 电焊：操作者必须持有效电焊操作证，在操作前必须向经理部消防部门提出申请，经批准并办理用火证后，方可按用火证批准栏内的规定进行操作。操作前，操作者必须对现场及设备进行检查，禁止使用熔断装置失灵、线路有缺陷及其他故障的焊机。

② 气焊（割）：操作者必须持有气焊操作证，在操作前首先向项目部提出申请，经批准并办理用火证后，方可按用火证批准栏内的规定进行操作。在操作现场，乙炔瓶、氧气瓶和焊枪应呈三角形分开摆放，乙炔瓶与氧气瓶之间距离不得小于 5m，焊枪（着火点）与乙炔、氧气瓶之间的距离不得小于 10m。乙炔瓶禁止卧倒使用。

③ 因工作需要在现场安装开水器，必须经相关部门同意方可安装使用，用电地点严禁堆放易燃物。

④ 在使用喷灯、电炉和搭烘炉时，必须经消防部门批准，办理用火证后方可按用火证上的具体要求使用。

⑤ 冬季取暖安装设施时，必须经消防部门检查批准后方可进行安装，在投入使用前必须经消防部门检查合格后方可使用。

⑥ 施工现场内严禁吸烟，吸烟可到指定的吸烟室内，烟头必须放入指定水桶内，严禁随地抛扔。

⑦ 施工现场内需进行其他动用火作业时，必须经消防部门批准，在指定的时间、地点动火。

（三）防水作业的防火管理制度

（1）使用新型建筑防水材料进行施工前，必须有书面防火安全交底。较大面积施工时，要制定防火方案或措施报上级消防部门审批后方可作业。

（2）施工前应对施工人员进行培训教育，了解掌防水材料的性能、特点及防火措施、灭火常识，做到"三落实"，即人员落实、责任落实、措施落实。

（3）施工时，应划定警戒区，悬挂明显防火标志，确定看火人员及值班人员，明确职责范围，警戒区域内严禁烟火，不准配料，不准存放使用数量以外的易燃材料。

（4）在室内作业时，要设置防爆、排风设备和照明设备，电源线不得裸露，不得用铁器工具，并避免撞倒，防止产生火花。

（5）施工时应采取防静电设施，施工人员应穿防静电服装，作业后警戒区应有保证易燃气体散发的安全措施，防止静电产生火花。

（四）仓库防火制度

（1）认真贯彻执行公安部颁布的《仓库防火安全管理规则》和上级有关制度，制定本部门防火措施，完善健全防火制度，做好材料物资运输及存放保管中的防火安全工作。

（2）对易燃、易爆等危险及有毒物品，必须按规定保管，发放要落实专人保管，分类存放，防止爆炸和自燃起火。

（3）对所属仓库和存放的物资要定期开展安全防火检查，及时清除安全隐患。

（4）仓库要按规定配备消防器材，定期检修保养，确保完好有效，库区要设明显的防火标志、责任人，严禁吸烟和明火作业。

（5）仓库保管员是本库的兼职防火员，对防火工作负直接责任，必须遵守仓库有关的防火规定，下班前对本库进行仔细检查，无问题时，锁门断电方可离开。

（五）食堂防火制度

（1）食堂的搭设应采用耐火材料，炉灶应与液化石油气罐分隔，隔断应用耐火材料。灶与气罐距离不小于 2m，炉灶周围禁止堆放易燃、易爆、可燃物品。

（2）食堂内的煤气、液化气炉灶等各种火种的设备要有专人负责。

（3）一旦发现液化气泄漏应立即停止使用，关灭火源，拧紧气瓶阀门，打开门窗进行通风，并立即报告有关领导，设立警戒，远离明火，立即维修或更换气瓶。

（4）炼油或油炸食品时，油温不得过高，应设立看火人，且不得远离岗位。

（5）食堂内所使用的电气设备要保持清洁，应做防湿处理，必须保持良好绝缘，开关、闸刀应安装在安全地方，设立专用电箱。

（6）炊事班长应在下班前负责安全检查，确认无问题时，应熄火、关窗、锁门后方可下班。

（六）宿舍防火制度

（1）宿舍内不得使用电炉和60W以上白炽灯及碘钨灯照明和取暖，不准私自拉接电源线。

（2）不准卧在床上吸烟，烟头、火柴、打火机不得随便乱扔。烟头要熄灭，放进烟灰缸里。

（3）宿舍区域内严禁存放易燃、易爆物品，宿舍内严禁用易燃物支搭小房或隔墙。

（4）冬季取暖需用炉火或电暖器时，必须经消防部门批准、备案后方可使用；严禁在宿舍内做饭或生明火。

（5）宿舍区应配备足够的灭火器材和应急消防设施。

（七）木工棚防火管理制度

（1）木工车间和工棚的建筑应耐火。

（2）木工车间、木工棚禁止吸烟及明火作业。车间内严禁使用电炉，不许安装取暖火炉。

（3）木工车间、木工棚的刨花、木屑、碎料、锯末，要每天随时清理，集中堆放到指定的安全地点，做到工完场清。

（4）熬胶用的炉火，要设在安全地点，落实专人负责。使用的酒精、油漆、汽油、稀料等易燃物品，要定量领用，必须专柜存放、专人管理，油棉丝、油抹布严禁随地乱扔，用完后应放在铁桶内，定期处理。

（5）车间内的电动机、电闸等设备，必须保持干燥清洁。电动机应采取封闭式，敞开式的应设防护罩。电闸应安装在铁皮箱内加锁。

（6）车间内必须设一名专人负责，下班前进行详细检查。确认安全时，断电、关窗、锁门方可下班。

（八）雨期施工防火制度

（1）施工现场严禁搭设易燃建筑，搭设防晒棚时，必须符合易燃建筑防火规定。

（2）施工现场、库房、料厂、木工棚、油库区、机修汽修车间、喷漆车间部位，未经批准，任何人不得使用电炉和明火作业。

（3）化学、易燃易爆、剧毒物品应设专人进行管理，使用过程中，应建立领用、退回登记制度。

（4）散装生石灰不要存放在露天及可燃物附近，袋装的生石灰粉，不得储存在木板房内，电石库房使用非易燃材料建筑，与用火处保持25m以上距离，对零星散落的电石，必须随时随地清除。

（5）高层建筑、高大机械（塔吊）、卷扬机和室外电梯、油罐及电气设备等必须采取防雨、防雷、防静电措施。

（6）室内外的临时电线，不得随地随便乱拉，应架空，接头必须牢固包好，临时电闸箱上必须搭棚，以防漏雨。

（7）加强各种消防器材的雨期保养，要做到防雨、防潮、防雨水倒灌。

（8）冬施保温不得采用易燃品。

（九）施工现场消防管理规定

（1）施工人员入场前，必须持合法证件到经理部保卫部门登记注册，经入场教育，办理现场"出人证"后方可进入现场施工。

（2）易燃易爆、有毒等危险材料进场，必须提前书面报消防部门，报告要写明材料性质、数量及将要存放的地点，经保卫负责人确认安全后方可限量进入现场。

（3）施工现场不得随意使用明火，凡施工用火，必须经消防部门批准，办理动火手续，同时自备灭火器并设专职看火人员。

（4）施工现场严禁吸烟，现场各部位，按责任区域划分，各单位自觉管理，自备足够消防器材和消防设施，并且各自搞好灭火器材的维护、维修工作。

（5）未经项目部消防部批准，施工单位或个人不得在施工现场、生活区、办公区内使用电热器具。

（6）施工现场所设泵房、消火栓、消防水管、灭火器具、消防道路、安全通道防火间距以及消防标志等设施，禁止埋压、圈占、挪用、阻塞、破坏。

（7）工程内、现场内部因施工需要支搭简易房屋时，应报请项目工程部、消防部，经批准后按要求搭设。

（8）现场内临时库房或可燃材料堆放场所按规定分类码放整齐，并悬挂明显标志，配备相应消防器材。

（9）工程内严禁搭设库房，禁止存放大量可燃材料。

（10）工程内不准住人，确因施工需要，必须经项目部及安全部消防负责人同意、批准，按要求进住。

（11）施工现场、宿舍、办公室、临时库房、工具房、木工棚等各类用电场所的电线，必须由电工敷设、安装，不得私自随意私拉乱接电线。

（12）冬施保温材料的购进，要符合建委颁发的文件精神，达到防火、环保的要求。

（13）各分包、外协力量要确定一名专职或兼职安全员，负责本单位的日常防火管理工作。

（14）遇有国家政治活动期间，各分包必须服从项目统一指挥、统一管理，并严格遵守项目部制定的"应急准备和响应"方案。

（十）施工现场吸烟管理制度

（1）施工现场禁止吸烟，在施和未交工的建筑物内禁止吸烟。

（2）吸烟者必须到允许吸烟的办公室或指定的吸烟室吸烟，允许吸烟的办公室要设置烟灰缸，吸烟室要设置存放烟头、烟灰和火柴棍的用具。

（3）在宿舍或休息室内不准卧床吸烟，烟灰、火柴棍不得随地乱扔，严禁在木料堆放地、木工棚、材料库、电气焊车间、油漆库等处吸烟。

（十一）冬季防火管理制度

（1）施工现场生活区、办公室取暖用具，必须经主管领导和消防部门检查合格，持《合格证》方准安装使用，并设专人负责，制定必要的防火措施。

（2）严禁用油棉纱生火，严禁在生火部位进行易燃液、气体操作，无人居住的区域要做到人走火灭。

（3）木工车间、材料库、清洗间、喷漆（料）配料间，严禁吸烟及明火作业。

（4）在施工程内一律不准暂设用房，不准使用炉火和电炉、碘钨灯取暖。如因施工需要用火，生产技术部门应制定消防技术措施，使用期限写入冬施工方案，并经消防部门检查同意后方可用火。

（5）各种取暖设施上严禁存放易燃物。

（6）施工中使用的易燃材料要控制使用，专人管理，不准积压，现场堆放的易燃材料必须符合防火规定，工程使用的木方、木质材料码放在安全地方。

（7）保温必须用岩棉被等耐火材料，禁止使用草帘、草袋、棉毡保温。

（8）常温后，应立即停止保温和拆除生活取暖设施。

三、确定防火安全间距

（一）临建设施与在建工程的防火间距

施工现场临建设施的布置应考虑防火、灭火及人员疏散的要求，临建设施距在建工程的防火间距不应小于表 4-15 所列的规定。

表 4-15　临建设施与在建工程的防火间距　　　　　　　　　　　　　　m

名称		临建设施						
		办公用房、宿舍	食物制作间、锅炉房	发电机房、变配电房	可燃材料库房	可燃材料场及加工厂	固定动火作业场	易燃易爆品库房
在建工程	高度小于24m	5	10	5	5	7	10	10
	高度大于24m	7	15	7	7	10	15	15

施工现场主要临建设施相互间的防火间距不应小于表 4-16 所列的规定。

（二）消防车道

施工现场内应设置临时消防车道。

施工现场周边道路满足消防车通行及灭火救援要求时，可不设置临时消防车道。

下列建筑应设置环形临时消防车道，确有困难时，可在其长边一侧设置临时消

表 4-16　施工现场主要临建设施相互间的最小防火间距　　　　　　　m

临建设施	办公用房、宿舍	食物制作间、锅炉房	发电机房、变配电房	可燃材料库房	可燃材料堆场及其加工厂	固定动火作业场	易燃易爆炸物品库房
办公用房、宿舍	4	4	4	4	6	7	10
食物制作间、锅炉房			5	5	7	7	15
发电机房、变配电房				4	5	7	10
可燃材料库房					4	5	10
可燃材料堆场及其加工厂						10	7
固定动火作业场							15
易燃易爆物品库房							20

注：1. 当宿舍及办公用房成组布置时，防火间距可适当减小，但应符合以下要求：

（1）每组建筑的栋数不应超过 10 栋，组与组之间的防火间距不应小于 7m；

（2）组内宿舍之间及办公用房之间的防火间距不应小于 3.5m；当层数不超过二层且外墙采用实体墙时，其防火间距可酌情减小。

2. 可燃材料露天堆放时，应按其种类分别堆放。

可燃材料宜成垛堆放，垛高不应超过 1.5m，单垛体积不应超过 50m³，垛与垛之间的最小间距不应小于 2m。

防救援场地。

（1）建筑高度大于 24m 的在建工程。

（2）建筑工程单体占地面积大于 3000m² 的在建工程。

（3）栋数超过 10 栋，且成组布置的宿舍和办公用房。

消防救援作业场地的宽度不应小于 4m，与在建工程外脚手架的净距不宜超过 5m。

消防车道的设置应符合下列规定。

（1）消防车道应满足消防车接近在建工程、办公用房、生活用房和可燃、易燃物品存放区的要求；

（2）消防车道的净宽和净空高度分别不应小于 4m；

（3）消防车道宜设置成环形，如设置环形车道确有困难，应在施工现场设置尺寸不小于 15m×15m 的回车场；

（4）消防车道的右侧应设置消防车行进路线指示标志。

（三）临建设施

办公用房、宿舍的防火设计应符合下列规定：

（1）层数不应超过 3 层，每层的建筑面积不应大于 $300m^2$；

（2）办公用房建筑构件的燃烧性能不应低于 B2 级，宿舍建筑构件的燃烧性能不应低于 B1 级；

（3）层数为 3 层或每层建筑面积大于 $200m^2$ 时，其疏散楼梯的数量不应小于两部，房间疏散门至疏散楼梯的最大疏散距离不应大于 25m，楼梯的净宽不应小于 1.1m。

食物制作间、锅炉房、可燃材料库房和易燃、易爆物品库房等生产性能用房应为 1 层，建筑面积不应大于 $30m^2$，其建筑构件的燃烧性能应为 A 级。

临时建筑房间内最远点至最近疏散门的距离不大于 15m，门应朝疏散方向开启，房门净宽走道净宽不应小于 0.9m，房间建筑面积超过 $50m^2$ 时，房门净宽不应小于 1.2m。

临时建筑走道一侧布置房间时，走道的净宽度不应小于 1.1m，两侧均布置房间时，走道净宽不应小于 1.5m。

当宿舍采用难燃材料、办公用房采用难燃和可燃材料建造时，应每隔 30m 采用耐火极限不低于 0.5h 的不燃材料进行防火分隔。宿舍房间的隔墙应从楼地面基层隔断至顶板底面基层。

（四）在建工程安全疏散通道

在建工程应设置临时疏散通道。

临时疏散通道可利用在建工程结构已完的水平结构、建筑楼梯，也可采用不燃及难燃材料制作的其他临时疏散设施。

对于房屋建筑，作业位置距疏散通道出入口的最大疏散距离不应大于 30m。

疏散通道的设置应符合下列规定。

（1）疏散通道的耐火极限不应低于 0.5h。

（2）室内疏散走道、楼梯的最小净宽不应小于 0.9m；疏散爬梯、斜道的最小净宽不应小于 0.6m；室外疏散道路宽度不应小于 1.5m。

（3）疏散通道为坡道时，应修建楼梯或台阶踏步或设置防滑条。疏散通道为爬梯时，应有可靠固定措施。

（4）疏散通道的侧面如为临空面，必须沿临空面设置高度不小于 1.5m 的防护栏杆。

（5）疏散通道出口 1.4m 范围内不应设置台阶或其他影响人员正常疏散的障碍物。

（6）疏散通道出口不宜设置大门，如确需设置大门，应保证火灾时不需使用钥匙等任何工具即能从内部打开，且门应向疏散方向开启。

（7）疏散通道应设置明显的疏散指示标志。

（8）疏散通道应设有夜间照明，无天然采光的疏散通道应增设有人工照明设施。

无天然采光的场所及高度超过 50m 的在建工程，疏散通道照明应配备应急电源。

在建工程的疏散通道应与同层水平结构同期施工。

在建工程的疏散通道如搭设在外脚手架上，外脚手架应采用不燃材料搭设。

在建工程的作业位置应设置明显的疏散指示标志，其指示方向应指向最近的疏散通道入口，中央疏散指示标志应标示双向指示方向。

建筑装饰装修阶段，应在作业层的醒目位置设置安全疏散示意图，如图 4-6 所示。

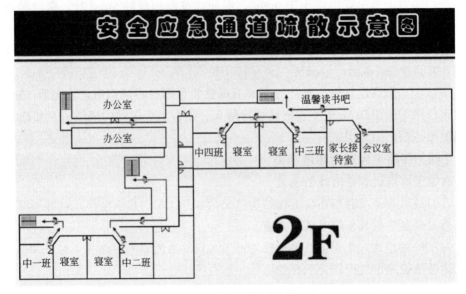

图 4-6　安全疏散示意图

四、消防设施与器材管理

（一）建筑施工主要消防设施与器材

建筑施工现场配备的消防器材及设施是施工现场消防管理一个重要的保障措施。建筑施工现场常用的消防设施及器材主要有灭火器、消防架、消防泵、消防立管、消火栓、灭火器箱、消防水桶、消防水枪、水带、消防井、消防护栏应急照明、应急通道标志等。

1. 灭火器

灭火器是建筑施工现场最常用的灭火器具之一，大量在现场使用（干粉灭火器），它方便快捷，适合扑灭初级火灾。因此对灭火器的使用、维护、检查和构造要有一定的了解并应对现场人员进行培训演练。

（1）灭火器的组成。灭火器主要由瓶体、压把、喷管压力器、使用说明、合格证、检验证组成。

压力显示器读数的含义如下。

红区：再充装区（即压力不足）0MPa。

绿区：压力正常1.2MPa。

黄区：超装区（压力过大）5MPa。

适用范围：能扑灭纸张、木材、棉麻毛类固体及各种油类可燃液体、可燃气体和电器类等多种初期火灾。

（2）灭火器使用方法

① 拨开保险销；

② 按下压把对准火焰根部扫射。

（3）灭火器使用注意事项

① 灭火器要定期进行检查，发现压力表指针低于绿色区域时请及时送检验单位进行修理充装。

② 防潮、防曝晒、防碰撞。

③ 灭火器一经开启必须送检验单位进行修理充装，充装前筒体必须经水压试验。

（4）常见灭火器的分类

灭火器的种类很多，按其移动方式可分为手提式和移动式；按驱动灭火剂的动力来源可分为储气瓶式、储压式、化学反应式；按所充装的灭火剂则又可分为泡沫、干粉、卤代烷、二氧化碳、酸碱、清水等。

灭火器的适用范围和使用方法如下。

酸碱氢钠干粉灭火器适用于易燃、可燃液体、气体及带电设备的初起火灾；磷酸铵盐干粉灭火器除可用于上述几类火灾外，还可扑救固体类物质的初期火灾，但都不能扑救金属燃烧火灾。

灭火时，可手提或肩扛灭火器迅速奔赴火场，在距燃烧处5m左右，放下灭火器。如在室外，应选择在上风方向喷射。使用的干粉灭火器若是外挂式储压式的，操作者应一手紧握喷枪、另一手提起储气瓶上的开启提环。如果储气瓶的开启是手轮式的，则向逆时针方向旋开，并旋到最高位置，随即提起灭火器。当干粉喷出后，迅速对准火焰的根部扫射。使用的干粉灭火器若是内置式储气瓶的或是储压式的，操作者应先将开启把上的保险销拔下，然后握住喷射软管前段喷射嘴部，另一只手将开启压把压下，打开灭火器进行灭火。有喷射软管的灭火器或储压式灭火器在使用时，一手应始终压下压把，不能放开，否则会中断喷射。

（5）灭火器的维护和管理

① 使用单位必须加强对灭火器的日常管理和维护。

② 使用单位要对灭火器的维护情况至少每季度检查一次。

③ 使用单位应当至少每12个月自行组织或委托维修单位对所有灭火器进行一次功能性检查。

(6) 灭火器的选用。扑救 A 类火灾可选用水型灭火器、泡沫灭火器、磷酸铵盐干粉灭火器、卤代烷灭火器；扑救 B 类火灾可选择泡沫灭火器（化学泡沫灭火器只限于扑灭非极性溶剂）、干粉灭火器、卤代烷灭火器、二氧化碳灭火器；扑救 C 类火灾可选择干粉灭火器、卤代烷灭火器、二氧化碳灭火器等；扑救 D 类火灾可选择粉状石墨灭火器、专用于粉灭火器、也可用干砂或铸铁屑沫代替。扑救带电火灾可选择干粉灭火器、卤代烷灭火器、二氧化碳灭火器等；带电火灾包括家用电器、电子元件、电气设备（计算机、复印机、打印机、传真机、发电机、电动机、变压器等）以及电线电缆等燃烧时仍带电的火灾，而顶挂、壁挂的日常照明灯具及起火后可自行切断电源的设备所发生的火灾则不应列入带电火灾范围。

(7) 灭火器的使用期限。从出厂日期算起，达到如下年限必须报废：

① 手提式化学泡沫灭火器——5 年；

② 手提式酸碱灭火器——5 年；

③ 手提式清水灭火器——6 年；

④ 手提式干粉灭火器（储气瓶式）——8 年；

⑤ 手提储压式干粉灭火器——10 年；

⑥ 手提式 1211 灭火器——10 年；

⑦ 手提式二氧化碳灭火器——12 年；

⑧ 推车式化学泡沫灭火器——8 年；

⑨ 推车式干粉灭火器（储气瓶式）——10 年；

⑩ 推车储压式干粉灭火器——12 年；

⑪ 推车式 1211 灭火器——10 年；

⑫ 推车式二氧化碳灭火器——12 年。

另外，灭火器应每年至少进行一次维护检查。

2. 消防架（斧、锹、桶、钩等）

消防架是一种用于火灾发生时的消防工具，如图 4-7 所示。

3. 消防泵

建筑高度大于24m 或单体体积超过 30000m^3 的在建工程，应设置临时室内消防给水系统。

施工现场的消火栓泵应采用专用消防配电线路。专用消防配电线路应自施工现场总配电箱的总断路器上端接入，且应保持不间断供电。消防泵应采用双泵，其中一台是备用泵。

图 4-7　消防架

4. 消防立管

随时室外消防给水干管、室内消防竖管的管径，应根据施工现场临时消防用水量和干管内水流计算速度计算确定，不应小于 $DN100mm$，并且配备水带和水枪。

5. 消火栓

消火栓分地上消火栓和地下下消火栓，又分为室内和室外。

室外消火栓应沿在建工程、临时用房和可燃材料堆场及其加工场均匀布置，与在建工程、临时用房和可燃材料堆场及其加工场的外边线的距离不应小于 5m；消火栓的间距不应大于 120m；消火栓的最大保护半径不应大于 150m。

设置临时室内消防给水系统的在建工程，各结构层均应设置室内消火栓接口及消防软管接口，并应符合下列规定。

消火栓接口及软管接口应设置在位置明显且易于操作的部位；消火栓接口的前端应设置截止阀；消火栓接口或软管接口的间距，多层建筑不应大于 50m，高层建筑不应大于 30m。

6. 灭火器箱

灭火器箱如图 4-8 所示。

7. 消防安全标志

消防安全标志分为火灾报警和手动控制装置的标志；火灾时疏散途径的标志；灭火设备的标志；具有火灾、爆炸危险或物质的标志；方向辅助标志，如图 4-9 所示为禁止明火作业标志。

消防安全标志应设置在醒目、与消防安全有关的地方，并使人们看到后有足够

图 4-8　灭火器箱

图 4-9　禁止明火作业标志

的时间注意它所表示的意义。消防安全标志不应设置在本身移动后可能遮盖标志的物体上，同样也不应设置在容易被移动的物体遮盖的地方。

8. 消防水桶

消防水桶如图 4-10 所示。

9. 水带、水枪 （图 4-11）

10. 消防井 （图 4-12）

11. 消防护栏 （图 4-13）

图 4-10　消防水桶

图 4-11　水带、水枪

12. 防火布、石棉布、毯

防火布（图 4-14）、石棉布是用于电气焊施工围护，防止焊花掉落引发火灾的

图 4-12　消防井

图 4-13　消防护栏

防火措施；防火毯用于油类较小的火灾，如食堂炒菜的油锅着火时使用效果较好。

13. 消防管理人员标识（帽、袖标）

消防管理人员标识包括消防帽（图 4-15）和袖标等。

14. 电气焊工安全操作确认单

电气焊工安全操作确认单是消防安全管理的一个有效措施。把好动火过程管理，由相关人员（电气焊工、工长、安全监督人员、看火人）确认安全后，电气焊工才能动火，以确保动火安全。

另外，电气焊施工作业还必须配备专人看护，并佩戴安全员袖标，不得做其他工作，如图 4-16 所示。

15. 标语宣传画

要大力开展消防安全教育，张贴宣传画和标语，营造消防安全氛围，以达到提

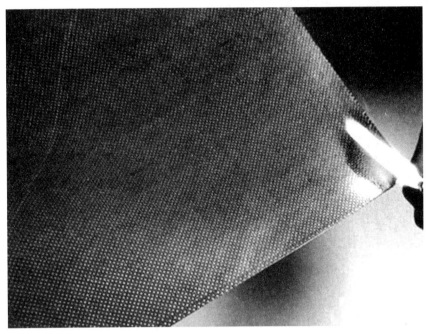

图 4-14　防火布

图 4-15　消防帽

图 4-16　安全员袖标

高全员消防安全意识的目的，如图 4-17 所示。

图 4-17　标语宣传画

16. 吸烟室（处）

现场环境复杂，易燃物多，极易发生火灾事故。施工人员吸烟是引发施工现场火灾的重要因素，如何规范现场吸烟现象，避免火灾事故发生带来的损失，这就要对现场吸烟加强管理，设置专门的吸烟室或茶水亭，且有制度、有措施、有专人管理，如图 4-18 所示。

图 4-18　吸烟处与茶水亭

17. 应急照明灯（图 4-19）

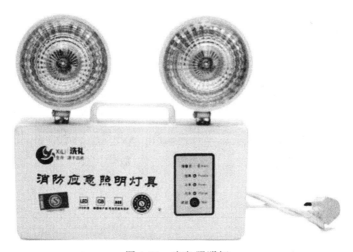

图 4-19　应急照明灯

18. 应急通道标识（图 4-20）

施工现场应设置安全通道和消防通道，无火险时施工人员走安全通道，发生火灾时施工人员应走消防通道。由于消防通道设置有应急照明和反光的消防安全标志指示，因此有利于人员安全快速的撤离，保证人员安全。

图 4-20 应急通道标识

19. 呼吸器

发生火灾时，大部分人员并不是被火烧死的，而是被烟熏窒息死亡，因此逃生时应佩戴呼吸器，如图 4-21 所示。

图 4-21 呼吸器

20. 应急器材

超高层建筑在施工阶段也应设置临时避险层配备应急救援器材箱，一旦发生火灾可立即启用，无火险时严禁使用。应急器材箱主要包括呼吸器、电筒、救生绳、毛巾、水桶、矿泉水、对讲机、喇叭、手套、斧子、柜子等，如图 4-22 所示。

图 4-22　应急器材箱

（二）消防设施与器材使用管理制度

（1）施工现场防火设施、设备均由各级防火单位管理，做到专物专用，严格管理，保证防扑火的需要。

（2）各级防火单位对所管的防火设施设备的状况和专业人员的情况做到登记造册，建档立卡，资料齐全。

（3）科学合理地使用防火设施设备，充分发挥其效能，延长使用寿命，提高设施、设备的利用率。

（4）要按照有关规定和上级部门的部署，做到统一型号、统一规格、统一配置，不得随意引入质量差的设备和器材。

（5）防火设施设备需要报废、更新时，要经过上级批准，未经批准擅自处理、转让、报废的，要对有关单位和领导进行严肃处理和处罚。

（6）对人为损坏设施、设备者，视情节轻重给予必要的行政处分和经济处罚。

（7）防火设施设备要有专人负责，妥善保管。每到防火期结束，要对防火设施、设备进行全面的检查、维护和保养，使防火设施、设备保持在完好的状态。

五、施工现场防火措施的制定

（一）危险物品的管理

施工现场的危险物品主要是指气瓶（氧气、乙炔瓶、液化气瓶）、油漆、稀料、汽油、柴油、保温材料（聚苯板）、防水卷材等，应采取以下措施进行管理。

（1）危险物品必须经过消防部门审核同意才能进入施工现场。

（2）气瓶、油漆、稀料等易燃易爆品严禁存放在建筑内。

（3）设置专用库房分库存放并设专人看护，不得混放。

（4）危险物品要限量进入现场和使用。

（5）油漆、稀料不得在库房内或施工现场内调试。

（6）配备足够的灭火器材。

（7）制定危险物品的管理制度。

（8）现场施工时防火措施要落实。

（9）设置防火标志。

（10）电气焊施工管理。

（11）施工现场严禁储存燃放烟花爆竹。

（二）施工防火措施

（1）建立防火制度；动用明火管理制度；仓库防火制度；冬季防火规定；防火作业管理制度；食堂防火制度；宿舍防火制度；吸烟管理规定；易燃、易爆品和作业人员防火责任制；油漆工防火责任制；员工个人防火安全责任制；综合办公室防火责任制等。

（2）消防安全知识教育培训。

（3）消防安全检查。

（4）消防安全标志。

（5）配备消防器材设施（灭火器、水桶、防火布、消防泵、消火栓、水带等）。

（6）看火人（动火地点设置专职看火人员）。

（7）动火申请单制度（由项目消防部门签发动火申请表，经审核同意，采取防火措施后才能动火作业）。

（8）安全用电。

（9）消防演练。

（10）消防应急预案。

第四节　安全生产管理制度

一、安全生产目标管理

安全目标管理是指企业在某一时期内制定的旨在保证生产过程中员工安全和健康的目标，或为达到这一目标，进行的计划、组织、指挥、协调控制等一系列工作的总称。

推行安全生产目标管理不仅能进一步优化企业安全生产责任制，强化安全生产管理，体现"安全生产、人人有责"的原则，使安全生产工作实现全员管理，而且有利于提高企业全体员工的安全素质。

（一）安全生产目标管理的任务

（1）安全生产目标管理的任务是确定奋斗目标，明确责任，落实措施，实行严格的考核与奖惩，以激励企业员工积极参与全员、全方位、全过程的安全生产管理，严格按照安全生产的目标和安全生产责任制的要求，落实安全措施，消除人或物的不安全状态。

（2）项目要制定安全生产目标管理计划，经项目分管领导审查同意，由主管部门与实行安全生产目标管理的单位签订责任书，将安全生产目标管理纳入各单位的生产经营或资产经营目标管理计划，主要领导人应对安全生产目标管理计划的制定与实施负第一责任。

（二）安全生产目标管理的基本内容

安全生产目标管理的基本内容包括目标体系的确立、目标的实施及目标成果的检查与考核。主要包括以下几方面。

（1）确定切实可行的目标值，确定合适的目标值，并研究围绕达到目标应采取的措施和手段。

（2）根据安全目标的要求，制定实施办法，做到有具体的保证措施，力求量化，以便于实施和考核，包括组织技术措施，明确完成程序和时间、承担具体责任的负责人，并签订承诺书。

（3）规定具体的考核标准和奖惩办法，考核标准不仅应规定目标值，而且要把目标值分解为若干具体要求来考核。

（4）安全生产目标管理必须与安全生产责任制挂钩，层层分解，逐级负责，充分调动各级组织和全体员工的积极性，保证安全生产管理目标的实现。

（5）安全生产目标管理必须与企业生产经营资产经营承包责任制挂钩，实行经营管理者任期目标责任制、租赁制和各种经营承办责任制的单位负责人，应把安全生产目标管理实现与他们的经济收入和荣誉挂起钩来，严格考核，兑现奖罚。

（三）安全生产管理目标

1. "六杜绝"

① 杜绝重伤及死亡事故；

② 杜绝坍塌伤害事故；

③ 杜绝物体打击事故；

④ 杜绝高处坠落事故；

⑤ 杜绝机械伤害事故；

⑥ 杜绝触电事故。

2. "三消灭"

消灭违章指挥；消灭违章作业；消灭"惯性事故"。

3.“二控制”

控制年负伤率，控制年安全事故率。

4.“一创建”

创建安全文明示范工地。

二、安全生产资料管理

安全生产资料的基本内容包括开工准备资料、安全组织和安全生产责任制、安全教育、施工组织设计方案及审批和验收、分部分项安全技术交底、安全检查、班组安全活动、工伤事故处理、临时用电、机械安全管理、外施队劳务管理等方面的内容。施工安全生产资料必须按照标准整理，做到真实、准确、齐全，设专职或兼职安全资料员进行保管，并进行定期、不定期的检查与审核。

（一）安全生产资料总体要求

（1）施工现场安全内业资料必须按标准整理，做到真实、准确、齐全。

（2）文明施工资料作为工程文明施工考核的重要依据必须真实可靠。

（3）文明施工资料应按照"文明安全工地"八个方面的要求分别进行汇总、归档。

（4）文明施工资料由施工总承包方负责组织收集、整理。

（5）文明施工检查按照"文明安全工地"的八个方面打分表进行打分，工程项目经理部每 10 天进行一次检查，公司每月进行一次检查，并有检查记录，记录包括检查时间、参加人员、发现问题和隐患、整改负责人及期限、复查情况。

（二）生产资料安全管理的内容

1. 现场管理资料

（1）施工组织设计。要求：要有审批表、编制人、审批人签字（审批部门要盖章）。

（2）施工组织设计变更手续。要求：要经审批人审批。

（3）季节施工方案（冬雨期施工）审批手续。要求：要有审批手续。

（4）现场文明安全施工管理组织机构及责任划分。要求：要有相应的现场责任区划分图和标志。

（5）现场管理自检记录、月检记录。

（6）施工日志（项目经理、工长）。

（7）重大问题整改记录。

（8）员工应知应会考核情况和样卷。要求：有批改和分数。

2. 安全管理资料

（1）总包与分包的合同书、安全和现场管理的协议书及责任划分。要求：要有安全生产的条款，双方要盖章和签字。

（2）项目部安全生产责任制（项目经理到一线生产工人的安全生产责任制度）。要求：要有部门和个人的岗位安全生产责任制。

（3）安全措施方案（基础、结构、装修有针对性的安全措施）。要求：要有审批手续。

（4）各类安全防护设施的验收检查记录（安全网、临边防护、孔洞、防护棚等）。

（5）脚手架的组装、升、降验收手续。要求：验收的项目需要量化的必须量化。

（6）高大、异型脚手架施工方案（编制、审批）。要求：要有编制人、审批人、审批表、审批部门签字、盖章。

（7）安全技术交底，安全检查记录，月检、日检记录，隐患通知整改记录，违章登记及奖罚记录。要求：要分部分项进行交底，有目录。

（8）特殊工种名册及复印件。

（9）防护用品合格证及检测资料。

（10）入场安全教育记录。

（11）员工应知应会考核情况和样卷。

3. 临时用电安全资料

（1）临时用电施工组织设计及变更资料。要求：要有编制人、审批表、审批人及审批部门的签字盖章。

（2）安全技术交底。

（3）临时用电验收记录。

（4）自检及月检记录。

（5）接地电阻遥测记录；电工值班、维修记录。

（6）电气设备测试、调试记录。

（7）员工应知应会考核情况和样卷。

（8）临电器材合格证。

4. 机械安全资料

（1）机械租赁合同及安全管理协议书。要求：要有双方的签字、盖章。

（2）机械拆装合同书。

（3）机械设备平面布置图。

（4）设备出租单位、起重设备安拆单位等的资质资料及复印件。

（5）总包单位与机械出租单位共同对塔机组和吊装人员的安全技术交底。

（6）塔式起重机安装、顶升、拆除、验收记录。

（7）外用电梯安装验收记录。

（8）自检及月检记录和设备运转履历书。

（9）机械操作人员及起重吊装人员持证上岗记录及证件复印件。

（10）员工应知应会考核情况和样卷。

5. 料具管理资料

（1）贵重物品，易燃、易爆材料管理制度。要求：制度要挂在仓库的明显位置。

（2）现场外堆料审批手续。

（3）材料进出场检查验收制度及手续。

（4）现场存放材料责任区划分及责任人。要求：要有相应的布置图和责任划分及责任人的标识。

（5）材料管理的月检记录。

（6）员工应知应会考核情况和样卷。

6. 保卫消防管理资料

（1）保卫消防设施平面图。要求：消防管线、器材用红线标出。

（2）现场保卫消防制度、方案及负责人、组织机构资料。

（3）明火作业记录。

（4）消防设施、器材维修验收记录。

（5）保温材料验收资料。

（6）电气焊人员持证上岗记录及证件复印件，警卫人员工作记录。

（7）防火安全技术交底。

（8）消防保卫自检、月检记录。

（9）员工应知应会考核情况和样卷。

7. 环境保护管理资料

（1）现场控制扬尘、噪声、水污染的治理措施。要求：要有噪声测试记录。

（2）环保自保体系、负责人资料。

（3）治理现场各类技术措施检查记录及整改记录（道路硬化、强噪声设备的封闭使用等）。

（4）自检及月检记录。

（5）员工应知应会考核情况和样卷。

8. 工地卫生管理资料

（1）工地卫生管理制度。

（2）卫生责任区划分。要求：要有卫生责任区划分和责任人的标志。

（3）伙房及炊事人员的三证复印件（即食品卫生许可证、炊事员身体健康证、卫生知识培训证）。

（4）冬期取暖设施合格验收证。

（5）月卫生检查记录。

（6）现场急救组织资料。

（7）员工员工应知应会考核情况和样卷。

三、安全生产责任制度

安全生产责任制是各项安全管理制度的核心，是企业岗位责任制的一个重要组成部分，是企业安全管理中最基本的制度，是保障安全生产的重要组织措施。

安全生产责任制是根据"管生产必须管安全""安全生产，人人有责"的原则，明确规定各级领导、各个职能部门和岗位、各工种人员在生产活动中应负的安全职责的管理制度。

（一）建立和实施安全生产责任制的目的

（1）建立及健全以安全生产责任制为中心的各项安全管理制度，是保障施工项目安全生产的重要组织手段。安全生产是关系到施工企业全员、全方位、全过程的一件大事，因此，必须要制定具有制约性的安全生产责任制。

（2）建立及实施安全生产责任制，就能将安全与生产从组织领导上统一起来，将管生产必须管安全的原则从制度上固定下来，从而增强各级管理人员的安全责任心，使安全管理纵向到底、横向到边，专管成线，群管成网，责任明确，配合协调，共同努力，真正将安全生产工作落到实处。

（二）勘察、设计、工程监理等有关单位安全责任

（1）勘察单位的注册资本、专业技术人员、技术装备和业绩应当符合规定，取得相应等级资质证书后，在许可范围内从事勘察活动。勘察单位应当按照法律、法规和工程建设强制性标准进行勘察，提供的勘察文件应当真实、准确，满足建设工程安全生产的需要。

勘察单位在勘察作业时，应当严格执行操作规程，采取措施保证各类管线、设施和周边建筑物、构筑物的安全。

（2）设计单位必须取得相应的等级资质证书，在许可范围内承揽设计业务。设计单位应当按照法律、法规和工程建设强制性标准进行设计，防止因设计不合理导致生产安全事故的发生。

设计单位应考虑施工安全操作和防护的需要，对涉及施工安全的重点部位和环节在设计文件中注明，并对防范生产安全事故提出指导意见。采用新结构、新材料、新工艺的建设工程和特殊结构的建设工程，设计单位应当在设计中提出保障施工作业人员安全和预防生产安全事故的措施建议。

（3）工程监理单位应当审查施工组织设计中的安全技术措施或者专项施工方案是否符合工程建设强制性标准。

工程监理单位在实施监理过程中，发现存在安全事故隐患的，应当要求施工单位整改；情况严重的，应当要求施工单位暂时停止施工，并及时报告建设单位。施

工单位拒不整改或者不停止施工的，工程监理单位应当及时向有关主管部门报告。

工程监理单位和监理工程师应当按照法律、法规和工程建设强制性标准实施监理，并对建设工程安全生产承担监理责任。

（4）为建设工程提供机械设备和配件的单位，应当按照安全施工的要求配备齐全有效的保险、限位等安全设施和装置。

① 向施工单位提供安全可靠的起重机、挖掘机械、土方铲运机械、凿岩机械、基础及凿井机械、混凝土机械、筑路机械以及其他施工机械设备。

② 应当依照国家有关法律法规和安全技术规范进行有关机械设备和配件的生产经营活动。

③ 机械设备和配件的生产制造单位应当严格按照国家标准进行生产，保证产品的质量和安全。

（5）出租的机械设备和施工机具及配件，应当具有生产（制造）许可证、产品合格证。

出租单位应当对出租的机械设备和施工机具及配件的安全性能进行检测，在签订租赁协议时，应当出具检测合格证明。禁止出租检测不合格的机械设备和施工机具及配件。

（6）在施工现场安装、拆卸施工起重机械和整体提升脚手架、模板等自升式架设设施，必须由具有相应资质的单位承担。其单位在施工中应当编制拆装方案、制定安全施工措施，并由专业技术人员现场监督。

施工起重机械和整体提升脚手架、模板等自升式架设设施完毕后，安装单位应当自检，出具自检合格证明，并向施工单位行安全使用说明，办理验收手续并签字。

（7）施工起重机械和整体提升脚手架、模板等自升式架设设施的使用达到国家规定的检验检测期限的，必须经具有专业资质的检验检测机构检测。经检测不合格的不得继续使用，并应当出具安全合格证明文件，并对检测结果负责。

（三）施工单位安全责任

（1）施工单位从事建设工程的新建、扩建、改建和拆除等活动，应当具备国家规定的注册资本、专业技术人员、技术装备和安全生产等条件，并在其资质等级许可的范围内承揽工程。

（2）施工单位的项目负责人应当由取得相应执业资格的人员担任，依法对本单位的安全生产工作全面负责。施工单位应当建立健全安全生产责任制度和安全生产教育培训制度，制定安全生产规章制度和操作规程，保证本单位安全生产条件所需资金的投入，对所承担的建设工程进行定期和专项安全检查，并做好安全检查记录。

（3）施工单位对列入建设工程概算的安全作业环境及安全施工措施的所需费

用，必须用于施工安全防护用具及设施的采购和更新、安全施工措施的落实、安全生产条件的改善，不得挪作他用。

（4）施工单位应当设立安全生产管理机构，配备专职安全生产管理人员。

专职安全生产管理人员配备办法由国务院建设行政主管部门会同国务院其他有关部门制定，其负责对安全生产进行现场监督检查。发现安全事故隐患，应当及时向项目负责人和安全生产管理机构报告；对违章指挥、违章操作的，应当立即制止。

（5）建设工程实行施工总承包的，由总承包单位对施工现场的安全生产负总责。

总承包单位应当自行完成建设工程主体结构的施工，依法将建设工程分包给其他单位的，分包合同中应当明确各自的安全生产方面的权利、义务。总承包单位和分包单位对分包工程的安全生产承担连带责任。

分包单位应当服从总承包单位的安全生产管理，分包单位不服从管理导致生产安全事故的，由分包单位承担主要责任。

（6）特种作业人员包括垂直运输机械作业人员、安装拆卸工、爆破作业人员、起重信号工、登高架设作业人员等，必须按照国家有关规定经过专门的安全作业培训，并取得特种作业操作资格证书后，方可上岗作业。

（7）施工单位应当在施工组织设计中编制安全技术措施和施工现场临时用电方案，对达到一定规模的危险性较大的分部分项工程编制专项施工方案，并附具安全验算结果，经施工单位技术负责人、总监理工程师签字后实施，由专业安全生产管理人员进行现场监督。

（8）建设工程施工前，施工单位负责项目管理的技术人员应当对有关安全施工的技术要求向施工作业班组、作业人员进行详细说明，并由双方签字确认。

（9）施工单位应当在施工现场入口处、施工起重机械、临时用电设施、脚手架、出入通道口、楼梯口、电梯井口、孔洞口、桥梁口、隧道口、基坑边沿、爆破物及有害危险气体和液体存放处等危险部位，设置明显的安全警示标志。其安全警示标志必须符合国家标准。

施工单位应当根据不同施工阶段和周围环境以及季节、气候的变化，在施工现场采取相应的安全施工措施。施工现场暂时停止施工的，施工单位应当做好现场防护，所需要的费用由责任方承担，或者按照合同约定执行。

（10）施工单位应当将施工现场的办公、生活区与作业区分开设置，并保持安全距离；施工现场临时搭建的建筑物应当符合安全使用要求。施工现场使用的装配式活动房屋应当具有产品合格证，施工单位不得在尚未竣工的建筑物内设置员工集体宿舍。

（11）施工单位应当遵守有关环境保护法律、法规的规定，在施工现场采取措施，防止或者减少粉尘、废气、废水、固体废物、噪声、振动和施工照明对人和环境的危害及污染。

在城市市区内的建设工程，施工单位应当对施工现场实行封闭围挡。

（12）施工单位应当在施工现场建立消防安全责任制度，确定消防安全责任人，制定用火、用电、使用易燃易爆材料等各项消防安全管理制度和操作规程，设置消防通道、消防水源，配备消防设施和灭火器材。

（13）作业人员有权对施工现场的作业条件、作业程序和作业方式中存在的安全问题提出批评、检举和控告，有权拒绝违章指挥和强令冒险作业。

施工单位应当向作业人员提供安全防护用具和安全防护服装，并书面告知危险岗位的操作规程和违章操作的危害。

在施工中发生危及人身安全的紧急情况时，作业人员有权立即停止作业或者在采取必要的应急措施后撤离危险区域。

（14）作业人员应当遵守安全施工的强制性标准、规章制度和操作规程，正确使用机械设备、安全防护用具等。

（15）施工单位采购、租赁的安全防护用具、机械设备、施工机具以及配件，应当具有生产（制造）许可证、产品合格证，并在进入施工现场前进行查验。

施工现场的安全防护用具、机械设备、施工机具及配件必须由专人管理，定期进行检查、维修和保养，建立相应的资料档案，并按照国家相关规定及时报废。

（16）施工单位在使用施工起重机械和整体提升脚手架、模板等自升式架设设施前，应当组织有关单位进行验收，也可以委托具有相应资质的检验检测机构进行验收；使用承租的机械设备和施工机具及配件的，由施工总承包单位、分包单位、出租单位和安装单位共同进行验收，验收合格的方可使用。

（17）施工单位的主要负责人、项目负责人、专职安全生产管理人员应当经建设行政主管部门或者其他有关部门考核合格后方可任职。每年至少进行一次安全生产教育培训，其教育培训情况记入个人工作档案。安全生产教育培训考核不合格的人员，不得上岗。

（18）作业人员进入新的岗位或者新的施工现场前，应当接受安全生产教育培训。未经教育培训或者教育培训考核不合格的人员，不得上岗作业。

施工单位在采用新技术、新工艺、新设备、新材料时，应当对作业人员进行相应的安全生产教育培训，

（19）施工单位应当为施工现场从事危险作业的人员办理意外伤害保险。

意外伤害保险费由施工单位支付。意外伤害保险期限自建设工程开工之日起至竣工验收合格为止。

（四）各级人员安全生产责任制

1. 企业经理（厂长）和主管生产的副经理安全管理职责

（1）公司经理（厂长）和主管生产的副经理，对本企业的安全生产和劳动保护工作负总的领导责任。

（2）认真贯彻执行国家有关安全生产和劳动保护的政策、法令及各类规章制度，把安全生产列入企业的重要议事日程，在计划、布置、检查、总结、评比生产工作的同时，必须计划、布置、检查、总结、评比安全工作。

（3）主持制定企业各项安全生产管理制度以及各级管理人员的安全生产责任制，制定本年度安全生产工作计划和奖罚措施，建立健全安全生产管理组织体系，组织审批安全技术措施，落实安全管理工作经费。

（4）定期向企业员工代表大会报告安全生产情况。

（5）深入施工第一线，在调查研究的基础上，总结经验和教训，分析安全生产中的问题，研究解决措施，消除事故隐患，贯彻落实预防为主的方针。

（6）定期组织安全生产检查，开展安全竞赛活动，对安全工作做得好的部门和工地要进行表彰，推广其先进经验；问题较多的部门和工地要给予批评，限期整改。

（7）组织安全培训，对各级管理人员，特别是一线管理人员及现场专兼职安全员进行培训，组织他们学习国家关于安全生产方面的文件、政策，掌握有关的业务知识；对员工进行安全技术培训和遵纪守法的教育。

（8）主持重大伤亡事故和重大机械设备事故的调查分析，按照"三不放过"的原则及时严肃处理，并向上级报告；做好伤亡事故的善后处理工作。

2. 总工程师安全管理职责

（1）总工程师对本企业的安全技术工作负领导责任。

（2）在施工组织设计编制和审批过程中，负责组织制定和审批相应的安全技术操作规程，采用新技术、新工艺、新设备、新材料时，必须编制安全技术措施。

（3）提出改善劳动条件的项目和实施措施，并付诸实践。

（4）负责对员工进行安全技术教育，及时解决施工中出现的安全技术问题。

（5）对安全生产方面的技术革新项目，负责组织技术鉴定。

（6）参加重大伤亡事故和重大机械设备事故的调查分析，提出技术性的鉴定意见和安全技术方面的预防、改进措施。

3. 安全部门负责人安全管理职责

（1）安全部门的负责人要在企业安全委员会和安全领导小组的领导下，负责企业的安全管理工作；负责组织本科室人员和基层专兼职安全技术人员的政治、业务学习，主持每月一次的安全工作例会。

（2）根据国家有关政策，制定本企业的安全生产规章制度并组织实施。

（3）负责组织本科室工作人员和专兼职安全员的业务技术培训，会同有关部门做好新工人和特殊工种工人的培训、考核、发证工作。

（4）组织开展安全方面的宣传教育活动，定期组织安全大检查，发现问题及时向安全委员会和安全领导小组汇报，并迅速采取防范措施，防止伤亡事故的发生。

（5）主持制定安全管理奖惩条例，参与伤亡事故的调查和处理。

4. 安全科科员安全管理职责

（1）安全科科员要在科长领导下，认真贯彻执行国家有关安全生产、劳动保护的政策、法律法规，参加制定和修改企业安全生产管理制度。

（2）做好安全生产的宣传教育工作，组织基层专兼职安全品的业务技术培训。

（3）参与编制和审查安全技术防范措施，协助有关部门做好新工人的安全技术培训与特殊工种人员的考核、发证工作。

（4）做好安全生产月报、季报、年报的统计工作。

（5）参加安全生产检查，参与伤亡事故的调查、处理和分析工作。

（6）做好档案管理工作。

5. 项目经理安全管理职责

（1）按照"管生产必须管安全"的原则，项目经理既是工程项目施工的最大责任者，也是安全工作的最大责任者。项目经理（总工长）对所承担的施工项目的安全生产负直接领导责任。

（2）在公司安全委员会和安全科的领导下，认真贯彻执行国家和企业制定的各项安全法律法规，自觉接受上级机关对安全工作的检查监督。

（3）认真落实施工组织设计中安全技术管理的各项措施，严格执行安全技术措施审批制度、施工项目安全交底制度和设施、设备交接验收使用制度。

（4）定期组织有工地六大员参加的安全检查（每月两次），按照国家住房和城乡建设部部颁标准对施工现场的安全工作进行检查评分，并组织评比；及时采取措施纠正不安全因素，防患于未然。

（5）认真执行国家及企业有关安全工作的奖惩办法，定期检查工长和管理人员对安全技术交底工作的落实情况，对违章指挥、违章作业、违反劳动纪律的班组和个人进行经济处罚，对安全工作做得好的班组和个人给予表彰奖励。

（6）发生重大事故后，要立即组织人员保护现场，抢救伤员，并立即向主管上级报告，配合有关部门搞好调查。

6. 工长、施工员、工区主任、项目负责人安全管理职责

（1）工长、施工员、工区主任、项目负责人是安全措施的执行人，对所承担的那部分施工项目的安全负责。

（2）组织落实安全技术措施，进行安全技术交底，对施工现场搭设的架子以及电气、机械等设备的安全防护装置，都要组织检查验收，合格的方能使用；不能违章指挥。

（3）坚持安全第一、预防为主的方针，组织员工认真学习本工种安全技术操作规程，坚持安全操作，不违章作业。

（4）发生工伤事故后，要立即组织排险、上报、抢救伤员，并保护好现场，参加调查，负责整改措施的落实。

（5）每周组织一次安全讲评工作。

7. 基层班组长安全生产职责

（1）基层班组长要严格遵守安全生产规章制度，带领本班组安全作业。

（2）认真执行安全技术交底，做好班前、工作中和班后的安全检查及教育工作。

（3）有权拒绝违章指挥，发现问题应及时采取改进措施，把事故消灭在萌芽状态。

（4）组织召开安全日学习活动，开好班前安全生产会，做好收工前的安全检查，组织每周的安全讲评活动。

（5）发生工伤事故要立即组织抢救，保护好现场并向工长报告，如实反映现场情况，配合调查组搞好事故调查。

8. 生产工人安全生产职责

（1）严格按照安全技术操作规程办事，服从各级安全管理人员的管理，积极参加各项安全生产活动。

（2）遵守劳动纪律，进入现场一定要戴安全帽，危险作业应挂安全带；施工中应严格按要求使用安全防护用品。

（3）积极参加安全技术交底和安全工作评比活动，经常向管理人员提合理化建议；坚决杜绝违章作业；当危险作业面交底不清、防护设施不完备、不能保障生产者人身安全时，可拒绝接受任务，并立即向上级主管部门报告。

（五）职能部门安全生产责任制

1. 安全生产委员会暨安全领导小组安全管理职责

（1）认真贯彻执行国家有关安全生产的法律、法令、法规、条例以及操作规程等，并根据国家有关规定，主持制定本企业安全生产管理制度，组织编制安全技术措施。

（2）建立和完善基层安全管理组织体系，选拔业务好、责任心强的同志担任各级安全管理工作。

（3）定期组织安全教育培训，使各级干部和广大员工都懂得国家有关政策，懂操作规程，并自觉按照操作规程办事。

（4）定期组织安全检查和总结评比，发现事故苗头及时纠正，对安全工作做得好的工地和个人给予表彰和奖励。

（5）负责对伤亡事故的调查和处理，主持安全事故分析会，总结经验教训，对于出现问题的环节，积极采取补救措施，把事故消灭在萌芽状态。

安全领导小组由企业经理、主管安全工作的副经理、安全部门负责人等构成，代替安全委员会行使日常管理职能，是安全生产委员会的执行机构，负责安全委员会的重大决策以及日常安全检查工作的贯彻落实，负责伤亡事故的调查和处理。

2. 安全部门安全管理职责

（1）企业的安全科（室）是专职从事安全管理的职能部门，在安全生产委员会和安全领导小组的领导下，做好安全生产的宣传教育和管理工作。

（2）组织制定、修改企业安全生产管理制度，参加审查施工组织设计和编制安全技术措施计划，并对执行情况进行监督检查。

（3）深入基层，指导下级安全员的工作，掌握安全生产情况，调查研究，组织评比，总结推广先进经验。

（4）定期组织安全检查，发现事故隐患限期整改，及时向上级领导汇报安全生产情况。

（5）抓好专兼职安全员的业务培训工作，会同有关部门共同做好新工人、特殊工种工人的安全技术培训、考核、复审、发证工作。

（6）参加工伤事故的调查、处理和分析研究，做好工伤事故的统计上报工作，做好事故档案的管理工作。

（7）制止违章指挥和违章作业，遇到严重违章并出现险情时，有权决定暂停生产，并报告上级处理；在必要的情况下，有权越级上报。

3. 设备（动力）部门安全管理职责

（1）认真贯彻执行国家关于机械、电气设备、起重设备、锅炉、受压容器等设备的安全操作规程，并根据国家有关规定制定本单位安全运行制度，负责该制度的检查落实。

（2）各类机械设备必须配齐安全保护装置，按规定严格执行维修保养制度、易损零部件定时更换制度，确保机械设备安全。

（3）负责机械、电气设备、起重设备、锅炉、受压容器等设备的安全管理，按照安全技术规范的要求，定期检查安全防护装置及一切附件，保证全部设备处于良好状态。

（4）新购置的机械、锅炉、受压容器等，必须符合安全技术要求。设备（动力）部门负责组织投产使用前的鉴定验收。新设备（包括自制设备）使用前都要按照国家有关规定制定安全操作规程，并严格按操作规程办事。操作新设备的工人，上岗前要进行岗位培训。

（5）负责组织对机械、电气设备、起重设备的操作人员，锅炉、受压容器的运行人员定期培训、考核，成绩合格者，按有关规定发给技能培训合格证，杜绝无证上岗。

（6）参与机电设备事故的调查处理，在调查研究的基础上提出技术与管理方面的改进措施，对违章作业人员要严肃处理。

4. 教育部门安全管理职责

（1）凡举办各种技能培训班时，都必须安排相关的安全教育课程，通过员工教育渠道，广泛开展安全生产宣传教育活动，普及安全知识，增加员工的安全意识。

（2）将安全技术教育纳入员工培训计划，定期举办安全技术培训班，通过理论学习和现场演练，使施工人员都能自觉地遵守安全生产规章制度，按操作规程办事。教育部门有责任配合有关部门做好新工人入场、老工人换岗，临时工、合同工、农民工、机械操作工、特种作业人员的培训、考核、发证工作。

5. 行政（后勤）部门安全管理职责

（1）行政（后勤）部门岗位多，人员复杂，也是安全问题多发区。行政（后勤）部门领导要经常对本单位员工进行安全教育，转变那种只有工地才有安全问题的错误观念，使后勤员工都能增强安全意识，自觉做好安全工作。

（2）对行政（后勤）部门管理的机电设备、炊事机具、取暖设备，要指定专人负责，定期检查维修，保证安全防护措施齐全、灵敏、有效。

（3）夏季要向工地足额供应符合卫生要求的清凉饮料，做好防暑降温工作；保证饭菜质量，防止食物中毒；冬季要做好防寒保暖工作。

（4）督促有关部门做好劳动保护用品、防暑降温用品以及防寒保暖材料的采购、保管、加工、发放工作。

（5）会同保卫部门定期组织对宿舍、食堂、仓库的安全工作大检查，防止垮塌、爆炸、食物中毒和交通事故的发生；食堂和仓库要重点防止火灾。

6. 人事劳资部门安全管理职责

（1）负责新工人招工、体格检查与员工干部的教育，会同有关部门共同做好新工人入场安全教育。

（2）负责对实习培训人员、临时工、合同工的安全教育、考核发证工作，未经考核或考核不及格者不予分配工作。

（3）负责对劳保用品发放标准的执行情况进行监督检查，并根据上级有关规定，修改和制定劳保用品发放标准实施细则。

（4）负责审查认证外来民工队的安全技术资质证书，审查不合格者不予签订劳动承包合同书。

（5）会同安全部门共同做好特殊作业人员的安全技术培训工作，保持特殊作业人员的稳定，对不适宜从事特殊作业的人员负责另行安排工作；合理安排劳动组合，严格控制加班加点；加强女工劳动保护，禁止使用童工。

（6）加强员工劳动纪律教育，对严重违反劳动纪律的员工及违章指挥的干部，经说服教育仍屡教不改者，应提出处理意见。参加重大伤亡事故的调查，对工伤者提出鉴定意见和善后处理意见。

7. 医疗卫生部门安全管理职责

（1）经常深入施工现场，对员工进行安全卫生教育；定期聘请卫生技术部门对施工现场进行测毒、测尘工作，提出预防措施，降低职业病发生率。

（2）定期组织从事有毒、有害、高温、高空作业的人员以及新工人进行健康检查，做好职业病的治疗工作和建档、建卡工作。

（3）普及现场急救知识，做好食品卫生的质量检查和炊事人员、清凉饮料制作人员的体检工作。

（4）发生工伤事故后，积极采取抢救、治疗措施，并向事故调查部门提供工伤人员伤残程度鉴定。

8. 材料供应部门安全管理职责

（1）供应施工现场、车间使用的各种防护用品、机具和附件等，在购入时必须有出厂合格证明；发放时必须保证符合安全要求，回收后必须检修。

（2）对危险品的发放，应建立严格的管理制度并认真执行。

（3）为施工现场提供的一切机电设备都要符合安全要求。复杂的、容易发生事故的设备、机具，购买时应与厂家订立安全协议，并要求厂家派人定期检查。

（4）施工现场安全设施所用材料应纳入计划，及时供应。超过使用期限、老化的设施也应纳入计划，及时更换。

9. 保卫部门安全管理职责

（1）协同有关部门对员工进行安全防火教育，开展群众性安全生产活动。

（2）主动配合有关部门开展安全大检查，狠抓事故苗头，消除事故隐患。

（3）重点抓好防火、防爆、防毒工作。对已发生的重大事故，协同有关部门组织抢救，查明性质；对性质不明的事故要参与调查，一查到底；对破坏和破坏嫌疑事故，要协助公安部门调查处理。

10. 总包和分包单位安全管理职责

（1）总包单位安全管理职责。

① 总包单位对整个工程施工过程中的安全问题负领导和管理责任。

② 负责审查分包单位的施工方案中是否具备安全生产保证体系，安全生产设施是否到位，不具备安全生产条件的，不予发包工程。

③ 负责向分包工程单位做详细的技术交底，提出明确的安全要求，并认真监督检查。

④ 在承包合同中要明确总包、分包单位各自承担的安全责任，发现分包单位有违反安全规定冒险蛮干或安全设施偷工减料等现象，总包单位有权勒令其停产。

⑤ 对施工中发生的伤亡事故负管理责任，并参与处理分包单位的伤亡事故。

（2）分包单位的安全管理职责。

① 承担合同规定的安全生产责任，负责搞好本单位的安全生产管理工作。

② 服从总包单位的安全生产管理，执行总包单位有关安全生产的规章制度。

③ 定期向总包单位汇报合同规定的安全措施落实情况，及时报告伤亡事故，并按承包合同规定处理伤亡事故。

（六）安全生产检查制度

1. 安全生产检查的基本内容

安全生产检查的基本内容是根据建筑施工的特点及国家的有关规定，查思想、查制度、查事故隐患、查机械设备、查安全设施、查安全教育培训、查操作行为、查劳保用品使用、查伤亡事故处理、查现场文明施工等。

2. 综合性安全大检查

公司一级的安全大检查，由公司安全部门牵头，主管领导参加，主要检查各施工工地安全措施的落实情况。公司一级的安全大检查每季度组织一次，分公司每月组织一次安全检查，施工现场由项目经理、总工长组织的安全检查，每周进行一次，专职安全员日查并随时巡查。通过层层安全检查，能够及时发现施工生产中的不安全因素，从而采取有效措施，消除事故隐患，保障安全生产。建立定期安全检查制度，是搞好安全生产的前提和保障。

3. 专项、重点检查

在进行综合性检查的同时，还应定期或不定期地组织专项安全检查，对容易发生事故的工种和设备，如锅炉工、架子工、压力容器、大型吊装设备、大型土方处理设施、升降机等，以及复杂的施工条件，经常组织专业性安全大检查。

4. 特殊日子和特殊季节的安全检查

重大节假日，如元旦、春节、"五一"劳动节、国庆节等假期较长，在节假日前后，员工容易出现纪律松懈、思想麻痹、行为浮躁、不按操作规程办事等问题。针对这些问题组织的安全检查，除了要对设备和安全制度落实情况进行常规检查外，更重要的是要对员工进行安全教育，增强各级干部和工人的安全意识。对节假日加班的员工要重点进行安全教育，同时要认真检查节假日期间安全防范措施的落实情况。

在雨季、风季、冬季、夏季等特殊季节，要检查防冻、防滑、防潮、防触电、防中暑、防坠落、防倒塌、防洪等特殊防护措施的落实情况。

第五章
建筑业安全检查

Chapter 05

第一节　安全检查概述

一、安全检查的目的

（1）了解安全生产的状态，为分析研究、加强安全管理提供信息依据。

（2）发现问题、暴露隐患，以便及时采取有效措施，消除事故隐患，保障安全生产。

（3）发现、总结及交流安全生产的成功经验，推动地区乃至行业和企业安全生产水平的提高。

（4）利用检查，进一步宣传、贯彻、落实安全生产方针、政策和各项安全生产规章制度。

（5）增强领导和群众安全意识，制止违章指挥，纠正违章作业，提高安全生产的自觉性和责任感。安全检查是主动性的安全防范。

二、安全检查的主要内容

（1）建筑工程施工安全检查主要是以查安全思想、查安全责任、查安全制度、查安全措施、查安全防护、查设备设施、查教育培训、查操作行为、查劳动防护用品使用和查伤亡事故处理等为主要内容。

（2）安全检查要根据施工生产特点，具体确定检查的项目和检查的标准。

① 查安全思想主要是检查以项目经理为首的项目全体员工（包括分包作业人员）的安全生产意识和对安全生产工作的重视程度。

② 查安全责任主要是检查现场安全生产责任制度的建立；安全生产责任目标的分解与考核情况；安全生产责任制与责任目标是否已落实到了每一个岗位和每一个人员，并得到了确认。

③ 查安全制度主要是检查现场各项安全生产规章制度和安全技术操作规程的

建立和执行情况。

④ 查安全措施主要是检查现场安全措施计划及各项安全专项施工方案的编制、审核、审批及实施情况；重点检查方案的内容是否全面、措施是否具体并有针对性，现场的实施运行是否与方案规定的内容相符。

⑤ 查安全防护主要是检查现场临边、洞口等各项安全防护设施是否到位，有无安全隐患。

⑥ 查设备设施主要是检查现场投入使用的设备设施的购置、租赁、安装、验收、使用、过程维护保养等各个环节是否符合要求；设备设施的安全装置是否齐全、灵敏、可靠，有无安全隐患。

⑦ 查教育培训主要是检查现场教育培训岗位、教育培训人员、教育培训内容是否明确、具体、有针对性；三级安全教育制度和特种作业人员持证上岗制度的落实情况是否到位；教育培训档案资料是否真实、齐全。

⑧ 查操作行为主要是检查现场施工作业过程中有无违章指挥、违章作业、违反劳动纪律的行为发生

⑨ 查劳动防护用品的使用主要是检查现场劳动防护用品、用具的购置、产品质量、配备数量和使用情况是否符合安全与职业卫生的要求。

⑩ 查伤亡事故处理主要是检查现场是否发生伤亡事故，对发生的伤亡事故是否已按照"四不放过"的原则进行了调查处理，是否已有针对性地制定了纠正与预防措施；制定的纠正与预防措施是否已得到落实并取得实效。

三、安全检查的主要形式

（1）建筑工程施工安全检查的主要形式一般可分为日常巡查、专项检查定期安全检查、经常性安全检查、季节性安全检查、节假日安全检查、开工、复工安全检查、专业性安全检查和设备设施安全验收检查等。

（2）安全检查的组织形式应根据检查的目的、内容而定，因此参加检查的组成人员也就不完全相同。

① 定期安全检查。建筑施工企业应建立定期分级安全检查制度，定期安全检查属全面性和考核性的检查，建筑工程施工现场应至少每旬开展一次安全检查工作，施工现场的定期安全检查应由项目经理亲自组织。

② 经常性安全检查。建筑工程施工应经常开展预防性的安全检查工作，以便于及时发现并消除事故隐患，保证施工生产正常进行。施工现场的经常性安全检查方式主要有以下几种。

a. 现场专（兼）职安全生产管理人员及安全值班人员每天例行开展的安全巡视、巡查。

b. 现场项目经理、责任工程师及相关专业技术管理人员在检查生产工作的同

时进行的安全检查。

  c. 作业班组在班前、班中、班后进行的安全检查。

  ③ 季节性安全检查。季节性安全检查主要是针对气候特点（如：暑季、雨季、风季、冬季等）可能给安全生产造成的不利影响或带来的危害而组织的安全检查。

  ④ 节假日安全检查。在节假日、特别是重大或传统节假日（如："五一""十一"、元旦、春节等）前后和节日期间，为防止现场管理人员和作业人员思想麻痹、纪律松懈等进行的安全检查。节假日加班，更要认真检查各项安全防范措施的落实情况。

  ⑤ 开工、复工安全检查。针对工程项目开工、复工之前进行的安全检查，主要是检查现场是否具备保障安全生产的条件。

  ⑥ 专业性安全检查。由有关专业人员对现场某项专业安全问题或在施工生产过程中存在的比较系统性的安全问题进行的单项检查。这类检查专业性强，主要应由专业工程技术人员、专业安全管理人员参加。

  ⑦ 设备设施安全验收检查。针对现场塔吊等起重设备、外用施工电梯、龙门架及井架物料提升机、电气设备、脚手架、现浇混凝土模板支撑系统等设备设施在安装、搭设过程中或完成后进行的安全验收、检查。

四、安全检查的要求

  （1）根据检查内容配备力量，抽调专业人员，确定检查负责人，明确分工。

  （2）应有明确的检查目的和检查项目、内容及检查标准、重点、关键部位。对大面积或数量多的项目可采取系统的观感和一定数量的测点相结合的检查方法。检查时尽量采用检测工具，用数据说话。

  （3）对现场管理人员和操作工人不仅要检查是否有违章指挥和违章作业行为，还应进行"应知应会"的抽查，以便了解管理人员及操作工人的安全素质。对于违章指挥、违章作业行为，检查人员可以当场指出、进行纠正。

  （4）认真、详细进行检查记录，特别是对隐患的记录必须具体，如隐患的部位、危险性程度及处理意见等。采用安全检查评分表的，应记录每项扣分的原因。

  （5）检查中发现的隐患应该进行登记，并发出《安全检查隐患整改通知书》，引起整改单位的重视，并作为整改的备查依据。对凡是有即发型事故危险的隐患，检查人员应责令其停工，被查单位必须立即整改。

  （6）尽可能系统、定量地做出检查结论，进行安全评价，以利受检单位根据安全评价研究对策、进行整改、加强管理。

  （7）检查后应对隐患整改情况进行跟踪复查，查被检单位是否按"三定"原则（定人、定期限、定措施）落实整改，经复查整改合格后，进行销案。

五、安全检查的方法

建筑工程安全检查在正确使用安全检查表的基础上，可以采用"听""问""看""量""测""运转试验"等方法进行。

1. "听"

听取基层管理人员或施工现场安全员汇报安全生产情况，介绍现场安全工作经验、存在的问题、今后的发展方向。

2. "问"

主要是指通过询问、提问，对以项目经理为首的现场管理人员和操作工人进行的应知应会抽查，以便了解现场管理人员和操作工人的安全意识和安全素质。

3. "看"

主要是指查看施工现场安全管理资料和对施工现场进行巡视。例如：查看项目负责人、专职安全管理人员、特种作业人员等的持证上岗情况；现场安全标志设置情况；劳动防护用品使用情况；现场安全防护情况；现场安全设施及机械设备安全装置配置情况等。

4. "量"

主要是指使用测量工具对施工现场的一些设施、装置进行实测实量。例如：对脚手架各种杆件间距的测量；对现场安全防护栏杆高度的测量；对电气开关箱安装高度的测量；对在建工程与外电边线安全距离的测量等。

5. "测"

主要是指使用专用仪器、仪表等监测器具对特定对象关键特性技术参数的测试。例如：使用漏电保护器测试仪对漏电保护器漏电动作电流、漏电动作时间的测试；使用地阻仪对现场各种接地装置接地电阻的测试；使用兆欧表对电动机绝缘电阻的测试；使用经纬仪对塔吊、外用电梯安装垂直度的测试等。

6. "运转试验"

主要是指由具有专业资格的人员对机械设备进行实际操作、试验，检验其运转的可靠性或安全限位装置的灵敏性。例如：对塔吊力矩限制器、变幅限位器、起重限位器等安全装置的试验；对施工电梯制动器、限速器、上下极限限位器、门联锁装置等安全装置的试验；对龙门架超高限位器、断绳保护器等安全装置的试验等。

第二节　安全检查工作实务

一、安全检查的程序

安全检查工作一般包括以下 5 个步骤。

（一）安全检查准备

（1）确定检查的对象、目的及任务。

（2）查阅、掌握有关法规、标准及规程的要求。

（3）了解检查对象的工艺流程、生产情况、可能出现危险及危害的情况。

（4）制定检查计划，安排检查内容、方法及步骤。

（5）编写安全检查表或检查提纲。

（6）准备必要的检测工具、仪器、书写表格或记录本。

（7）挑选和训练检查人员并进行必要的分工等。

（二）实施安全检查

1. 安全检查的主要内容

① 查责任。查实体单位各级安全生产责任制是否健全，特别是主要岗位、关键部位人员的责任清不清楚，工作程序及方法要领掌握与否。

② 制度落实。查安全生产制度有没有制定，内容全不全，符合不符合实际，各种记录规范与否，依据制度规定一项一项进行核实、一条一条严格检查。

③ 查证照。从业人员有没有经过安全培训，是否持证上岗；特殊工种是否具有操作证，已有的操作证是否过期。

④ 查现场。查生产场所秩序、工作环境是否符合劳动安全卫生环境标准；操作人员是否穿戴劳动防护用品，劳动防护用品是否符合国家标准，操作人员是否正确佩带、正确使用；有没有不安全行为，有无违反操作规程、操作方法的人和事；生产岗位上有无迟到早退、脱岗、串岗、打盹、睡觉现象；员工有无在工作时间干私活，做与生产、工作无关的事。

⑤ 查设施设备。相关生产设施设备运转是否正常，仪器仪表是否显示正常值；安全设施设备是否配备，人员会不会操作。

⑥ 查标识。查有没有设置安全警示牌及警示标志，从业人员是否知道相关要求，是否掌握自我保护知识。

⑦ 查培训。查"三级"教育是否落实，有没有教育资料，内容是否合理，记录是否真实，效果是否突出。

⑧ 查事故处理。对发生的事故是否按"四不放过"的原则进行处理。

2. 安全检查的主要方式

安全检查方式可通过访谈、查阅文件和记录、现场检查及仪器检测等渠道获取信息。

① 访谈。通过与有关人员谈话来了解相关部门、岗位执行规章制度的情况。

② 查阅文件和记录。检查设计文件、作业规程、安全措施、岗位责任制度及操作规程等是否齐全，是否有效；查阅相应记录，判断上述类别是否被执行。

③ 现场检查。到作业现场寻找不安全因素、事故隐患及事故征兆等。

④ 仪器检测。利用一定的检测、检验仪器设备，对在用的设施、设备、器材状况及作业环境条件等进行测量，以发现隐患（如采用欧姆表测量接地电阻，判断是否合格等）。

（三）通过分析做出判断

掌握情况（获得信息）之后，就要进行分析，判断和检验。可凭经验、技能进行分析、判断，必要时可通过仪器检验得出正确结论。

（四）及时做出决定进行处理

做出判断后，应针对存在的问题做出采取措施的决定，即下达《安全检查隐患整改通知书》，包括整改意见、整改时间、落实责任人及整改情况的反馈时间。

（五）整改落实

通过复查整改落实情况，获得整改效果的信息，以实现安全检查工作的成效。

二、安全检查的标准

建筑施工安全检查等级划分的原则相关标签：建筑施工安全检查等级划分的原则

（1）优良：在施工现场内无重大事故隐患，各项工作达到行业平均先进水平。汇总表分值在 80 分（含 80 分）以上。

（2）合格：施工现场达到保证安全生产的基本要求，汇总表分值 70 分（含 70分）以上；或有一分项检查表不得分，汇总表分值在 75 分（含 75 分）以上的。这里是考虑到虽有一项工作存在隐患较大，而其他工作都比较好，本着帮助和督促企业做好安全工作的精神，也定为合格。

（3）不合格：施工现场隐患多，出现重大伤亡事故的几率比较大，汇总表分值不足 70 分，随时可能导致伤亡事故的发生。

另外考虑到起重吊装与施工机具分值所占的比例较少，因此确定对这两项检查未得分时，汇总表实得分值必须在 80 分（含 80 分）以上时，才能判定为合格。

三、安全检查的具体实施制度

安全检查管理实施细则

第一章　目的

第一条　安全检查是建立良好的安全环境和生产秩序、保证做好安全工作的重要手段之一，为做到安全检查、监督制度化、经常化，特制定并执行本细则。

第二章　范围

第二条　本规定适用于项目部所属部室及与项目部有劳务协作关系的单位或个人。

第三章　职责

第三条　安全部负责制定、修订本规定，负责组织项目部安全检查与监督；负责对各部室及施工队的安全检查执行情况进行检查；负责安全隐患的纠正管理、复查与考核。

第四条　各部室及施工队负责组织管理本职工作范围内的安全检查，对查出的问题及时组织整改。

第四章　管理内容

第五条　安全检查的原则

（1）安全检查是安全管理的一项重要制度。安全检查就坚持检查与整改相结合，边检查边整改和检查促进整改的原则。安全检查必须落实"谁主管谁负责""谁检查谁负责"的责任制度。

（2）安全检查应有明确的目的、要求和具体计划，项目部或所属部室及施工队的安全检查应成立由各级负责人、有关人员参加的安全检查组织。

第六条　安全检查的内容

（1）安全检查的主要内容包括安全基础工作与现场安全管理两个部分，主要是查领导、查思想、查纪律（包括劳动纪律、工艺纪律、操作纪律、工作纪律、施工纪律）、查制度、查违章、查事故隐患，尤其是要加强对关键生产区域、重点生产部位、安全死角的检查。

（2）基层班组及岗位的安全检查内容应突出作业环境、人机安全状况、安全操作及遵章守纪等。

第七条　安全检查的频次

项目部对部室的安全检查或抽查，每月集中组织一次，安全部安全检查每天一次，生产班组每天二次，岗位工人坚持每日巡检。

第八条　安全检查的方式

安全检查采取日常检查、定期检查、专业检查、不定期检查等方式进行。

（一）日常检查

（1）生产岗位工人应严格履行交接班检查和班中巡回检查，认真做好班组维护作业的检查；

（2）主管领导或专职安全监督员坚持每周对所管辖范围内进行系统的检查；

（3）非生产岗位人员应根据本岗位特点和工作性质，在工作前、工作中和下班前进行检查；

（4）项目部领导和各部室应经常深入现场，在各自分管业务范围内进行检查，发现问题及时督促整改；

（5）安全部应加强对重点要害部位的经常性检查，各级安全监督员应加强对直接作业环节的安全检查；

（6）值班干部或带班作业的干部，对一岗一责制的落实情况，以及岗位交接班、重要施工作业环节应进行重点监控，坚持值班期间的巡回检查；

（7）特种作业人员应按特种工作的要求落实本岗位的检查制度。

（二）定期检查

（1）季节性检查，是根据春、夏、秋、冬四季不同气候环境特点，有针对性地进行的检查。

① 春季检查以防潮湿、防雷电、防静电、防解冻跑漏、防春季流行病为重点；

② 夏季检查以防雷雨、防梅雨、防中暑、防淹溺、防食物中毒、防电击、防洪防汛、防台风以及防暑降温为重点；

③ 秋季检查以防火灾为重点；

④ 冬季检查以冬防保温、防冻、防滑、防气体中毒为重点。

（2）节日检查

① 节日前对安全、保卫、消防、生产准备、备用设备器材以及是否制定节日安全生产措施情况进行检查；

② 节日期间对安全生产措施的落实、生产值班、门卫值班、单位领导值班、岗位工人上岗等方面进行抽查。

（三）专业检查

（1）设备检查：以设备的安装质量、安全操作、检修作业、维护保养、安全技术性能为重点的检查；

（2）交通安全检查：以机动车辆技术状况、安全驾驶、十八法管理、车辆"三检"制度为重点的检查；

（3）防火安全检查：以重点要害部位的防火、消防设施、安全防火制度、工业动火为重点的检查；

（4）特殊设备检查：以起重设备、压力容器、电气设备、安全装备的定期技术检查为重点的检查；

（5）其他检查：包括防雷接地检测、可燃气体监测、有毒有害气体监测、"三同时"验收等。

（四）不定期检查

（1）对重点要害部位、关键装置、主要生产设备或施工机械，上级主管单位应对其进行不定期的检查；

（2）单位领导应对下属基层车间（队）或班组的安全活动情况、安全制度执行情况和安全生产责任制落实情况进行不定期的检查；

（3）对非生产作业场所、公用设施、后勤、项目部办公区应进行不定期的检查。

（五）其他类型的检查

项目部就建立健全接班检查、巡回检查和作业检查制度，建立领导承包检查、干部值班检查、查岗检查和隐患整改制度。

第九条　安全检查记录

（1）各种形式的安全检查，都应认真填写检查记录（包括检查记录表）。

（2）安全检查的原始记录、隐患整改记录应保存一年以上，专项技术检测等。

（3）隐患整改通知单由检查部门签发，必要时经项目部主管领导签署后发出，隐患所在单位负责签收并负责处理。

第十一条　安全检查的组织和考核

（一）安全检查的组织

（1）安全检查实行分级组织、分级负责，各级主管安全的领导应对所属部室的安全检查负领导责任；

（2）对于迎接集团公司安全大检查（或地市级以上政府部门的检查）工作，由项目部主要领导负责、分管领导主抓、主管部门具体实施；

（3）专项检查的组织工作由业务主管部门负责；

（4）上级单位组织的重要的、大型安全检查活动，项目部应成立领导小组，以加强对自查自改工作的领导；

（5）项目部或各部室，应对所属施工队的安全检查工作进行检查、督促和考核；

（6）项目安全部负责各级、各项安全检查的组织协调工作。

（二）安全检查的考核

安全部应定期对各部室、施工队安全检查制度的执行情况进行考核，督促安全检查制度的落实。如发现安全检查不落实，安全检查记录不全等问题，应按违章行为进行处理。

第五章　附则

第十二条　本细则由安全监察部制定。各单位可以根据本单位实际生产情况在本细则的基础上制定详细实施细则。

第十三条　本细则由项目部安全领导小组授权安全部负责解释。

附件：

附件 1　安全检查整改通知单（表 5-1）

附件 2　安全管理检查评分表（表 5-2）

附件 3　施工现场安全检查评分表（表 5-3）

附件 4　道路施工安全检查评分表（表 5-4）

附件 5　临时用电安全检查评分表（表 5-5）

附件 6　桥涵施工安全检查评分表（表 5-6）

附件 7　特种设备、机械安全检查评分表（表 5-7）

表 5-1　安全检查整改通知单

受检部门		检查时间	
参加检查人员			
检查项			

检查情况评语：	检查组长签字：
	检查人签字：

存在的问题：	
	日期：

对存在问题的处置,整改意见：

受检部门负责人签字：　　　　日期：

检查验证：

检查验证人签字：　　　　日期：

表 5-2　安全管理检查评分表

_____项目经理部　　　　　　　　　　　　　　　　工程名称_____

序号	检查	扣 分 标 准	分数	检查情况
1	安全生产责任制	未建立安全生产责任制　　　　　　扣 10 分 各级部门未执行责任制的　　　　　扣 4～6 分 经济承包中无安全生产指标的　　　扣 10 分 未制定各工种安全技术操作规程　　扣 10 分 未按规定配备专(兼)职安全员的　　扣 10 分 管理人员责任制考核不合格的　　　扣 5 分	(标准分 10 分) 扣分 得分	
2	目标管理	未制定安全管理目标(伤亡控制、 重大责任事故指标)　　　　　　　扣 10 分 无责任目标考核规定的　　　　　　扣 8 分 考核办法未落实或落实不好的　　　扣 5 分	(标准分 10 分) 扣分 得分	
3	施工组织设计中安全施工措施	施工组织设计中无安全措施　　　　扣 10 分 施工组织设计中无临时用电设计方案　扣 10 分 临时用电设计方案未经审批　　　　扣 10 分 专业性较强的大项目,未编制独立 专项安全施工组织设计　　　　　　扣 8 分 安全措施不全面　　　　　　　　　扣 2～4 分 安全措施未落实或无针对性　　　　扣 8 分	(标准分 10 分) 扣　分 得　分	
4	项目分部分项班组工程安全技术交底	无书面安全技术交底　　　　　　　扣 10 分 交底针对性不强　　　　　　　　　扣 4～6 分 交底不全面　　　　　　　　　　　扣 4 分 交底未交到班组、作业人员　　　　扣 6 分 交底无履行签字手续　　　　　　　扣 6 分	(标准分 10 分) 扣分 得分	
5	安全检查	无定期安全检查制度　　　　　　　扣 5 分 安全检查无记录　　　　　　　　　扣 5 分 检查出事故隐患,整改做不到定人、 定时间、定措施　　　　　　　　　扣 6 分 对重大事故隐患整改通知书所列 项目未按时完成　　　　　　　　　扣 6 分	(标准分 10 分) 扣分 得分	
6	安全教育	无安全教育制度　　　　　　　　　扣 10 分 新入厂工人未进行三级教育　　　　扣 10 分 无具体安全教育内容　　　　　　　扣 8 分 变换工种时,未进行安全教育　　　扣 10 分 有 1 人不懂本工种安全技术操作规程　扣 2 分 施工管理人员未按规定进行年度安全培训　扣 5 分 兼职安全员未按规定进行年度 培训或考核不合格　　　　　　　　扣 5 分	(标准分 10 分) 扣分 得分	
	小计		60	

序号	检查		扣 分 标 准		分数	检查情况
7	一般项目	班前安全活动	未建立班前安全活动制度　扣10分 班前安全活动无记录　扣4分		（标准分10分） 扣分 得分	
8		特种作业上岗	1人未经培训，从事特种作业　扣4分 1人未持操作证上岗　扣4分		（标准分10分） 扣分 得分	
9		工伤事故处理	工伤事故未按规定报告　扣5~8分 工伤事故未按事故调查分析规定处理　扣10分 未建立工伤事故档案　扣4分		（标准分10分） 扣分 得分	
10		安全标志	无现场安全标志布置总平面图　扣5分 现场未按安全标志总平面图设安全标志　扣5分		（标准分10分） 扣分 得分	
小计					40	
检查项目合计					100	
应得分：　　　　得分率：　　　　实得分：						
检查人签字：　　　　　　　　　　　年　　月　　日						

表 5-3　施工现场安全检查评分表

项目经理部：　　　　　　　　　　　　　　　工程名称：

序号	检查项目	标准分	评定分	检查情况
1	现场有一图4板、工地有施工单位标牌	10		
2	现场安全防护设施符合规定	10		
3	施工现场围栏、护网牢固整齐符合要求	10		
4	现场运输道路平整通畅，有排水措施	10		
5	机具、材料、构配件码放整齐符合要求	5		
6	施工现场零散碎料和垃圾、渣土清理及时	10		
7	成品保护措施健全有效	5		
8	责任区分片包干、个人岗位责任健全	5		
9	现场交通疏导标志清晰、明确齐全、主要路口有专人看守	10		
10	有明显的与现场相符的安全警示指示牌	10		
11	季节性安全施工措施齐全、针对性强切实可行	5		
12	施工平面布置图符合规定，现场状况与图相符	5		
13	员工应知考核	5		
应得分：　　　　得分率：　　　　实得分：				
检查人签字：　　　　　　　　　　　年　　月　　日				

表 5-4　道路施工安全检查评分表

_____项目经理部　　　　　　　　　　　　　　工程名称_____

序号	检查项目	标准分	评定分	检查情况
1	土方工程安全防护符合标准要求	5		
2	道路基础、摊铺、碾压符合安全技术要求	5		
3	喷洒沥青、摊铺沥青混凝土路面符合安全技术要求	5		
4	水泥混凝土路面摊、铺振捣符合安全技术要求	5		
5	附属构筑物砌筑或安装符合安全技术规定	10		
6	临时设施符合防护标准	10		
7	材料、设备、运输、码放、保管、使用安全合理	5		
8	操作人员个人防护符合规定	10		
9	施工现场无违章违纪作业	10		
10	安全措施方案符合实际,并能贯彻执行	10		
11	安全技术交底资料齐全	10		
12	安全检查记录资料齐全	10		
13	员工应知考核	5		

应得分:　　　　　得分率:　　　　　　实得分:

检查人签字:

年　　　月　　　日

表 5-5　临时用电安全检查评分表

_____项目经理部　　　　　　　　　　　　　　工程名称_____

序号	检查项目	标准分	评定分	检查情况
1	工程项目施工临时用电有设计方案和管理制度,并得到有关部门和领导审批	10		
2	临时用电有具体配电线路平面图、系统图、图与实际相符	5		
3	工程与生活用电各独立架设,线路应符合规定,特殊部位采用安全防护	5		
4	供电系统实行分级配电,配电箱、开关箱位置合理	10		
5	配电箱、开关箱内电器产品合格,选值合理,设置合理、标明用途、符合规定	5		
6	用电设备一机一闸	5		
7	配电箱、开关箱设两级漏电保护,选型安装符合要求	5		
8	电工个人防护用品穿戴齐全,持证上岗	5		
9	手持电动工具绝缘完好,电源线无接头、破损,使用人带防护用品	5		

序号	检查项目	标准分	评定分	检查情况
10	电焊机一、二次接线柱应有防护罩,焊把线双线到位,无破损	5		
11	电动机具电源线压接牢固、整齐,无乱拉、扯、插、压、砸现象	5		
12	电焊、气焊分离;气焊两瓶按规定停放,电焊工持证上岗	10		
13	电工持证上岗,有值班、设备检测、验收、维修记录	5		
14	配电箱、开关箱,箱体牢固、防雨、内无杂物,统一编号、加锁	5		
15	电动机外壳外观完好,做可靠接地	5		
16	低设置变压器,做好停放围栏,外壳接地测阻值	5		
17	员工应知考核	5		
应得分:	得分率:　　　　　　实得分:			
检查人签字:	年　　月　　日			

表5-6 桥涵施工安全检查评分表

_____项目经理部　　　　　　　　　　工程名称_____

序号	检查项目	标准分	评定分	检查情况
1	桥墩、桥台、涵洞、基坑、沟槽开挖放坡、支撑应符合规定	10		
2	沟槽两侧1m宽步道,不得堆土堆料、停放机具	5		
3	人工成孔、护壁、通风、照明、防护应符合规定	5		
4	沟槽基坑挖深超过2m,要设爬梯,并加扶手、脚踏板	5		
5	脚手架作业面安全防护齐全有效	10		
6	车辆、行人便桥应符合安全规定	5		
7	高空作业防护设施符合规定	10		
8	道口、居民区周围沟槽两侧,基坑四周应设防护栏、标志灯	5		
9	预应力张拉试压、冲洗、喷涂应符合安全规定	5		
10	防止气、液体中毒	5		
11	临时设施,使用横担,木质断面,长度间距应符合要求	5		
12	操作人员,个人防护用品应符合规定	5		
13	施工现场无违章违纪作业	5		
14	安全措施方案符合实际,并能贯彻实施	5		
15	安全技术交底资料齐全	5		
16	安全检查记录资料齐全	5		
17	员工应知考核	5		
应得分:	得分率:　　　　　　实得分:			
检查人签字:	年　　月　　日			

表 5-7　特种设备、机械安全检查评分表

_____项目经理部　　　　　　　　　　　　　工程名称_____

序号	检查项目	标准分	评定分	检查情况
1	起重机械的安全装置齐全有效	8		
2	起重机械设置与操作应符合规定	8		
3	吊装作业有专人指挥,并配戴明显标志,持证上岗	10		
4	吊索具应符合安全使用技术规定	8		
5	机械设备安全防护装置完好,齐全有效	6		
6	行走机械的转向和制动机构应灵敏有效	5		
7	卷扬机的安装设置及使用应符合规定	5		
8	搅拌设备的安装设置及使用应符合规定要求	6		
9	发电机的设置安装应合理,仪表齐全有效,发电机壳接地	6		
10	空压机的设置符合规定,仪表齐全有效	6		
11	各种机具、机械的防护装置有效、保养、使用应符合规定	6		
12	施工现场应有机械设备设置停放平面图	6		
13	外租机械设备应有《机械设备使用安全协议书》	10		
14	机械操驾人员应有上岗证,特种工种应考试合格上岗	10		

应得分:　　　　　　得分率:　　　　　　　实得分:

检查人签字:　　　　　　　　　　　　　　年　月　日

第三节　安全验收

一、工程项目安全技术方案验收

（一）安全技术方案验收要求内容

1. 工程概况

危险性较大的分部分项工程概况、施工平面布置、施工要求和技术保证条件。

2. 编制依据

相关法律、法规、规范性文件、标准、规范及图纸（国标图集）、施工组织设计等。

3. 施工计划

包括施工进度计划、材料与设备计划。

4. 施工工艺技术

技术参数、工艺流程、施工方法、检查验收等。

5．施工安全保证措施

组织保障、技术措施、应急预案、监测监控等。

6．劳动力计划

专职安全生产管理人员、特种作业人员等。

7．其他

计算书及相关图纸，等等。

（二）安全技术措施验收

安全技术措施验收表见表5-8。

表5-8　安全技术措施验收表

工程名称		施工单位	
措施名称		措施编号	
检查项目	检　查　内　容	检　查　结　果	
		符合	存在问题及整改要求
组织措施	建立完善的安全管理体系、设置有专门的安全管理机构,配备有足够的专职安全管理人员,持证上岗	□合格	
规章制度	制定有安全生产责任制度和各项安全管理制度(措施、检查、教育培训、设备、应急等管理制度)	□合格	
安全措施	安全技术措施已按要求进行了三级交底	□合格	
	特种作业人员持证上岗(特种作业操作证)	□合格	
	安全警戒、警示标志、标识等按要求设置到位	□合格	
	设立作业警戒区,并有专人警戒	□合格	
	针对不良地质情况设置监测设施和报警装置	□合格	
	有不良地质段的处置措施	□合格	
	有高排架等的专项措施	□合格	
	各类防护设施符合要求	□合格	
施工设备	各类设备配置齐全、完好、建立有清晰的台账	□合格	
	设备的各类安全装置、防护装置完好,功能有效	□合格	
基础设施	施工区域风、水、电架设完毕,符合规范、标准和施工要求	□合格	
	施工区域总体布置合理,施工道路、通信畅通	□合格	

工程名称			施工单位	
措施名称			措施编号	
检查项目	检 查 内 容		检 查 结 果	
			符合	存在问题及整改要求
人员安全防护	作业人员身体健康,无作业禁忌症,人员配备满足施工要求		□合格	
	按相关规定给施工人员配齐安全防护用具和劳动防护用品		□合格	
应急管理	有针对爆破、坍塌、触电、高处坠落等专项应急预案(或现场处置方案),有专职或兼职应急救援队伍,配备有足够数量的应急救援物资和设备		□合格	
检查意见	施工部门	技术部门	机电/设备部门	安全部门
	签字: 年 月 日	签字: 年 月 日	签字: 年 月 日	签字: 年 月 日
备注				

注:1.参加验收的部门依据自身的管理职责,对照表中内容逐项检查,符合要求在"□"上打"√",不合格的填写存在问题和整改要求;

2.需要补充说明的问题在备注栏中作详细说明。

二、工程项目设施设备安全性验收

(一)建筑工程安全设施、设备验收规定

(1)大型机械设备,必须持有建设主管部门核发的有效许可证,严禁无证单位承接任务,安装完毕必须经公司质量安全部、物设部、工地安全员、机管员、电气负责人共同组织验收,并经机械检测机构检测合格后,报经安全监理核查后方能使用。

(2)施工现场所有的临边、洞口、通道等安全防护设施在搭设前,必须按专项技术方案,由技术员、施工员进行安全技术交底。搭设完毕后,由技术员、施工员和安全员共同参与验收,不合格的安全设施必须整改符合要求后,方可投入使用,并且在验收时必须做好记录。

(3)井架搭设前,由施工员、技术员按专项施工技术方案进行井架搭设安全技术交底,接受交底人审阅签字后,方可搭设。井架搭设完毕后,经公司质量安全部与项目部安全员、项目技术负责人共同参加验收,并做好验收记录,挂上验收合格标志后,方可使用。

(4)临时用电设施、装置,通电前必须由电气负责人、安全员验收合格后,方可通电使用,并做好验收记录。

（5）中小型机械使用前，由机管员、安全员、施工员负责检查，填写书面验收记录，并且做好合格标志后方可使用。

（6）凡特种作业人员必须经有关部门培训考核合格，审定发证后持证上岗。

（二）安全设施验收管理办法

1. 主要内容和适用范围

施工现场安全设施、设备、材料、劳动防护用品在投入使用前必须经过安全验收程序和要求，适用于本公司范围内所有建筑施工项目。

2. 管理职责

（1）项目经理部生产主管经理组织现场安全设施、机械设备、材料的安全验收。

（2）项目经理部技术负责人参加专项施工组织设计所涉及的安全设施、特种设备等的安全验收。

（3）项目经理部现场施工员具体负责现场安全设施（脚手架、模板支护系统、临边安全防护及洞、孔防护设施，道路施工隔离围护等）。

（4）项目经理部材设部门具体负责施工现场安全设施、机械设备、材料、劳动防护用品验收。

（5）项目经理部安全部门共同参与施工现场安全设施、机械设备、材料、劳动防护用品的安全验收。

（6）施工现场各分包作业队伍负责人做好本所属范围安全设施、机械设备、材料、劳动防护用品的进场安全自检和申报工作，参与项目经理部组织的验收。

3. 管理程序

（1）验收范围

① 脚手管、扣件、脚手板、安全网、安全帽、安全带、漏电保护器、五芯电缆、配电箱及劳动防护用品。

② 施工现场办公、生活、"五小设施"包括供配电、通道、消防设施、排水沟、房屋间距等。

③ 施工现场文明施工、隔离围护设施（彩钢板围挡、移动式路栏围护）、施工机械设备安全防护棚等。

④ 普通脚手架、操作平台、井字架、龙门架、登高走道等和搭设的各类临边防护设施和安全网等。

⑤ 模板支护系统、吊篮、悬挑、吊装平台等特殊脚手架，包括建筑物的临边围护栏、安全网等设施。

⑥ 基坑、沟槽、窨井、桩孔等孔洞的临边防护栏。

⑦ 临时用电工程。

⑧ 各种起重机械、施工用电梯和其他机械设备。

（2）安全验收组织和要求

① 脚手架、模板支护系统

a. 项目经理部生产负责人组织项目技术负责人、施工员、安全员等相关人员对脚手架、模板支护系统按相关安全技术标准、和已审批合格的施工方案联合进行验收。

b. 脚手架、模板支护系统必须对立杆基础进行分部验收，验收合格后方准进入上部构件搭设施工。

c. 脚手架、模板支护系统，每搭设到一定的高度（三步），必须进行分段验收，全验收合格后，挂牌投入使用。

d. 对特殊脚手架，除按规定进行上述验收外，每经过搭设拆除（或整体移位）一次，应重新组织验收，验收合格挂牌后，方准予投入使用。

e. 对脚手架、模板支护系统等钢管扣件式临边防护、登高设施必须按相关安全技术标准和施工方案要求，与脚手架、模板支护系统同步组织验收。

f. 对于同一脚手架设施由不同施工单位共同使用时，项目经理部必须明确脚手架的管理单位。需要移交时，由项目经理部施工员、安全员组织相关单位人员，按规定履行安全设施交接验收手续，同时明确设施管理人员。

g. 对确因施工需要，临时拆除脚手架、登高设施中的安全防护栏杆部分，必须事先提出申请，经项目经理部负责生产的副经理批准，并落实相应预防措施。工作完毕后必须及时恢复，并重新组织验收，合格后挂牌投入使用。

h. 做好各类脚手架、模板支护系统、防护设施的验收记录。

② 特种设备、施工机械

a. 项目经理部技术负责人，以及材料、设计、安全部门，负责对工程项目所进场的机械设备，按国家和行业标准及公司有关规定进行进场安全验收。

b. 起重机械、特种设备，必须持行业有关部门颁发的有效安全检验报告和安全合格证。需现场装拆的大型特种设备，必须是具有相应资质的队伍进行安装，使用前经专业检验机构检测，合格后挂牌投入使用。

c. 现场所有的施工机械设备，均应统一进行编号、状态标识，并进行登记。

d. 经移位重新安装的施工机械设备，必须重新组织验收。

e. 按安全保证体系程序的规定，做好设备验收记录。

③ 施工临时用电设施

a. 项目经理部施工负责人组织技术负责人、安全员、设备员、施工员，对现场临时用电设施进行验收。

b. 施工现场的临时用电线路、设施，必须严格按 JGJ 46—2012《施工现场临时用电安全技术规范》及已审批合格的专项临时用电施工组织设计，若分部实施的，实施一段验收一段。对搬迁移位后的临时用电设施，必须重新组织验收。

c. 经验收合格的临时用电线路、设施，应设立状态标志。

d. 因特殊原因遭受损坏的临时用电线路、设施经修复后，必须组织安全验收，严禁未经验收合格投入使用。

e. 对分包单位自带进场的电箱、电缆、电气设备等必须进行进场验收。

f. 做好临时用电线路、设施的安全验收记录。

第六章
建筑业安全救护

Chapter 06

第一节　安全事故急救概述

一、应急救护的概念

应急救护主要是针对威胁作业者生命安全的意外伤害、职业中毒和各种急症等所采取的紧急救护措施。其目的是通过现场初步必要的急救处理，缩小事故范围，从而达到挽救生命、减轻伤残的目的。

掌握应急救护知识必须让员工知晓施工现场易发生各类事故的潜在危险源和事故类别，了解现场急救的基本程序，并通过培训让员工掌握应急救援步骤和方法。

二、现场救护程序

施工现场发生安全事故后，应立即进行报告，具体上报程序如下。

现场第一发现人——现场值班人员——现场应急救援小组组长——公司值班领导——公司生产安全事故应急救援小组——向上级部门报告。

现场发现人：向现场值班人员报告。

现场值班人员：控制事态，保护现场，

组织抢救，疏导人员。

现场应急救援小组组长：组织组员进行现场急救，组织车辆保证道路畅通，将伤者送往最佳医院。

公司领导或值班人员：了解事故及伤亡人员情况。

公司生产安全应急救援小组：了解事故及伤亡人员简况及采取的措施，成立生产安全事故临时指挥小组，进行事故调查、善后处理，整改措施的落实，并上报上级部门。

三、施工现场应急处理主要设施

施工现场应急处理的主要设施一般有以下几种。

（1）应急电话。在施工过程中正确利用好电话通信工具，可以为现场事故应急处理发挥很大作用。

① 报救电话。施工现场应安装电话，一般可装于办公室、值班室、警卫室内。电话旁张贴常用呼救报警电话号码，以便让现场人员都了解，在应急时能快捷地找到电话报警求救。

② 报救使用。伤亡事故现场重病人抢救应拨打 120 救护电话，请医疗单位急救。火灾事故应拨打 119 火警电话，请消防部门急救。发生抢劫、偷盗、斗殴等情况应拨打 110 报警电话。煤气、自来水、供电等报修，以及向上级单位汇报情况都可以通过应急电话达到方便快捷的目的。

③ 报救须知。

a. 说明伤情（病情、火情、案情）和已经采取什么措施，以便让救护人员事先做好急救的准备。

b. 讲清楚伤者（事故）发生地点，详细地址。

c. 说明报救者单位、姓名（或事故发生地）的电话联系方式，并派人在现场外等候接应救护人员或车辆，同时迅速清除现场障碍，以利救护车顺利进场及时进行抢救。

（2）急救药箱

① 急救箱的配备。急救箱的配备应以简单和适用为原则，保证现场急救的基本需要，并可根据不同情况予以增减，定期检查补充，确保随时可供急救使用。

② 使用注意事项。急救药箱应是一个防尘、醒目的容器，应该放在干燥、清洁、易取的地方。定期更换超过消毒期的敷料和过期药品，每次急救使用后要及时补充。

（3）其他应急设备和设施。由于在现场经常会出现一些不安全情况，甚至发生事故，或因采光和照明情况不好，在应急处理时就需配备应急照明，如可充电工作灯、电筒、油灯等设备。

由于现场有危险情况，在应急处理时就需有用于危险区域隔离的警戒带、各类安全禁止、警告、指令、提示标志牌。

有时为了安全逃生、救生需要，还必须配置安全带、安全绳、担架等专用应急设备和设施。

四、常见事故急救类型

在建筑施工过程中，往往会发生一些意外事故，如：高处坠落、坍塌、物体打击、机械伤害、触电、环境污染、火灾、食物中毒、传染病等。

对于这些意外灾害，如果能采取现场应急措施，可以大大降低伤亡事故的可能及一些后遗症。因此，对建筑施工的操作人员来说，应当懂得一些最基本的应急救护知识和方法，以便在事故发生时（后）能及时、正确做好自救、互救工作。

第二节　常见事故急救方法

一、压埋伤急救

施工现场因各种原因发生坍塌（倒塌）事故时，有一些现场作业人员被压埋在土砖下，造成压埋伤害。

坍塌（倒塌）事故伤者的抢救要点。

（1）心肺复苏。将伤者身上压埋的土石、砖瓦、水泥板和梁吊扒开，迅速清除伤者口、鼻处的泥土，以保证呼吸畅通。如患者救出后已无呼吸或心跳，应立即进行人工呼吸与心脏挤压术。

（2）合理搬运。抢救被埋者时切勿生拉硬拽，应先将埋土或重物迅速搬除；使被埋者充分外露后再整体外移，否则易发生骨折、截瘫及新的撕裂伤。

搬运方式：报持法、背负法、桥杠式、拉车式。

（3）止血、包扎、固定。伤者被扒出后，如发现伤口大出血，应按外伤包扎、止血法将伤口包扎固定后再送医院救治；如四肢骨折等，应放平身体，切勿随意搬动。设法用布类、衣物等将夹板、木棍或卷席包裹后，置于伤者身体或四肢两侧，并稍加固定后迅速送医院救治。

（4）保护伤肢。肢体有肿胀时，可能存在肌肉撕裂或血管破损，此时切忌热敷，可用冷毛巾、冰块毛巾放在肿胀处；不论上下肢被挤压程度如何，都可将伤肢置于较高的位置；寒冷季节要注意患肢保暖。

二、高坠事故急救

高处作业四边临空，危险因素多，坠落事故发生率高。高坠事故伤者的抢救要点如下。

（1）仔细观察，发现高坠落地的伤者应仔细观察其神志是否清醒，察看其着地部位及伤势情况，做到心中有数。

（2）颌面部伤员应立即将伤员的头偏向一侧，防止舌根后倒影响呼吸；并检查伤员口腔，将脱落的牙齿和积血清除，以免误入气管引起窒息。

（3）若伤员昏迷，且无心跳、呼吸，应立即进行人工呼吸和心脏挤压。待伤员心跳、呼吸好转后，将伤员平卧在平板上，及时送医院抢救。

（4）若发现伤员耳朵、鼻子出血，可能脑颅有损伤，千万不能用手帕、纱布去堵塞，以免造成颅内压力增高和细菌感染。

（5）若躯体外伤出血，将创伤局部妥善包扎；若伤员造成骨折，应按骨折应急救护处理；如果腹部有开放性伤口，应用清洁布或手巾等覆盖伤口，不可将脱出物还纳，防止感染；复合伤要求平仰卧位，保持呼吸道畅通，解开衣领扣。

三、触电事故急救

施工过程中触电事故往往是突然发生的，而且在极短的时间内造成严重的后果。触电事故伤者的抢救要点：触电急救最主要的是要动作迅速，及时、正确地使触电者摆脱电源。

（1）摆脱电源。作业现场发现有人触电时，应立即设法切断电源或用有绝缘性能的木棍挑开和隔绝电流，使触电者脱离带电体。

（2）对症救治。当触电者脱离电源应迅速根据具体情况进行对症救治，同时向医院呼救。若触电者神志清醒，未失去知觉，让触电者安静休息，并注意观察；若触电者已无知觉，无呼吸，但有心跳，可用口对口呼吸进行抢救；若触电者心跳、呼吸均停止，应当同时进行口对口人工呼吸和胸外挤压，两种方法交替使用，每吹气 2～3 次，再挤压 10～15 次。抢救要坚持不断，切不可轻率终止，运送途中也不能终止抢救。

四、中毒事故急救

（1）气体中毒：迅速将伤员救离现场，搬至空气新鲜、流通的地方，松开领口、紧身衣服和腰带，以利呼吸畅通，使毒物尽快排出，有条件时可接氧气。同时要保暖、静卧，并密切观察伤者病情的变化。

（2）毒物灼伤：应迅速除去伤者被污染的衣服、鞋袜，立即用大量清水冲洗（时间一般不能少于 15～20min），也可用中和剂（弱酸、弱碱性溶液）清洗。对一些能和水发生反应的物质，应先用棉花、布和纸吸除后，再用水冲洗，以免加重损伤。

（3）口服非腐蚀性毒物：首先要催吐。若伤者神志清醒，能配合时，可先设法引吐。即用手指、鸡毛、压舌板或筷子等刺激咽后壁或舌根引起呕吐，然后给患者饮温水 300～500mL，反复进行引吐，直到吐出物已是清水为止。

五、人员中暑急救

中暑是由于高温、日晒引起的一种急性疾病。中暑后会出现头晕、头痛、全身无力、口渴、心悸、恶心、呕吐等症状，严重时会突然晕倒。中暑又可分为先兆中暑、轻症中暑及重症中暑。建筑施工多为露天作业，高温期间易引起中暑。

中暑的急救要点如下。

① 应将病人迅速脱离高热环境，移至通风好的阴凉地方。

② 让病人平卧，解开衣扣，用冷水毛巾敷其头部，用电风扇或手扇使其降温，

并给清凉饮料，可服人丹、十滴水等消暑药。

③ 对病情危重或经适当处理无好转者，应在继续抢救的同时立即送往有条件的医院救治。

④ 注意：不要用酒精擦其身体，不要让其进食或喝水。

六、人员烧伤急救

施工中一旦发生火灾事故，对现场被烧伤的人员应采取如下救护措施。

（1）迅速远离致伤现场。应采用各种方法尽快灭火，如水浸、水淋、就地卧倒翻滚等，千万不可直立奔跑或站立呼喊，以免助长燃烧，引起或加重呼吸道烧伤。

（2）保护创面。对于烧伤创面尽量不要弄破水泡，不能涂龙胆紫一类有色的外用药，以免影响烧伤面深度的判断。为防止创面继续污染，避免加重感染和加深创面，对创面应给予简单包扎。手足被烧伤时，应将各个指、趾分开包扎，以防粘连。

（3）防止休克、感染。为防止伤员休克和创面发生感染，应给伤员口服广谱抗生素或肌肉注射抗生素，并给口服烧伤饮料，或饮淡盐茶水、淡盐水等。对于心跳、呼吸停止者，要迅速给予心肺复苏治疗；合并四肢大出血者应上止血带；伴有骨折的应给予简单固定，并尽快送医院救治。

七、特殊外伤急救

这三种类型伤害的应急救护有许多相同之处，其急救步骤为：首先要分离产生伤害的物体，其次是进行止血、防休克及骨折处理，最后是送医院救治。

（1）创伤止血。对一般伤口小的出血，先消毒后盖上无菌纱布，用绷带较紧包扎压迫止血。伤者如有严重出血时，应使用压迫带止血，即用手指或手掌根部用力压住比伤口靠近心脏更近部位动脉跳动处（止血点）。只要位置找得准，这种方法能马上起到止血作用。

此种止血方法一般适用于头、颈、四肢动脉大血管出血的临时止血。身体上通常有效的止血点有 8 处。一般来讲上臂动脉、大腿动脉、桡骨动脉是较常用的。上臂动脉：用 4 个手指抬住上臂的肌肉并压向臂骨；大腿动脉：用手掌的根部压住大腿中央稍微偏上点的内侧；桡动脉：用 3 个手指压住靠近大拇指根部的地方。

（2）防休克昏迷。由于外伤产生的剧痛易引起休克昏迷必须让休克者平卧，不用枕头，腿部抬高 30°。若属于心源性休克同时伴有心力衰竭、气急，不能平卧时，可采用半卧，注意保暖和安静，尽量不要搬动，如必须搬动时，动作要轻。

（3）骨折急救。对于骨折伤者，正确固定是最重要的。固定断骨的材料可就地取材，如棍、树枝、木板、拐杖、硬纸板等都可作为固定材料，长短要以能固定住骨折处上下两个关节或不使断骨错动为准。

脊柱骨折或颈部骨折时，除非是特殊情况如室内失火，否则应让伤者留在原地，等待携有医疗器材的医护人员来搬动。

抬运伤者，从地上抬起时，要多人同时缓缓用力平托；运送时，必须用木板或硬材料，不能用布担架或绳床。木板上可垫棉被，但不能用头，颈椎骨折的伤者头必须放正，两旁用沙袋将头夹住，不能让头随便晃动。

（4）手外伤急救。手受伤后，必须迅速将患者移出致伤现场，减少伤口污染，防止加重伤害。

对开放性手外伤，应尽快用消毒纱布或干净的毛巾、手帕或其他布类包扎伤口。不要用清水、碘酒、酒精等冲洗或擦伤口，也不要用止血粉、消炎粉、棉花等敷在伤口上，以免给以后清创手术带来困难。手外伤包扎时一定要注意功能位，最好让患者手抓一大块毛巾或棉花，各指间用纱布分开，指甲、指尖要外露，以观察血运情况。包扎后用木板、硬纸板等将手固定，再用三角巾悬吊在胸前，转送医院处理。

对离断的手和指，应用无菌纱布包好，装到塑料袋里，周围最好放些冰块降温，防止组织变性。但绝对禁止将离断的手直接放入冰水、酒精、碘酒、新洁尔灭溶液中浸泡，因为这样会破坏血管内膜和组织细胞，即使再植也不能存活。近端肢体用无菌纱布包好，然后迅速将患者送到医院。

第三节　心理急救

一、心理急救的概念

急救的含义正如其名，就是一个遇到困难的人得到的第一步援助。这样的援助应当着眼于眼前的紧急处境。急救的目标应当帮助中度受创的人在短时间内恢复到合理的良好状态，或者让受创更加严重的人尽可能感到舒适直至他们能够得到专门照料。

① 接受每一个人对自身感受的权利。

② 努力安抚受害者，减轻其焦虑和压力。

③ 传达自己的信心。

④ 接受每个人能力都有限这个事实。

⑤ 联系他/她的家庭成员或单位。

⑥ 尽快以及尽可能准确地判断一个受灾者的能力。

⑦ 鼓励受害者畅所欲言，让其"发泄"内心压抑。

⑧ 当受害者说话的时候，尽可能不要打断。听完全部内容之后，再询问细节。要"积极聆听"。

⑨ 如果有分歧，也不要与之争论。

⑩ 不要将自己解决问题的方式强加给灾害的受害者；他/她自己的解决方法必然会成为对其最有效的方法。

⑪ 接受自己的在担任救济工作时的有限性。不要试图为所有人做所有事。

心理急救是由经验引导的帮助受害者及其家庭克服灾难和心理恐慌的标准手段，是设计用来减轻灾难事件所带来的痛苦而增强短期和长期功能性适应能力的方法。心理急救有以下四点原则和技巧。

① 与相关科学研究结论一致性；

② 在实地场合的实用性；

③ 根据年龄和发育设计的合理性；

④ 按照文化背景诊释的灵活性。

心理急救（的理论）不认为（灾难事件的）生还者有严重的心智健康发育和恢复的障碍。相反，它是基于对灾难幸存者的早期心理反应建立起来（的理论）。这些早期心理可以发生在物理、心理、行为和精神层面上，他会导致功能性适应的障碍。有了心理急救人员的同情和关爱，这些早期心理反应可以有效地控制。

二、怎么进行常规安慰

（1）遇到遭遇突发事件或者灾难的人，进行心理急救的关键在于细节和耐心。有时候，也许仅仅十多分钟就能见效，有时候也许需要 24h 或更久。

（2）在帮助对方处理伤口时，要和他有一些肢体接触，比如牵着受害者的手或扶住他的肩膀，这样可以给他一种近距离的安全感。之后可以向他递上一杯茶水或简单的食物，和他一起做深呼吸，再给他捏捏胳膊或者腿上紧张的肌肉，帮助肌肉放松，这些都是帮助受害者缓解心跳速度和紧张情绪十分有效的办法。

（3）尽可能地让受害者自由倾诉，不要反驳他的观点，当他询问同伴受伤情况时，不要将严重的情况立即告诉他，用尽量轻松的表述来缓解他的情绪。

（4）对于处理极度恐慌的伤病者，应带领他离开现场，与其他伤病者分开，以免影响其他伤员。

三、怎么稳定事故人员的情绪

（一）帮助伤者消除低落的情绪

1. 向伤者传递信息

介绍自己，让伤者知道你要做什么，诚实地回答伤者的问题，和伤者共同研究下一步护理方案。

2. 倾听伤者的谈话

让伤者说出自己的恐惧和感受，急救人员可能要和伤者一同讨论各自的感受，询问伤者："你在想什么""你现在怎么样"等类似问题。

3. 尊重伤者的感受

急救人员可能对伤者的感受有不同观点，但要尊重伤者的感受，只有急救人员接受了伤者的感受，伤者才会再次得到安慰。与其说"你不应该害怕"不如说"我们理解你现在恐惧的心情，但我们会尽力帮你渡过难关"，说话时要镇定，充满自信，这样可以降低伤者的焦虑情绪。

4. 陪护在伤者身旁

不要把伤者一个人丢下，派一位急救人员来护理伤者，如果人手不够，要把几个伤者放在一起，相互接近，由一名急救人员看护。如果某一伤者非常焦虑，阻碍了救援工作，就要派一位急救人员将其与其他伤者隔离。

5. 用身体接触伤者

握住伤者的手，另一只胳膊抱住其肩膀，这样的动作会让伤者感到很舒服；用肘臂托住伤者也可减轻伤者疼痛，如果伤者不想被接触，也要尊重伤者的意愿。不能约束伤者身体，否则有可能会导致伤者激动，伤到急救人员。除非是为了保护自身或其他伤者，否则不能使用强制力。要在自己感觉舒服的情况下，用身体接触伤者，否则伤者可能会因为感觉到你的不舒服而更加沮丧。

6. 对伤者进行思想开导

向伤者询问相关信息，让伤者参与到治疗方案的制定中来，引导伤者想一些有利于病情恢复的事情，不再想事故中那些可怕的事情，对伤者进行思想开导是非常有用的，营救人员要倾听伤者讲述他们所关心的事和感受。

7. 引导伤者活动

如果伤者可以帮助做一些工作，如让伤者一起搭帐篷，准备食物，进行一些有意义的活动等可以帮助伤者稳定情绪，伤者会感到他们的努力有利于大家走出困境。

8. 提供关爱

提供食物、饮料、保暖设施，可防止伤者病情的加重，对于情绪低落的伤者有很大帮助，一杯热茶在很大程度上可以稳定伤者的情绪。虽然无法治愈沮丧的情绪，但可以对伤者和救援人员的情绪加以引导，让他们做一些有益的活动。

（二）遇到死亡事件的处理

遇到死亡事故时，可能会引起伤员甚至救助者的恐惧，这时需要慎重处理。

1. 进行有关报告

有时可能会发生伤者死亡的事情。无论进行的救助多么好，伤者的反应如何良好，都应把死亡时间报告给上级，营救人员做好准备，听从指挥。要把其他伤者和救援人员的健康和安全放在问题的首位，然后再考虑对尸体的撤离工作。

如果死亡者是某一户外活动组织的成员，在把事件向有关部门报告完后，要通知遇难者所属机构的负责人以及此次活动的赞助商。

2. 记录事件过程

记录此事件，对所进行的救援工作也要仔细加以记录，包括认真记录所有的急救报告表，救援人员还可以记录能够想起的一切事情，以防一些细节被遗忘。

3. 稳定救援者情绪

如果发生死亡事件，每一名队员的主要责任就是要相互安慰彼此的情绪，确保活着的人能够安全回家。用来安慰情绪沮丧的伤者的相关建议也适用于安慰救援人员。

对于情绪波动严重的救援人员，不能让其单独行走，也不能让其在小路上行走，或从小路回家。焦虑、负罪、悲伤的情绪可能会持续一段时间，参加完悼念和埋葬仪式后或许可以将此事告一段落。个人慰问和团体慰问都很有必要。

第四节　自救和逃生

一、安全事故自救

在施工现场或日常生活中，往往会发生一些人力不可抗拒的灾难，如火灾、地震、滑坡等。当人力不可抗拒情况发生时，在不丧失社会公德，不对他人构成伤害时，对社会、对家庭、对自己负责的最有效方法，往往是自救与逃生。

在危险的紧张关头，在救援人员到来之前，多争取一秒则可能多一人幸存下来。懂得逃生方法，关乎生命。

现代化的城市中，高层建筑鳞次栉比。当今的高层建筑功能复杂、人员密集，而且现代化设施多（如通信设施、空调系统、机电设备），竖向管井多，加上可燃装修材料多，一旦发生火灾，容易产生烟囱效应和风效应，火势蔓延迅速，扑救困难，疏散时间长。

（1）火灾报警的必要性。有资料统计，在正常情况下，要将一幢30层高，每层有240个人的高层建筑中的人员全部疏散至室外所需的时间约78min。可以想象，在火灾时，人们逃命心切，惊恐万分，消防队员此时要分秒必争地登高救火，往往在楼梯间、走道内出现拥挤、碰撞、踩踏的现象，既影响疏散和灭火，又造成意外伤亡事故；另外，在紧张慌乱的情形下，要在楼梯间里长时间行走，绝大多数的人会体力不支。

《消防法》第三十二条明确规定：任何人发现火灾时，都应该立即报警。任何单位、个人都应当无偿为报警提供便利，不得阻拦报警。严禁谎报火警。所以一旦失火，要立即报警，报警越早，损失越小。

（2）报火警的正确方法

① 要牢记火警电话"119"。

② 接通电话后要沉着冷静，向接警中心讲清失火单位的名称、地址，火势大小以及着火的范围。同时还要注意听清对方提出的问题，以便正确回答。

③ 把自己的电话号码和姓名告诉对方，以便联系。

④ 打完电话后，要立即到交叉路口等候消防车的到来，以便引导消防车迅速赶到火灾现场。

⑤ 迅速组织人员疏通消防车道，清除障碍物，使消防车到火场后能立即进入最佳位置灭火救援。

⑥ 如果着火地区发生了新的变化，要及时报告消防队，使他们能及时改变灭火战术，取得最佳效果。

⑦ 在没有电话或没有消防队的地方，如农村和边远地区，可采用敲锣、吹哨、喊话等方式向四周报警，动员乡邻来灭火。

二、安全事故逃生

（一）火灾逃生要则

（1）由起火层采取较低姿势迅速由安全门梯逃生。

（2）非起火层，则可使用防烟袋，采取低姿势逃生，如无法逃生可在窗口、阳台呼救。

（3）沿墙壁逃生易找到出口，且不被掉落物击伤。

（4）千万不可贸然跳楼。

（5）安全门梯是最主要、最好的逃生途径。

（6）火警发生时第一任务，先叫醒大家，通知邻居大家尽早逃生。

（7）逃生过程需要换气，应将鼻尖靠近墙角或阶梯角落来换气。

（8）为了保住安全，要经常维护消防安全设备性能。

（二）火灾脱险的一般方法

分析众多的火灾案例，自救能力的缺乏是造成人员伤亡和严重经济损失的重要原因。自救能力不仅仅包括家庭防火常识和火场逃生技能，家庭火灾的扑灭也是自救能力重要的一环。

在火势越来越大，不能立即扑灭，有人被围困的危险情况下，应尽快设法脱险。

火灾致人伤亡的两个主要方面：一是浓烟毒气窒息；二是火焰的烧和强大的热辐射。只要能避开或降低这两种危害，就可以保护自身安全，减轻伤害。因此，多掌握一些火场自救的要诀，困境中也许就能获得第二次生命。

1. 尽快脱离险境，珍惜生命莫恋财

在火场中，生命贵于金钱。身处险境，逃生为重，必须争分夺秒，切记不可贪财。在火场中，人的生命是最重要的。身处险境，应尽快撤离，不要因害羞或顾及贵重物品，而把宝贵的逃生时间浪费在穿衣或搬贵重物品上。已经先离险境的人员，切莫重返险地，自投罗网。

2. 火灾自救，时刻留意逃生路

每个人对自己工作、学习或居住的建筑物的结构及逃生路径要做到有所了解，要熟悉建筑物内的消防设施及自救逃生的方法。必要时应进行应急逃生预演。这样，火灾发生时，就不会走投无路了。

当你处于陌生的环境时，务必留心疏散通道、安全出口及楼梯方位等，以便关键时候能尽快逃离现场。

3. 突遇火灾，保持镇静速撤离

当发生火灾时，如果火势不大，应奋力将小火控制、扑灭；千万不要惊慌失措，置小火于不顾而酿成大灾。

面对浓烟和烈火，先保持镇静，判断危险地点和安全地点，决定逃生的办法，尽快撤离险地。

受到火势威胁时，要当机立断披上浸湿的衣物、被褥等向安全出口方向冲出去。千万不要盲目地跟从人流和相互拥挤、乱冲乱撞。只有沉着镇静，才能想出好办法。

撤离朝明亮处或外面空旷地方跑，尽量往楼层下跑，若通道已被烟火封阻，则应背向烟火方向离开，通过阳台、气窗、天台等往室外逃生。

4. 迅速撤离，匍匐前进莫站立

在撤离火灾现场时，当浓烟滚滚、视线不清、喘不过气来时，不要站立行走，应该迅速地爬在地面上或蹲着，以便寻找逃生之路。

如果门窗、通道、楼梯已被烟火封住，确实没有可能向外冲时，可向头部、身上浇些冷水或用湿毛巾、湿被单将头部包好，用湿棉被、湿毯子将身体裹好，再冲出险区。

如果浓烟太大，呛得透不过气来，可用口罩或毛巾捂住口鼻，身体尽量贴近地面行进或者爬行，穿过险区。当楼梯已被烧断，通道已被堵死时，应保持镇静，设法从别的安全地方转移。可按当时具体情况，采取以下几种方法脱离险区。

（1）可以从别的楼梯或室外消防梯走出险区。有些高层楼房设有消防梯，人们应熟悉通向消防梯的通道，着火后可迅速由消防梯的安全门下楼。

（2）住在比较低的楼层可以利用结实的绳索（如果找不到绳索，可将被褥、床单或结实的窗帘布等物撕成条，拧好成绳），拴在牢固的窗框或床架上，然后沿绳缓缓爬下。

（3）如果被火困于二楼，可以先向楼外扔一些被褥作垫子，然后攀着窗口或阳台往下跳。这样可以缩短距离，更好地保证人身安全。如果被困于三楼以上，那就千万不要急于往下跳，因距离大，容易造成伤亡。

（4）如果住在高层，可以转移到其他比较安全的房间、窗边或阳台上，耐心等待消防人员救援。

5. 火及己身，就地打滚莫惊跑

身上着了火，不可惊跑或用手拍打，因奔跑或拍打会形成风势，促旺火势。

当身上衣服着火时，应设法脱掉衣服或就地打滚，压灭火苗；能及时跳进水中或让人向身上浇水、喷灭火剂更有效。

6. 善用通道，莫入电梯走绝路

按规范设计建造的建筑物都有两条以上逃生楼梯、通道或安全出口。发生火灾时，要根据情况选择进入相对较为安全的楼梯通道。

楼梯、通道、安全出口等是最重要的逃生之路，切不可堆放杂物或设闸上锁，以便紧急时安全迅速地通过。

除可以利用楼梯外，还可以利用建筑物的阳台、窗台、天面屋顶等攀到周围的安全地点，沿着落水管、避雷线等建筑结构中凸出物滑下楼也可脱险。在高层建筑中，电梯的供电系统在火灾时随时会断电或因热的作用电梯变形而被困在电梯内，同时由于电梯井犹如贯通的烟囱般直通各楼层，有毒的烟雾直接威胁被困人员的生命。因此，千万不要乘普通的电梯逃生。

7. 烟火围困，避险固守要得法

经过充满烟雾的路线，要防止烟雾中毒、窒息。因烟气较空气轻而飘于上部，应用毛巾、口罩蒙鼻，贴近地面撤离是避免烟气吸入、滤去毒气的最佳方法。如果没有防毒面具、头盔、阻燃隔热服等护具，可向头部、身上浇冷水或用湿毛巾、湿棉被、湿毯子等将头、身裹好，再冲出去。

8. 避难场所固守待援

若房门已烫手，此时开门，火焰与浓烟势必迎面扑来。逃生通道被切断，可自创避难场所。首先应关紧迎火的门窗，打开背火的门窗，用湿毛巾、湿布塞堵门缝，或用水浸湿棉被蒙上门窗，然后不停地用水淋透房门，防止烟火渗入，等待救援人员。

9. 跳楼有术，保命力求不损身

身处火灾烟气中的人，精神上往往陷于极端恐怖和接近崩溃，惊慌的心理极易导致不顾一切的伤害性行为，如跳楼逃生。

注意：只有消防队员准备好救生气垫并指挥跳楼时，或楼层不高（一般4层以下）非跳楼即烧死的情况下，才可采取跳楼的方法。即使已没有任何退路，若生命还未受到严重威胁，也要冷静地等待消防人员的救援。

跳楼逃生也要讲技巧，跳楼时应尽量往救生气垫中部跳，或选择有水池、软雨篷、草地等地方；尽量抱棉被、沙发垫等松软物品或打开大雨伞跳下，减缓冲击力；如果徒手跳楼，一定要扒窗台或阳台使身体自然下垂跳下，尽量降低垂直距离，落地前要双手抱紧头部，身体弯曲卷成一团，以减少伤害。跳楼虽可求生，但会对身体造成一定的伤害，所以要慎之又慎。

10. 缓降逃生滑绳自救

高层、多层公共建筑内一般都设有高空缓降器或救生绳，可以用这些设施逃生。如果没有专门设施，而安全通道又已被堵，救援人员不能及时赶到，可利用身边的绳索或床单、窗帘、衣服等自制简易救生绳，并用水打湿，沿绳缓滑到下面楼层或地面。

11. 扑灭小火，惠及他人利自身

当发生火灾时，如果火势不大，且尚未对人造成很大威胁时，应充分利用周围的消防器材，如灭火器、消防栓等设施将小火控制、扑灭。千万不要惊慌失措地乱叫乱窜，或置他人于不顾而只顾自己"开溜"，或置小火于不顾而酿成大灾。

12. 缓晃轻抛寻求援助

被烟火围困的人，应尽量待在阳台、窗口等易于被人发现和避免烟火近身的地方。在白天，可以向窗外晃动鲜艳衣物；在夜晚，即可以用手电筒等在窗口闪动或者敲击窗户，发出求救信号。

消防人员进入室内大多沿墙壁摸索行进，所以在被烟气窒息失去自救能力时，应滚到墙边或门边，便于消防人员寻找、营救；此外，也可防止房屋结构塌落砸伤。

（三）住宅起火逃生方法

家庭起火，往往具有燃烧猛烈，火势蔓延迅速，烟雾弥漫快等特点，如果不及时扑灭，很容易造成人员伤亡，有时还会殃及四邻，使整栋居民楼或整个村庄遭受到火灾危害，因此，了解和掌握一些家庭灭火常识是十分重要的。

如果火势很小或只见烟雾不见火光，就可以用水桶、脸盆等准备好灭火用水后迅速进入室内将火扑灭。如果火已烧大，就要呼喊邻居，共同做好灭火准备工作后，再打开门窗，进入室内灭火。如果火势一时难以控制，要先将室内的液化气罐和汽油等易燃易爆危险物品拖出。如果室内火已烧大，不可以因为寻钱救物而贻误疏散良机。

发现封闭的房间内起火，不要随便打开门窗，防止新鲜空气进入，扩大燃烧，要先在外部察看情况。

毛巾是日常生活的必需品，不仅具有洗脸、擦手去污之用，而且遇到火灾还能用来灭火自救，尤其是佳节来临，危险也潜伏在喜庆的背后，注意消防安全，多学一点消防常识，多一样自救本能可以在面临危险情况时有效保护自己。

使用煤气或液化石油气时，如能常备一条湿毛巾放在身边，万一煤气或液化气管道漏气失火，就可以利用湿毛巾往上面一盖，立即关闭阀门，就可以避免一场火灾。

若楼房失火，人被围困在房间内，浓烟弥漫时，毛巾可以暂时作为防毒面具使用。试验证明，毛巾折叠层数越多，除烟效果越大。在紧急情况下，折叠8层的毛巾就能使烟雾消除率达60%。

湿毛巾在消烟和消除烟中的刺激性物质的效果方面比干毛巾好，但其通气阻力比干毛巾大。

对于质地不密实的毛巾要尽量增多折叠层数。同时，要捂住口鼻，使保护面积大一些，就更有利于自救。

在烟雾中一刻也不能把毛巾从口和鼻上拿开，即使只吸一口气，也会使呼吸困难。应该注意，使用毛巾是不能消除一氧化碳的。

高楼大厦都是钢筋混凝土结构，由于家庭室内的装修，室内铺满化纤地毯或塑料地板，墙面上贴塑料壁纸，再加上海绵沙发和床垫，塑料遮阳百叶窗以及一些含有化工原料的家具和用品都是可燃物，失火时会产生大量烟雾，很容易使人中毒窒息。因此，在浓烟中避难，用毛巾捂住口鼻，能使自己更好地设法自救。

高层建筑物着火时，人被围困在楼里，还可以向窗外挂出毛巾，作为求救信号，以得到消防人员的救援。

在有人被围困的情况下要首先救人。救人时，要重点抢救老人、儿童和受火势威胁最大的人。如果不能确定火场内是否有人，应尽快查明，不可掉以轻心。自家起火或火从外部烧来明，要根据火势情况，组织家庭成员及时疏散到安全地点。

家庭中常用的油，以食用油为主，最常见的是油锅起火。起火时，要立即用锅盖盖住油锅将火窒息，切不可用水扑救。因为油的密度比水小，浮于水面之上仍能继续燃烧，水往别处流动，会把火势蔓延。也不可以用手去端油锅，以防止热油爆溅、灼烧伤人和扩大火势。如果油火撒在灶具上或地面上，可以用砂土盖上，或用泡沫灭火器、干粉灭火器扑灭，还可以用湿棉被、湿毛毯等等捂盖灭火。

家用液化石油气罐着火时，灭火的关键是切断气源。无论是气罐胶管还是角阀口漏气起火，只要将角阀关闭，火焰就会很快熄灭。

关闭角阀可以采取以下3种方法。

（1）徒手关闭角阀。徒手关闭角阀适用于着火初期，火焰不大，着火时间又短，才可徒手关闭角阀。

（2）用湿毛巾盖上角阀后再关。着火时间较长时，可以用湿毛巾从气瓶上的护圈没有缺口的侧面将毛巾抖开，下垂毛巾拦住人体，平盖在护圈上口，用湿毛巾迅速抓住角阀手轮，关闭角阀，火就会熄灭。

（3）戴手套关角阀。着火时间较长，也可以戴上用水沾湿的湿手套迅速关闭角阀，但要防止手被烫伤。

当角阀失灵时，可以用湿毛巾等猛力抽打火焰根部，或抓一把干粉灭火剂，顺着火焰喷出的方向撒向火焰，均可将火扑灭。火扑灭后，先用湿毛巾、肥皂、黄泥等将漏气处堵住，把液化气罐迅速搬到室外空旷处，泄掉余气或交有关部门处理。

（四）高层建筑发生火灾后怎样逃生

高层建筑由于它的特殊结构，一旦发生火灾，与普通建筑物相比，危险性也就更大一些，如处置不当，往往会发生生命危险。所以，当你身处这种情况时，一定要保持冷静，不要惊慌。

首先，要迅速辨明起火方位，然后再决定逃生路线，以免误入火场。

如果发现门窗、通道、楼梯已被烟火封住，但还有可能冲出去时，可向头部和身上淋些水，或用湿毛巾、被单将头蒙住，用湿毛毯、棉被将身体裹好，冲出险区。

如浓烟太大，人已不能直立行走，则可贴地面或墙根爬行，穿过险区。当楼梯已被烧塌，邻近通道被堵死时，可通过阳台或窗户进入另外的房间，从那里再迅速逃向室内专用消防电梯或室外消防楼梯。

如果房门已被烈火封住，千万不要轻易开门，以免引火入室，要向门上多泼些水，以延长蔓延时间，伺时从窗户伸出一件衣服或大声呼叫，以引起救援人员的注意。

如楼的窗外有雨水管或避雷针，可以利用这些攀援而下；也可用结实的绳索，（如一时找不到）可将被罩、床单、窗帘撕成条，拧成绳接好，一头拴在窗框或床架上，然后缓缓而下。若距地面太高，可下到无危险楼层时，用脚将所经过的窗户玻璃踢碎，进入后再从那里下楼。

如所住房间距楼顶较近，也可直奔楼顶平台或阳台，耐心等待救援人员到来，但无论遇到哪种情况，都不要直接下跳，因为那样只有死而无一生。

参 考 文 献

[1] 赵运铎，孙世钧，方修建．建筑安全学概论．哈尔滨：哈尔滨工业大学出版社，2006．

[2] 武明霞．建筑安全技术与管理．北京：机械工业出版社，2007．

[3] 蔡禄全．安全员实用手册．太原：山西科学技术出版社，2009．

[4] 焦建荣．建筑安全实用读本．北京：航空工业出版社，2006．

[5] 刘屹立，刘翌杰．建筑安装工程施工安全管理手册．北京：中国电力出版社，2013．

[6] 李林．建筑工程安全技术与管理．北京：机械工业出版社，2010．

[7] 那建兴．建设工程生产安全事故分析与对策研究．北京：中国铁道出版社，2011．

[8] 《建筑施工现场消防安全管理手册》编委会．建筑施工现场消防安全管理手册．北京：中国建筑工业出版社，2012．

[9] 宋功业，徐杰．施工现场安全防护与伤害救治．北京：中国电力出版社，2012．

[10] 中国建筑业协会建筑安全分会．建筑施工：安全检查标准．北京：中国书籍出版社，2004．

[11] 李印，王东升．建筑安全生产管理．青岛：中国海洋大学出版社，2005．

[12] 姜敏．现代建筑安全管理．北京：中国建筑工业出版社，2009．

[13] 中国建筑业协会建筑安全分会．建筑施工安全检查标准实施指南．北京：中国建筑工业出版社，2013．